U0113854

INTERTIDAL
FAUNA
IN
SOUTHEASTERN
OF
CHINA

东南
潮间带
生物图鉴

上 刘毅 钟丹丹 郭翔 / 编著

主要拍摄作者 / 刘毅 钟丹丹 郭翔 张继灵

海峡出版发行集团 THE STRAITS PUBLISHING & DISLISHING GROUP | 海峡书局

图书在版编目（CIP）数据

东南潮间带生物图鉴 / 刘毅，钟丹丹，郭翔编著. —

福州 : 海峡书局，2023.11（2024.7 重印）

ISBN 978-7-5567-1140-6

Ⅰ. ①东… Ⅱ. ①刘… ②钟… ③郭… Ⅲ. ①潮间带－生物资源－福建－图集 Ⅳ. ①Q-9

中国国家版本馆 CIP 数据核字（2023）第 144698 号

出 版 人：林　彬
策 划 人：曲利明　李长青
编　　著：刘　毅　钟丹丹　郭　翔
责任编辑：林洁如　魏　芳　张　帆　陈　婧　陈　尽
营销编辑：邓凌艳　陈洁蕾
装帧设计：黄舒埼　林晓莉　李　晔　董玲芝
校　　对：卢佳颖

DONGNAN CHAOJIANDAI SHENGWU TUJIAN

东 南 潮 间 带 生 物 图 鉴

出版发行：海峡书局
地　　址：福州市台江区白马中路 15 号
邮　　编：350004
发行电话：0591-88600690
印　　刷：深圳市泰和精品印刷有限公司
开　　本：889 毫米 ×1194 毫米　1/16
印　　张：50.5
图　　文：808 码
版　　次：2023 年 11 月第 1 版
印　　次：2024 年 7 月第 2 次印刷
书　　号：ISBN 978-7-5567-1140-6
定　　价：228.00 元（全两册）

前言

我国东南海域，受著名的日本暖流（黑潮）、陆地径流等的多重影响，具有丰富的海洋生物多样性。以厦门为例，受母亲河九龙江、黑潮支梢和南海暖水以及我国台湾西岸入海径流的多重影响，海域水体内拥有大量无机盐和有机物，为许多海洋生物提供了丰富的食物来源。据统计，自达尔文时代至2006年期间在厦门湾所记录的物种共5713种，其中的很大一部分生物分布于潮间带，潮间带物种之丰富远超人们的想象。

潮间带是海洋与陆地的过渡地带，是人们认识海洋最便捷的窗口，是海洋生态系统中生产力较高的区域，同时也是最为敏感的区域之一。根据潮间带的生境特点，可将其分为沙滩、淤泥质滩涂和基岩性潮间带等类型。通常而言，基岩性潮间带的大型底栖动物多样性最高，淤泥质滩涂次之，而沙滩最低。不同的生境类型并非孤立存在，而常常形成有机的组合，使得其底质和生境更丰富多元，加上水体盐度变化大，为大量的生物提供了繁衍生息的栖息地。

潮间带的海洋生物丰富多彩，仅动物就包含多孔动物门、刺胞动物门、扁形动物门、环节动物门、软体动物门、星虫动物门、节肢动物门、苔藓动物门、腕足动物门、帚虫动物门、棘皮动物门、脊索动物门等许多类群，同时，在不同生境类型的潮间带滨海湿地中，比如红树林、礁石、泥滩、沙滩/泥沙滩，栖息的海洋生物类群也有很大差异，因此，具有重要的科普意义和科研价值。然而，除了刺胞动物门、软体动物门、节肢动物门、棘皮动物门、脊索动物门等部分类群外，其他的大多数动物类群尚缺乏调查和研究，更不为公众所认知，相关的文献和科普资料也非常匮乏，亟待出版较全面的科普书籍填补空白，从而让公众对潮间带生物多样性有更全面且系统的认知。

本书作者历时多年的潮间带生物多样性本底调查和研究，以福建省的厦门市、泉州市、漳州市、莆田市、宁德市和福州市为主轴，向南延展到广东省汕头市，向北延伸至浙江省温州市，对我国东南地区的潮间带生物多样性进行了较全面的普查和梳理，涵盖各主要动物类群，并选取其中常见的近800种（隶属于13门29纲/亚门320科）潮间带动物进行图文介绍，其中红树林生境有5门9纲/亚门56科118种、泥滩生境有6门7纲/亚门28科36种、礁石生境10门22纲/亚门170科348种、沙滩/泥沙滩生境9门18纲/亚门156科271种，同时搭配200种动物的短视频资料，多维度刻画曼妙的潮间带生境和丰富的生物多样性。书中列举的所有物种，都是本书作者这些年在调查过程中实地记录的物种，大多数以生态照的方式呈现，期许提供更多关于物种的生活状态和栖息环境的信息。

在野外调查、物种鉴定、信息收集、文献查阅、图片补充和书籍编写过程中，尉鹏、刘劢伶、张继灵、杨德援、顾张杰、张小蜂、李琰、张弛、刘会莲、潘昀浩、黄宇、刘攀、林柏岸、胡志杰、韦舒健、蒋冰冰、高张斌、吴润宏、刘东浩、徐一唐、蔡年平、吕屹峰、林大声、殷文凤、林理文、廖俊杰、龚菲菲、洪清漳、黄秀婷、吴炳章、江松晟、曾阳等老师和朋友提供了大力支持和帮助，在此特别鸣谢！

本书适用于科研单位、管理部门、科普机构、保育组织，同时也是公众认识潮间带及其生物多样性的一本科普宝典。特别希望本书的出版能够引导公众认识身边神奇的海洋和丰富的生物多样性，以观察和认知为主要目的，树立"科学赶海"的可持续赶海理念，与海为邻，保护我们的海洋。

由于作者的水平和经验有限，加之本书覆盖的生物类群很广，书中难免存在错误和不足之处，敬请读者给予批评指正。

目录

4

7

8

中文名索引　　　拉丁名索引

扫码可输入物种名查找页码

红树林潮间带 /

潮汐更迭，促进了物质和能量的流动，也孕育着无数的生命和希望。

红树林是生长在热带、亚热带海岸潮间带的木本植物群落。由于涨潮时被海水部分淹没仅树冠露出水面，故被称为"海上森林"；有时完全淹没，只在退潮时才露出水面，也有人称之为"海底森林"。

作为生产力最高的"四大海洋生态系统"之一，红树林为许多动物提供了安全的居住环境和丰富的食物来源。当然，红树林中的动物也为其生长提供了帮助，它们之间是和谐的共生关系。比如红树林中生活着大量螃蟹，植物的凋落物为螃蟹提供丰富的食物来源，植株和根系又为其提供安全的庇护场所；而螃蟹通过掘穴来改善土壤的通气条件，帮助植物获取更多氧气，同时螃蟹的排泄物又为红树林提供养分。

完整的红树林生态系统，除了有红树分布的区域外，还包括林外光滩、潮沟和周边浅水水域、潮上带半红树和伴生植物区域，以及周围的礁石、砾石等区域，这就造成了复杂的、多元的生境，给更多的生物提供了栖息地。

从潮上带到高潮区，是耳螺、蜑螺和滨螺的领地。细心寻找，在砾石下、根系间、落叶堆里住着有脐肋耳螺、细长金耳螺、绞孔冠耳螺和中国耳螺，它们主要吃落叶等凋落物及其形成的腐殖质。与大多数海洋贝类不同，它们靠肺呼吸，因而不能长久泡在水中。它们是软体动物从海洋向陆地演化的重要一环，也可以说是陆地蜗牛的祖先。在砾石或礁石区，生活着齿纹蜑螺、线纹蜑螺和日本蜑螺，它们喜欢抱团生活，也许是因为要聊的话题太多。红树林的根系附近，常常能找到紫游螺的踪迹，它们的螺壳背面呈黑褐色，通常还裹满泥巴，与环境完美融合，没有一定的眼力劲，很容易错过，但如果把它们翻过来，宽平的口唇部加上鲜艳的紫色，一下子就暴露了身份。在有淡水流过的积水区域，生活着蜑螺家族最漂亮的成员——奥莱彩螺，它们个头小而圆，表面光滑且富有光泽，还装饰着五颜六色的花纹。我们常说"全世界没有一模一样的叶子"，其实全世界也没有一模一样的奥莱彩螺。

走到红树植物边上认真观察，树干基部，住着又小又尖细的蛋挞锥滨螺、中间拟滨螺和黑口拟滨螺，稍高的树干和分枝上，攀附着浅黄拟滨螺、黑口拟滨螺和斑肋拟滨螺。它们是潮汐感应家，会随着潮水的涨退移动，从海水表层获取食物，吃饱喝足后，爬到树干的背阴处甚至树叶背面乘凉，并且用口盖将螺口的大门关上，分泌黏液将自己粘在树上，同时把缝隙堵严实。这时它们就进入静默状态，既能降低能量损耗，也能减少水分流失，这是应对高温、高紫外线的潮间带环境最有效的防晒措施。

往中潮区走，滩涂上布满了密密麻麻的"小锥子"，这里是锥形贝类的天堂。滩栖螺科的古氏滩栖螺、多形滩栖螺，汇螺科的蔡氏塔蟹守螺、尖锥蟹守螺，织纹螺科的半褶织纹螺、秀长织纹螺、秀丽织纹螺和节织纹螺，都在这里群居，尤其在繁殖季节，可以开个万螺大派对，十分热闹。织纹螺是杂食性动物，它们也喜欢吃尸体。它们的嗅觉非常灵敏，能够通过水体里传递的化学讯号迅速感知尸体的方位。如果在潮间带搁浅了死鱼或者死螃蟹，在很短的时间里，织纹螺们就能从四面八方聚集过来，争先恐后爬到尸体上，找好自己的临时餐桌，开始大快朵颐，有时数量多到在尸体上覆盖了两三层织纹螺。早到的织纹螺抢占了先机，那些姗姗来迟的织纹螺只能爬到螺群中寻找突破口，偶尔找到一个破绽，用力把其他织纹螺挤出去，才能享用到美食。看来在美食的诱惑下，大多数生物都是凭借本能去抢，不可能好好排队遵守秩序。织纹螺被称为"海岸清道夫"，它们清理尸体的速度很快，一条小点的死鱼，不到一个小时就可以吃得干干净净。正是由于这些"海岸清道夫"的存在，潮间带才不至于尸肉横陈，充满异味。

视线从中潮区逐步移到低潮区，这两个区域是弹涂鱼活跃的地方。大弹涂鱼的食物主要是滩涂表层的硅藻等微小型生物和有机碎屑。吃饭的时候特别有意思，将大嘴巴张开放到滩面上，然后左右摇头，边爬边吃，很像滩涂上的吸尘器。大弹涂鱼有很强的领域性，尤其在繁殖季节，雄性大弹涂鱼对于进入自己领地的同类或异类，都保持高度的警惕性。它们先将头部抬高、嘴巴鼓起、眼睛瞪圆，必要的时候还会高高耸起布满鲜艳蓝色斑纹像战旗一样的背鳍宣誓"领土"，并发出警告，如果对方不识趣继续靠近，大弹涂鱼就会毫不犹豫地蹦过去驱赶。

低潮区的底质里，生活着很多种双壳贝类，比如帘蛤科的青蛤、文蛤、丽文蛤、日本镜蛤、凸加夫蛤、伊萨伯雪蛤等，这些都是人类餐桌上常见的美食。它们埋在泥沙中，通过可伸缩的水管从水里滤食浮游生物和有机碎屑。

潮涨潮落的每一天，红树林中总在发生有趣的故事，期待你发现的眼睛。

弓形革囊星虫

Phascolosoma (*Phascolosoma*) *arcuatum* (Gray, 1828)

- 星虫动物门 / Sipuncula
- 革囊星虫纲 / Phascolosomatidea
- 革囊星虫科 / Phascolosomatidae

- 别名：可口革囊星虫、泥丁、海丁、泥蒜。

- 识别特征：体长100～150mm。吻部细长，管状，为体长的1.5～2.0倍。吻部远端有钩环50～70环，其后有不完整钩环约100环。钩环间有圆形乳突。触手指状，通常10个。体表面生有许多皮肤乳突，圆锥形，棕褐色，由多角形的角质小板组成。

- 习性：多栖息在潮间带高潮区和潮上带盐碱性草类丛生的泥沙中，也常分布于高潮区红树林根系周围，穴居。两广和海南俗称"泥丁"。闽南名小吃"土笋冻"就是以其为原料制作而成。味道鲜美，也被称为可口革囊星虫。

矮拟帽贝

Patelloida pygmaea (Dunker, 1860)

- 软体动物门 / Mollusca
- 腹足纲 / Gastropoda
- 笠贝科 / Lottiidae

- 别名：花帽青螺。

- 识别特征：壳长约10mm。壳呈笠形。壳面灰色或青灰色，在边缘处有不规则的黑褐色斑块，表面具不明显的放射肋。壳口近椭圆形，壳内以浅蓝色或灰白色为主，中央部位有黑褐色的不规则斑块，边缘具黑褐色与白色相间的环带。

- 习性：栖息于潮间带高潮区的礁石或红树植物根、茎上。

单齿螺

Monodonta labio (Linnaeus, 1758)

- 软体动物门 / Mollusca
- 腹足纲 / Gastropoda
- 马蹄螺科 / Trochidae

- 别名：单齿钟螺、草席钟螺。

- 识别特征：壳长约20mm。壳呈陀螺形，壳质坚厚。壳面以墨绿色为主，颜色多变，表面有多条规则的带状螺肋，与生长线交织成许多方块状颗粒，质感像草席。壳内面白色，具珍珠光泽。内唇具1枚齿，无脐孔，厣角质，圆形。

- 习性：栖息于潮间带高潮区的石缝中、石块下或红树植物根部附近。

粒小月螺

Lunella granulata (Gmelin, 1791)

- 软体动物门 / Mollusca
- 腹足纲 / Gastropoda
- 蝾螺科 / Turbinidae

- 别名：粒花冠小月螺、瘤珠蝾螺、珠螺。

- 识别特征：壳长约25mm。壳呈近球形，壳质厚重。螺旋部低平不显著，缝合线深。壳面呈黄褐色或棕褐色，表面由细小颗粒组成横向螺肋，螺层中间的螺肋发达，具瘤状突起，在缝合线下方也有一圈发达的瘤状突起。壳内具珍珠光泽，脐孔小，厣石灰质，圆形。

- 习性：栖息于潮间带中、高潮区的礁石缝隙、砾石下或者红树植物根部附近。

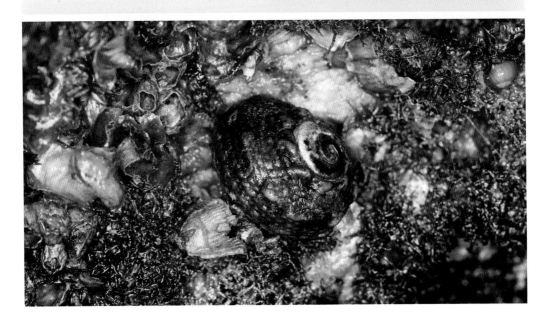

线纹蜑螺

Nerita balteata Reeve, 1855

- 软体动物门 / Mollusca
- 腹足纲 / Gastropoda
- 蜑螺科 / Neritidae

- 别名：蜒螺、黑线蜑螺、玛瑙蜒螺。

- 识别特征：壳长约35mm。壳呈半球形，结实。螺旋部极低。壳面黄褐色，具多条黑色螺肋。壳口半圆形，黄白色或灰黄色，外唇内面加厚，具有粒状齿列，内唇倾斜，内缘中央具2～3枚齿。厣石灰质，呈半圆形，具粒状突起。

- 习性：栖息于潮间带高潮区礁石底。常攀附于红树植物树干基部或呼吸根表面。

齿纹蜑螺

Nerita yoldii Récluz, 1841

- 软体动物门 / Mollusca
- 腹足纲 / Gastropoda
- 蜑螺科 / Neritidae

- 别名：尤氏蜒螺、畚箕螺。

- 识别特征：壳长约20mm，壳呈半球形，螺旋部低。壳面粗糙，常被腐蚀。壳以黄白色或白色为主，带黑色花纹。壳口黄色或黄绿色，外唇内缘具细密小齿，内唇中央具2～3枚小齿。厣石灰质，呈半圆形，表面具粒状突起。

- 习性：栖息于潮间带高潮区的礁石缝、砾石下或红树植物根部附近。

日本蜑螺

Nerita japonica Dunker, 1860

- 软体动物门 / Mollusca
- 腹足纲 / Gastropoda
- 蜑螺科 / Neritidae

- 别名：花斑蜑螺。

- 识别特征：壳长约15mm。壳呈半球形，螺旋部低。壳面较光滑。壳以黄褐色与黑褐色为主，间杂青灰色斑纹。壳口黄绿色，外唇内缘光滑，内唇中央与齿纹蜑螺相比仅有微小缺刻。厣石灰质，呈半圆形。

- 习性：栖息于潮间带高潮区的礁石底。

紫游螺

Neripteron violaceum (Gmelin, 1791)

- 软体动物门 / Mollusca
- 腹足纲 / Gastropoda
- 蜑螺科 / Neritidae

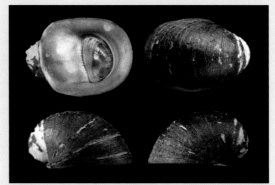

- 别名：宽口蜑螺、广口蜑螺、紫泳螺。

- 识别特征：壳长约20mm，壳呈半球形，螺旋部缩于体螺层后部。壳面较光滑，呈黄褐色至黑褐色，带有波浪状花纹，常被腐蚀。壳口半圆形，内唇宽大光滑，中央具1列小齿，多呈橙黄色或青灰白色。厣石灰质，呈半圆形。

- 习性：栖息于潮间带高潮区的泥质底、红树植物树干基部或根系附近。

奥莱彩螺

Clithon oualaniense (Lesson, 1831)

- 软体动物门 / Mollusca
- 腹足纲 / Gastropoda
- 蜑螺科 / Neritidae

- 别名：小石蜑螺。

- 识别特征：壳长约10mm，壳呈近球形，螺旋部极低。壳面光滑，颜色及花纹变化极大，常呈黑、黄、绿等颜色，非常漂亮。壳口半圆形，外唇薄，内唇中央具4～5枚小齿。厣石灰质，呈半圆形。

- 习性：群栖于有淡水注入的潮间带高潮区的泥沙质底。

莱氏锥滨螺

Mainwaringia leithii (E. A. Smith, 1876)

- 软体动物门 / Mollusca
- 腹足纲 / Gastropoda
- 滨螺科 / Littorinidae

• 识别特征：壳长约10mm。壳呈长圆锥形，螺旋部高，缝合线深。壳薄，表面横向螺肋细密。壳面以棕黄色为主，有些个体具深棕色色带。壳口卵圆形，外唇薄，极易破损，无脐孔。厣角质，似薄膜。

• 习性：栖息于潮间带高潮区，常攀附于红树植物或互花米草之上。

黑口拟滨螺

Littoraria melanostoma (Gray, 1839)

- 软体动物门 / Mollusca
- 腹足纲 / Gastropoda
- 滨螺科 / Littorinidae

- 别名：黑口滨螺、黑口玉黍螺。

- 识别特征：壳长约25mm。壳呈尖圆锥形，螺旋部高，缝合线明显。壳面呈淡黄色，具有较浅而明显的螺旋沟纹，其上具有小的淡褐色斑点或纵向褐色花纹。壳口长卵圆形，内唇具深褐色斑块。厣角质。

- 习性：栖息于潮间带高潮区，常攀附于红树植物枝干和树叶上。

中间拟滨螺

Littoraria intermedia (Philippi, 1846)

- 软体动物门 / Mollusca
- 腹足纲 / Gastropoda
- 滨螺科 / Littorinidae

- 别名：假粗糙玉黍螺、中间似滨螺。

- 识别特征：壳长约15mm。壳呈尖圆锥形，螺旋部高，缝合线明显。壳面较粗糙，具有细密的横向螺肋。壳面呈土黄色至黄绿色，具有不规则的深棕色斑纹。壳口卵圆形，无脐孔。厣角质。

- 习性：栖息于潮间带高潮区，常群居于礁石缝隙或红树植物树干上。

粗糙拟滨螺

Littoraria scabra (Linnaeus, 1758)

- 软体动物门 / Mollusca
- 腹足纲 / Gastropoda
- 滨螺科 / Littorinidae

- 别名：粗糙滨螺、粗纹玉黍螺。

- 识别特征：壳长约25mm。壳呈尖圆锥形，螺旋部高，缝合线明显。壳面较粗糙，具细密的横向螺肋。壳面土黄色至黄绿色，具不规则的深棕色斑纹。壳口卵圆形，无脐孔。厣角质。

- 习性：栖息于潮间带高潮区的礁石缝隙、红树植物树干或枝叶上。

浅黄拟滨螺

Littoraria pallescens (Philippi, 1846)

- 软体动物门 / Mollusca
- 腹足纲 / Gastropoda
- 滨螺科 / Littorinidae

- 别名：浅黄滨螺、多彩玉黍螺。

- 识别特征：壳长约20mm，壳呈尖圆锥形，螺旋部高，缝合线明显。壳面较粗糙，具细密的横向螺肋。壳面颜色多变，常见的有浅黄、橙色和灰色。壳口长卵圆形。厣角质。

- 习性：栖息于潮间带高潮区的岩礁、红树植物树干和枝叶上。

斑肋拟滨螺

Littoraria ardouiniana (Heude, 1885)

- 软体动物门 / Mollusca
- 腹足纲 / Gastropoda
- 滨螺科 / Littorinidae

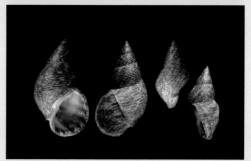

- 别名：斑肋滨螺、翻唇玉黍螺。

- 识别特征：壳长约30mm。壳呈尖圆锥形，螺旋部高，缝合线明显。壳面粗糙，具不太均匀的螺肋。壳面颜色多变，呈浅黄色至深棕色，具有不规则的褐色斑纹。壳口长卵圆形，成熟个体外唇常向外扩张。厣角质。

- 习性：栖息于潮间带高潮区的岩礁、红树植物树干和枝叶上。

塔结节滨螺

Nodilittorina pyramidalis (Quoy & Gaimard, 1833)

- 软体动物门 / Mollusca
- 腹足纲 / Gastropoda
- 滨螺科 / Littorinidae

- 别名：颗粒玉黍螺。

- 识别特征：壳长约11mm。壳呈近圆锥形。壳面深褐色，具密集的横肋，体螺层上有两排土黄色横向发达的粒状突起。壳口近圆形，壳内面深褐色，无脐孔。厣角质。

- 习性：常成群栖息于潮间带高潮区的礁石上。

绯拟沼螺

Pseudomphala latericea (H. Adams & A. Adams, 1864)

- 软体动物门 / Mollusca
- 腹足纲 / Gastropoda
- 拟沼螺科 / Assimineidae

- 别名：圆山椒螺、绯假拟沼螺。

- 识别特征：壳长约7mm。壳呈近卵形，螺旋部低，缝合线明显，缝合线下方有1~3条横向浅螺纹。壳面光滑，呈绯红色。壳口近水滴形。厣角质。

- 习性：栖息于潮间带中、高潮区的泥质或泥沙质底，在红树林区常见。

格纹玉螺

Notocochlis gualteriana (Récluz, 1844)

- 软体动物门 / Mollusca
- 腹足纲 / Gastropoda
- 玉螺科 / Naticidae

- **别名**：小灰玉螺、螺旋梯螺、肉螺、棕带诺玉螺。

- **识别特征**：壳长约15mm。壳呈近球形。螺旋部较低，缝合线深，其下具放射状皱褶。壳面光滑，以青灰色为主，具模糊的不规则斑纹。壳口半圆形，脐孔小而深，呈缝状，脐部有1个白色小结节。厣白色，石灰质，半圆形。

- **习性**：栖息于潮间带中、低潮区至潮下带的沙质或泥沙质底。

斑玉螺

Paratectonatica tigrina (Röding, 1798)

- 软体动物门 / Mollusca
- 腹足纲 / Gastropoda
- 玉螺科 / Naticidae

- 别名：豹斑玉螺、花螺、蚶虎、肉螺、斑副小玉螺。

- 识别特征：壳长约30mm。壳呈近球形。螺旋部中等高，壳面光滑，以黄白色为主，密布不规则的长椭圆形紫褐色斑点，被黄褐色壳皮。壳口近半圆形，脐孔大而深，脐部具1个白色小结节。厣淡黄色，石灰质，半圆形，在其外缘有2道突起的肋，呈阶梯状。

- 习性：栖息于潮间带中、低潮区至潮下带的泥沙质底。

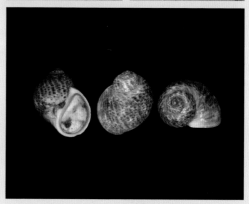

光滑狭口螺

Stenothyra glabra A. Adams, 1861

- 软体动物门 / Mollusca
- 腹足纲 / Gastropoda
- 狭口螺科 / Stenothyridae

- 别名：光滑粟螺、日本狭口螺。

- 识别特征：壳长约6mm。壳呈长卵形，较扁平。螺旋部短，体螺层大，较凸胀。壳面光滑，常具棕色壳皮。壳口小，收缩且下斜显著，近圆形。

- 习性：栖息于潮间带高潮区的泥沙质底，在红树林区常见。

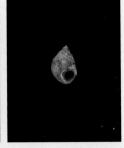

古氏滩栖螺
Batillaria cumingii (Crosse, 1862)

- 软体动物门 / Mollusca
- 腹足纲 / Gastropoda
- 滩栖螺科 / Batillariidae

- 别名：曲明拔梯螺、吸玻螺、锥玻螺、瘦海蜷。

- 识别特征：壳长约25mm。壳呈长圆锥形。壳面具低平的纵肋和细螺肋，两者交织形成结节。壳面多呈土黄色或黑灰色。壳口近圆形，外唇薄，向外扩张并反折，内唇具缺刻。无脐孔。厣角质，圆形。

- 习性：栖息于潮间带中、高潮区的泥沙质底，常集群生活。

多形滩栖螺

Batillaria multiformis (Lischke, 1869)

- 软体动物门 / Mollusca
- 腹足纲 / Gastropoda
- 滩栖螺科 / Batillariidae

- 别名：多形拔梯螺。

- 识别特征：壳长约30mm。壳呈长圆锥形。壳面粗糙，具不规则的纵向瘤状突起肋，横向肋紧密。壳呈黑褐色或棕褐色，缝合线下方常具1道窄的白色色带。壳口近卵圆形，外唇扩张，无脐孔。唇角质，圆形。

- 习性：栖息于潮间带中、高潮区的泥沙质底。

柯氏蟹守螺

Cerithium dialeucum Philippi, 1849

- 软体动物门 / Mollusca
- 腹足纲 / Gastropoda
- 蟹守螺科 / Cerithiidae

- 别名：蕾丝蟹守螺。

- 识别特征：壳长约30mm。壳呈长圆
  锥形。壳面粗糙，具有不规则的纵向
  瘤状突起肋和由瘤状突起组成的横向
  强肋。壳面呈灰绿色、黄白色或深褐
  色，在横向肋之间具有深褐色色带。
  壳口近卵圆形，无脐孔。厣角质，卵
  圆形。

- 习性：栖息于潮间带中、低潮区的
  礁石底。

东京拟蟹守螺

Cerithidea tonkiniana Mabille, 1887

- 软体动物门 / Mollusca
- 腹足纲 / Gastropoda
- 汇螺科 / Potamididae

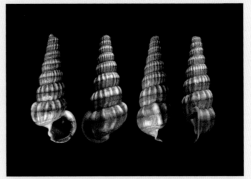

- 别名：斑海蜷、彩拟蟹守螺。

- 识别特征：壳长约40mm。壳呈长圆锥形，壳顶常磨损。壳面灰白色至黄褐色，具棕色色带。壳面密集排列发达的纵向肋。壳口卵圆形，外唇稍厚，向外反折。无脐孔。厣角质，圆形。

- 习性：栖息于潮间带高潮区的泥沙质底，常攀缘于红树植物茎干或气生根上。

中华拟蟹守螺

Cerithidea sinensis (Philippi, 1848)

- 软体动物门 / Mollusca
- 腹足纲 / Gastropoda
- 汇螺科 / Potamididae

- 识别特征：壳长约30mm。壳呈长圆锥形，壳顶常磨损。壳面呈黄褐色，具紫褐色色带。壳面具排列紧密的纵肋，纵肋在体螺层的背面弱或消失。壳口卵圆形，无脐孔。厣角质，圆形。

- 习性：栖息于有淡水注入的潮间带高潮区的泥质或泥沙质底。

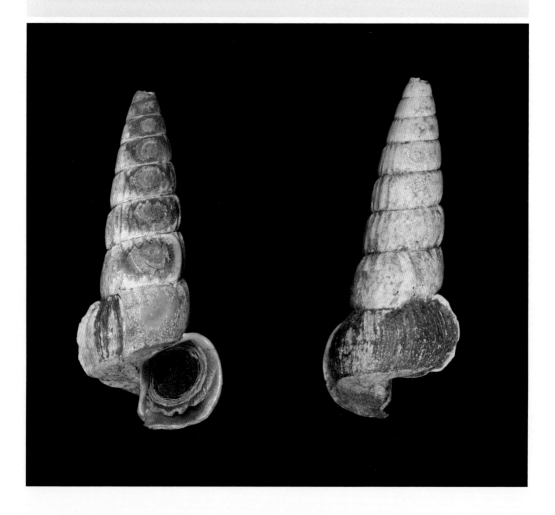

尖锥蟹守螺

Cerithideopsis largillierti (Philippi, 1848)

- 软体动物门 / Mollusca
- 腹足纲 / Gastropoda
- 汇螺科 / Potamididae

- 别名：拉氏拟蟹守螺、印尼拟蟹守螺、尖锥拟蟹守螺。

- 识别特征：壳长约30mm。壳呈长圆锥形。壳面密集排列发达的弧形纵向肋和细的横向肋。壳面有黄褐色与深褐色横向色带交替。壳口卵圆形，轴唇紫褐色，无脐孔。厣角质。

- 习性：栖息于潮间带中、高潮区的泥质底。

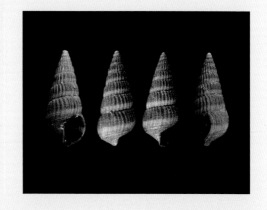

麦氏拟蟹守螺

Cerithidea moerchii (A. Adams, 1855)

- 软体动物门 / Mollusca
- 腹足纲 / Gastropoda
- 汇螺科 / Potamididae

- 别名：纲目海蜷、莫氏海蜷、红树拟蟹守螺。

- 识别特征：壳长约35mm。壳呈长圆锥形，壳顶常磨损。壳面密集排列发达的纵向肋和横向肋，形成网状雕刻纹，但在体螺层上较稀疏，且螺肋较弱。壳面灰白色至黄褐色，具宽的棕褐色色带，间杂细的白色色带。壳口卵圆形，无脐孔。厣角质，圆形。

- 习性：栖息于潮间带高潮区的泥质或泥沙质底，常攀附于红树植物树干基部或根系上。

蔡氏塔蟹守螺

Pirenella caiyingyai (Z.-X. Qian, Y.-F. Fang & J. He, 2013)

- 软体动物门 / Mollusca
- 腹足纲 / Gastropoda
- 汇螺科 / Potamididae

- 别名：查加拟蟹守螺、蔡氏拟蟹守螺、粗束拟蟹守螺、印铁尖海蜷。

- 识别特征：壳长约40mm。壳呈细长锥形，壳顶常磨损。壳面粗糙，除体螺层外，每层螺层有3道横向肋，与规则排列的纵向肋组成网状雕刻纹。壳面红褐色。壳口卵圆形，外唇稍扩张，无脐孔。厣角质，圆形。

- 习性：栖息于潮间带中、高潮区的泥沙质底。

斜肋齿蜷

Sermyla riquetii (Grateloup, 1840)

- 软体动物门 / Mollusca
- 腹足纲 / Gastropoda
- 跑螺科 / Thiaridae

- 别名：流纹蜷。

- 识别特征：壳长约20mm。壳呈长菱形，壳质薄脆。壳面褐色至黑褐色，部分个体体螺层具深褐色色带。壳表刻纹变化大，或光滑、具密布螺旋纹、或具小颗粒等，壳顶常腐蚀。壳口呈梨状，无脐孔。厣角质。

- 习性：栖息于河口潮间带高潮区或有淡水注入的红树林区。

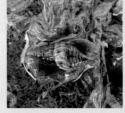

瘤拟黑螺

Melanoides tuberculata (O. F. Müller, 1774)

- 软体动物门 / Mollusca
- 腹足纲 / Gastropoda
- 跑螺科 / Thiaridae

- 别名：结瘤锥蜷、纲蜷。

- 识别特征：壳长约35mm。壳呈长圆锥形，缝合线明显。壳面粗糙，不规则的弧形纵向肿肋与细密的横向肋交错，形成布纹状雕刻。壳呈黄褐色，具深褐色斑纹，被黄褐色壳皮。壳口近水滴形，壳内面灰白色，外唇薄，无脐孔。厣角质，圆形。

- 习性：栖息于河口潮间带高潮区或有淡水注入的红树林区。

蛎敌荔枝螺

Indothais gradata (Jonas, 1846)

- 软体动物门 / Mollusca
- 腹足纲 / Gastropoda
- 骨螺科 / Muricidae

- 别名：蛎敌印荔枝螺、辣螺、苦螺。

- 识别特征：壳长约40mm。壳呈菱形。各螺层中部向内凹陷，形成1个弧形面。体螺层中上部具1条强的龙骨突起，壳面有许多粗细不匀的细螺肋。壳面呈黄褐色，布有紫褐色斑纹或青褐色斑块。壳口长卵圆形。厣角质，黄褐色。

- 习性：栖息于潮间带中、低潮区的礁石底，常群栖。

疣荔枝螺

Reishia clavigera (Küster, 1860)

- 软体动物门 / Mollusca
- 腹足纲 / Gastropoda
- 骨螺科 / Muricidae

- 别名：疣瑞荔枝螺、蚵岩螺。

- 识别特征：壳长约35mm。壳呈卵圆形，螺旋部中等高，缝合线明显。壳面呈灰褐色或青灰色，表面粗糙，具细密横肋，在体螺层有4～5列、其他螺层有1列带黑褐色的疣状突起。壳口卵圆形，壳内灰白色或淡黄色，外唇内缘呈黑褐色，无脐孔。厣角质。

- 习性：栖息于潮间带中、低潮区的礁石间。

半褶织纹螺

Nassarius sinarum (Philippi, 1851)

- 软体动物门 / Mollusca
- 腹足纲 / Gastropoda
- 织纹螺科 / Nassariidae

- 别名：中华织纹螺。

- 识别特征：壳长约22mm。壳呈长卵圆形，螺旋部高，缝合线深。壳面青灰色，具淡黄色和紫褐色色带。壳面具细密横向肋与较强壮纵向肋，纵向肋在体螺层较弱或消失。壳口卵圆形，外唇内侧具齿状肋。厣角质。

- 习性：栖息于潮间带中、低潮区的泥质或泥沙质底。

- 友情提示：食用有中毒风险。

秀长织纹螺

Nassarius foveolatus (Dunker, 1847)

- 软体动物门 / Mollusca
- 腹足纲 / Gastropoda
- 织纹螺科 / Nassariidae

- 识别特征：壳长约20mm。壳呈长圆锥形，螺旋部高，缝合线明显。壳面粗糙，具细密的纵向肋和更细的横向肋。壳面呈黄绿色，具棕褐色色带。壳口长卵圆形。厣角质。

- 习性：栖息于潮间带中、低潮区的泥质或泥沙质底。

- 友情提示：食用有中毒风险。

节织纹螺

Nassarius nodiferus (Powys, 1835)

- 软体动物门 / Mollusca
- 腹足纲 / Gastropoda
- 织纹螺科 / Nassariidae

- 别名：粗肋织纹螺。

- 识别特征：壳长约25mm。壳呈长卵圆形，螺旋部高，缝合线深。壳面光滑，密布发达纵肋。壳表呈灰褐色，螺层中部具浅灰色或黄白色色带。壳口卵圆形，内面紫褐色，无脐孔。厣角质。

- 习性：栖息于潮间带中、低潮区至潮下带的泥沙质底。

- 友情提示：食用有中毒风险。

秀丽织纹螺

Nassarius festivus (Powys, 1835)

- 软体动物门 / Mollusca
- 腹足纲 / Gastropoda
- 织纹螺科 / Nassariidae

- 别名：习见织纹螺、粗纹织纹螺。

- 识别特征：壳长约17mm。壳呈长圆锥形，螺旋部尖，缝合线深。壳面呈土黄色或黄褐色，具褐色色带。壳表粗糙，具细密横向肋和发达纵向肋，两者交织形成颗粒状突起。壳口卵圆形，外唇内侧有小齿。厣角质。

- 习性：栖息于潮间带中、低潮区的泥沙质底。

- 友情提示：食用有中毒风险。

珠光月华螺

Haloa japonica (Pilsbry, 1895)

- 软体动物门 / Mollusca
- 腹足纲 / Gastropoda
- 长葡萄螺科 / Haminoeidae

- 别名：日本月华螺。

- 识别特征：壳长约15mm。壳呈卵圆形，质地薄脆，螺旋部内卷入体螺层内。壳呈白色，半透明，具光泽，密布极细的波纹状雕刻纹，被淡黄色至褐色壳皮。壳口大而狭长，无厣。软体部分墨绿色，无法完全缩入壳中。

- 习性：栖息于潮间带高潮区的泥质底，在红树林区较常见。

库页拟捻螺

Acteocina koyasensis (Yokoyama, 1927)

- 软体动物门 / Mollusca
- 腹足纲 / Gastropoda
- 拟捻螺科 / Tornatinidae

- 别名：库页球舌螺、高垭拟捻螺。

- 识别特征：壳长约8mm。贝壳呈圆柱形。螺旋部低平，缝合线深沟状，各螺层具肩状突起。壳面呈淡黄色，被黄褐色壳皮，具细密的横螺旋沟。壳口狭长，外唇薄，无脐孔。无厣。

- 习性：栖息于潮间带中潮区的泥质底。

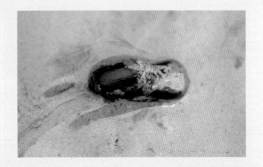

中国耳螺

Ellobium chinense (L. Pfeiffer, 1855)

- 软体动物门 / Mollusca
- 腹足纲 / Gastropoda
- 耳螺科 / Ellobiidae

- 别名：中华大耳螺。

- 识别特征：壳长约35mm。壳呈长卵圆形，螺旋部低，缝合线明显。壳顶钝，常被腐蚀。壳面具细密的布纹状雕刻，并被有1层黄褐色壳皮。壳口形似耳朵，上窄下宽，外唇厚实，轴唇前部具2处较强的皱襞。无厣。

- 习性：栖息于潮间带高潮区的红树林区。

有脐肋耳螺

Laemodonta typica (H. Adams & A. Adams, 1854)

- 软体动物门 / Mollusca
- 腹足纲 / Gastropoda
- 耳螺科 / Ellobiidae

- 识别特征：壳长约6mm。壳呈近水滴形，螺旋部高，缝合线浅。壳面浅黄色或黄褐色，具细密的螺旋沟纹。壳口似耳朵，外唇内缘具2处弱突起，轴唇前端具2处较强的皱襞，其后有1处弱突起。脐孔明显。

- 习性：栖息于潮间带高潮区富含腐殖质的红树林林缘和潮上带的砾石区。

细长金耳螺

Auriculastra subula (Quoy & Gaimard, 1832)

- 软体动物门 / Mollusca
- 腹足纲 / Gastropoda
- 耳螺科 / Ellobiidae

- 别名：微鸟来螺。

- 识别特征：壳长约15mm。壳呈长纺锤形，螺旋部高，缝合线稍浅且不规则。壳顶尖，常腐蚀。壳表被土黄色壳皮，易脱落，生长线明显。壳口近耳状，内面白色，内唇具浅紫色滑层。外唇内侧光滑，轴唇前端具2处较强的皱襞。

- 习性：栖息于潮间带高潮区的红树林林缘和潮上带的砾石区。

绞孔冠耳螺

Cassidula plecotrematoides Möllendorf, 1885

- 软体动物门 / Mollusca
- 腹足纲 / Gastropoda
- 耳螺科 / Ellobiidae

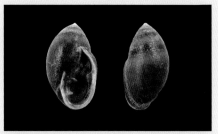

- 别名：绞孔胄螺。

- 识别特征：壳长约12mm。壳呈纺锤形，螺旋部低，缝合线浅。壳面呈黄褐色，在缝合线下方有1条褐色色带，生长线和细的螺旋沟纹相互交叉形成布纹状雕刻。壳口近耳形，外唇稍增厚，轴唇基部具2处肋状皱襞，其后有1处弱的突起。

- 习性：栖息于潮间带高潮区的红树林区。

桶形冠耳螺

Cassidula doliolum (Petit de la Saussaye, 1843)

- 软体动物门 / Mollusca
- 腹足纲 / Gastropoda
- 耳螺科 / Ellobiidae

- 别名：桶形胄螺。

- 识别特征：壳长约8mm。壳呈长卵圆形，缝合线浅。壳面平滑，呈浅灰褐色至紫褐色。壳口似耳朵，外唇内缘具1处突起，轴唇具2处肋状皱襞，无脐孔，无厣。

- 习性：栖息于潮间带中、高潮区的泥质底。

日本菊花螺

Siphonaria japonica (Donovan, 1824)

- 软体动物门 / Mollusca
- 腹足纲 / Gastropoda
- 菊花螺科 / Siphonariidae

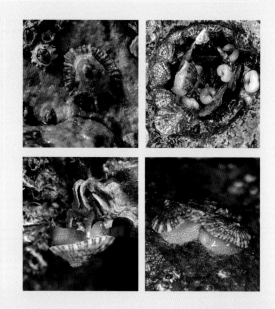

- 别名：网纹松螺。

- 识别特征：壳长约20mm。壳呈笠状。壳面粗糙，在壳顶周围呈黑灰色，有自壳顶向四周的放射肋，肋隆起而有皱纹。壳内周缘淡褐色，肌痕黑褐色，右侧水管出入凹沟较发达。

- 习性：栖息于潮间带高潮区的红树植物树干、根系基部或礁石上。

紫色疣石磺

Peronia verruculata (Cuvier, 1830)

- 软体动物门 / Mollusca
- 腹足纲 / Gastropoda
- 石磺科 / Onchidiidae

- 识别特征：体长约40mm。体呈卵圆形，无壳。体背呈土黄色或黄褐色，背部中央隆起，常具紫褐色斑纹。体背密布大小不一的瘤突，具1个明显的背眼和多个瘤眼。头部具1对触角，腹面光滑，呈黄绿色至浅蓝紫色。

- 习性：栖息于潮间带中、低潮区的礁石或砾石底。

虎斑桑椹石磺

Platevindex tigrinus (Stoliczka, 1869)

- 软体动物门 / Mollusca
- 腹足纲 / Gastropoda
- 石磺科 / Onchidiidae

- 识别特征：体长约30mm。体呈卵圆形，平扁，无壳。体背呈黄褐色或紫褐色，布有黑褐色色斑。背面较平滑，具稀疏的颗粒状疣突和极细密的小颗粒。头部具1对触角。腹面光滑，呈灰色或深灰色。

- 习性：栖息于潮间带高潮区至潮上带的泥质底。

青蚶

Barbatia obliquata (Wood, 1828)

- 软体动物门 / Mollusca
- 双壳纲 / Bivalvia
- 蚶科 / Arcidae

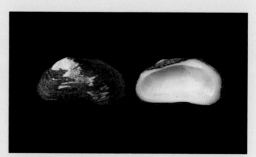

- 别名：青胡魁蛤。

- 识别特征：壳长约45mm。壳略呈卵圆形。壳前部小而圆，后部长而宽，腹缘中凹，具足丝孔。壳面呈浅灰色，具细密的放射肋，内缘腹缘具细齿。铰合齿数量多，中间齿极细小，前、后端齿大，特别是后端更大。

- 习性：栖息于潮间带中、低潮区至浅海，以足丝固着于岩石缝隙或红树植物根系。

黑荞麦蛤

Vignadula atrata (Lischke, 1871)

- 软体动物门 / Mollusca
- 双壳纲 / Bivalvia
- 贻贝科 / Mytilidae

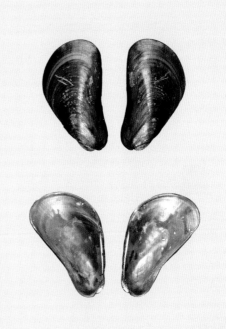

- 别名：黑偏顶蛤。

- 识别特征：壳长15mm。壳略呈三角形。壳质较坚韧。壳顶凸，近前端，腹缘多弯入。背缘前半部较直，后半部近弧形。壳表光滑，无放射肋，呈黑蓝色。壳内面呈灰紫色，肌痕明显。

- 习性：栖息于潮间带中潮区，以发达足丝附着在岩石缝隙或红树植物根部。既是外来入侵种，也是典型的污损生物。

斑纹小贻贝

Mytella strigata (Hanley, 1843)

- 软体动物门 / Mollusca
- 双壳纲 / Bivalvia
- 贻贝科 / Mytilidae

- 别名：斧形壳菜蛤、美洲黑贻贝。

- 识别特征：壳长25mm。壳略呈长三角形。壳顶凸，近前端，腹缘多弯入。背缘前半部较直，后半部近弧形。壳表光滑，具生长线。壳面呈黄褐色至黑蓝色。壳内面具珍珠光泽，紫色，靠壳顶周围白色。

- 习性：栖息于在潮间带中、低潮区至潮下带，以发达足丝附着在岩石缝隙、红树植物根部或其他物体上。外来入侵种，也是典型的污损生物。

变化短齿蛤

Brachidontes variabilis (Krauss, 1848)

- 软体动物门 / Mollusca
- 双壳纲 / Bivalvia
- 贻贝科 / Mytilidae

- 别名：杂色短齿蛤。

- 识别特征：壳长约25mm。壳质薄韧，壳呈斜三角形。壳面紫褐色，生长纹细密，具有不太规则的放射肋。壳内面浅灰蓝色，周缘具细缺刻。铰合部具有2~4个粒状小齿。

- 习性：栖息于潮间带中潮区，常附着于岩石、牡蛎壳、红树枝或根上。

团聚牡蛎

Saccostrea glomerata (Gould, 1850)

- 软体动物门 / Mollusca
- 双壳纲 / Bivalvia
- 牡蛎科 / Ostreidae

- 别名：团聚囊牡蛎。

- 识别特征：壳高约40mm。壳多呈卵圆形或三角形，多变化，壳质坚厚。右壳小，较平，鳞片愈合，无放射肋，左壳深凹，壳顶腔较深，附着面小，具放射肋。两壳边缘锯齿状。壳面呈紫黑色。壳内面黄白色，边缘紫黑色。嵌合体在腹缘有时不明显。

- 习性：栖息于潮间带中、低潮区至潮下带，以左壳固着生活。

近江巨牡蛎

Magallana ariakensis (Fujita, 1913)

- 软体动物门 / Mollusca
- 双壳纲 / Bivalvia
- 牡蛎科 / Ostreidae

- 别名：生蚝、近江牡蛎、红肉。

- 识别特征：壳高约100mm。壳多呈卵圆形或长方形，多变化。两壳不等，左壳厚大，表面凸出，右壳扁平。壳面呈淡紫色或灰白色，环生薄而平直的鳞片，无放射肋。壳内面白色，边缘灰紫色，肌痕肾形，呈紫色。

- 习性：栖息于河口区潮间带低潮区至潮下带，以左壳固着生活。

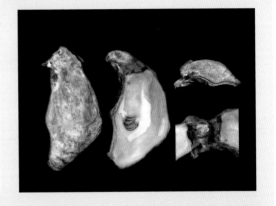

细肋钳蛤

Isognomon perna (Linnaeus, 1767)

- 软体动物门 / Mollusca
- 双壳纲 / Bivalvia
- 钳蛤科 / Isognomonidae

- 别名：花纹障泥蛤、细肋障泥蛤。

- 识别特征：壳长45mm。壳扁平，略呈长方形或椭圆形。壳质厚，通常左壳厚而大，右壳小而薄。壳面土黄色，具细的褐色放射肋和同心鳞片层。壳内银灰色，具珍珠光泽。铰合面宽，无齿，有6～8个韧带槽。闭壳肌痕弯月形。两壳闭合时留有1处窄小足丝孔。

- 习性：以足丝附着在潮间带中、低潮区至浅海的红树植物根系、岩石、珊瑚礁等物体上。

难解不等蛤

Enigmonia aenigmatica (Holten, 1802)

- 软体动物门 / Mollusca
- 双壳纲 / Bivalvia
- 不等蛤科 / Anomiidae

- 别名：红树林银蛤。

- 识别特征：壳长50mm。壳多呈椭圆形。壳质薄脆，半透明，壳面呈紫铜色或金黄色，略具珍珠光泽。放射肋有的明显，有的无，同心生长纹细密而明显。右壳稍小，较平，放射肋不明显。壳内色浅，具光泽，铰合部无齿，壳顶偏前，稍凸，下壳银灰色，薄而透明，呈云母状。足丝孔呈椭圆形，足丝发达。

- 习性：栖息于潮间带中、高潮区，附着于红树植物树干和叶片或岩石上。

中国不等蛤

Anomia chinensis Philippi, 1849

- 软体动物门 / Mollusca
- 双壳纲 / Bivalvia
- 不等蛤科 / Anomiidae

- 别名：银蛤。

- 识别特征：壳长40mm。壳近圆形。壳质较薄，左壳大，较凸，生活时位于上方；右壳小，较平，生活时位于下方。壳面呈浅橘红色或金黄色，放射纹细，同心纹明显，在壳缘附近形成明显的皱褶。右壳较平，呈青白色，前端有1个卵圆形的足丝孔。壳内面具珍珠光泽。铰合部窄，无齿。

- 习性：附着于潮间带中、低潮区至浅海的岩石或其他物体上。

斯氏印澳蛤

Indoaustriella scarlatoi (Zorina, 1978)

- 软体动物门 / Mollusca
- 双壳纲 / Bivalvia
- 满月蛤科 / Lucinidae

- 别名：密纹满月蛤。

- 识别特征：壳长10mm。壳圆形，较厚。壳顶尖，位于背部中央之前。小月面小，光滑无肋，微下陷。前背缘短而下陷，后背缘微凸。壳表同心线密集。壳内面白色。铰合部无主齿，右壳有前、后侧齿，左壳前、后侧齿为双齿型。

- 习性：栖息于潮间带中、高潮区的红树林滩涂。

河蚬

Corbicula fluminea (O. F. Müller, 1774)

- 软体动物门 / Mollusca
- 双壳纲 / Bivalvia
- 花蚬科 / Cyrenidae

- 别名：黄蚬、沙蝲、沙螺。

- 识别特征：壳长30mm。壳呈圆底三角形，两壳膨胀，壳顶高，稍偏向前方。壳面有光泽，颜色因环境而异，常呈棕黄色、黄绿色或黑褐色。壳面有粗糙的环肋，韧带短，突出于壳外。铰合部发达，左壳具3枚主齿，前后侧齿各1枚；右壳具3枚主齿，前后侧齿各2枚，其上有小齿列生。

- 习性：通常栖息于江河、湖泊、沟渠或池塘内，偶尔出现在盐度较低的河口潮间带高潮区。

凹线仙女蚬

Corbicula similis (W. Wood, 1828)

- 软体动物门 / Mollusca
- 双壳纲 / Bivalvia
- 花蚬科 / Cyrenidae

- 别名：大蚬。

- 识别特征：壳长50mm。壳呈三角卵圆形，壳质厚重。壳顶突出，前倾，位于背部中央之前，自壳顶到后端有1条钝的脊。壳皮厚，棕褐色到黑褐色，壳顶附近常被腐蚀。外套线完整，无窦。

- 习性：栖息于有淡水注入的潮间带高潮区的淤泥质或泥沙质滩涂表层，在红树林遮阴区域更集中。

红树蚬

Geloina coaxans (Gmelin, 1791)

- 软体动物门 / Mollusca
- 双壳纲 / Bivalvia
- 花蚬科 / Cyrenidae

- 别名：马蹄蛤、牛粪螺、牛屎螺。

- 识别特征：壳长80mm。壳呈三角卵圆形，壳质厚重，较膨胀。壳顶突出，前倾，位于近中央。壳表面黄灰色，并被有较厚的黑褐色壳皮，具同心刻纹。受生长环境的影响，壳皮颜色略有变化，位于壳顶位置的壳皮常被磨损。

- 习性：栖息于有淡水注入的潮间带高潮区的淤泥质或泥沙质滩涂表层，在红树林遮阴区域更集中。

薄片镜蛤

Dosinia corrugata (Reeve, 1850)

- 软体动物门 / Mollusca
- 双壳纲 / Bivalvia
- 帘蛤科 / Veneridae

- 别名：海白、薄壳镜蛤。

- 识别特征：壳长约50mm。壳略呈圆形，侧扁。壳质薄，壳顶低平。壳面呈白色或灰白色，生长线细密。壳内面也呈白色或灰白色。

- 习性：栖息于潮间带中、低潮区的泥沙质底。

日本镜蛤

Dosinia japonica (Reeve, 1850)

- 软体动物门 / Mollusca
- 双壳纲 / Bivalvia
- 帘蛤科 / Veneridae

- 别名：日本镜文蛤、海白。

- 识别特征：壳长约45mm。壳呈圆形，侧扁。壳质坚厚，壳顶尖，背缘前端凹入，背缘后端呈截形，腹缘圆。壳面呈白色，生长线细密，在背侧前、后缘略翘起呈薄片状。壳内面白色。

- 习性：栖息于潮间带低潮区至浅海的泥沙质底。

洞口

丝纹镜蛤

Dosinia caerulea (Reeve, 1850)

- 软体动物门 / Mollusca
- 双壳纲 / Bivalvia
- 帘蛤科 / Veneridae

- 识别特征：壳长约33mm。壳略呈四边形，较侧扁。壳顶处多呈淡黄色，壳表生长纹细密，具丝状光泽。外套窦宽而长，顶端圆，呈指状，指向前背缘。

- 习性：栖息于潮间带低潮区至浅海的沙质底。

饼干镜蛤

Dosinia biscocta (Reeve, 1850)

- 软体动物门 / Mollusca
- 双壳纲 / Bivalvia
- 帘蛤科 / Veneridae

- 识别特征：壳高约40mm。壳呈圆形，侧扁。壳质坚厚，壳高等于或大于壳长。壳面呈白色，生长线细密，在前部呈走向不规则的皱褶纹。壳内面白色。

- 习性：栖息于潮间带低潮区至浅海的沙质底。

镜蛤属一种

Dosinia sp.

- 软体动物门 / Mollusca
- 双壳纲 / Bivalvia
- 帘蛤科 / Veneridae

- 识别特征：壳高约20mm。壳呈卵圆三角形，两壳极膨胀，壳顶尖而突出。壳面呈灰白色，生长线细密，略凸。壳内面白色。

- 习性：栖息于潮间带低潮区至浅海的泥沙质底。

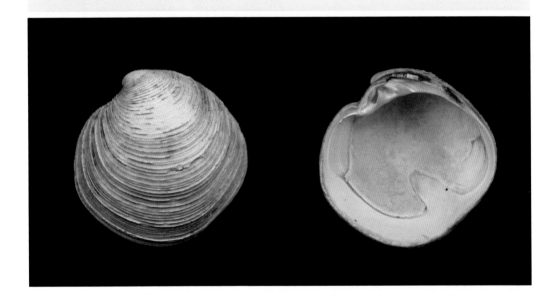

青蛤

Cyclina sinensis (Gmelin, 1791)

- 软体动物门 / Mollusca
- 双壳纲 / Bivalvia
- 帘蛤科 / Veneridae

- 别名：赤嘴蛤、环文蛤、海蚬。

- 识别特征：壳高约50mm。壳呈圆形。壳质厚，较膨胀，壳高大于壳长，壳顶尖。壳表呈黄褐色，壳缘紫色，生长线细密，具纤细的放射刻纹，两者交叉。壳内面白色，边缘具细的齿状缺刻。

- 习性：栖息于潮间带中潮区至浅海的沙质或泥沙质底。

丽文蛤

Meretrix lusoria (Röding, 1798)

- 软体动物门 / Mollusca
- 双壳纲 / Bivalvia
- 帘蛤科 / Veneridae

- 别名：文蛤、车螺、蛤蜊。

- 识别特征：壳长约60mm。壳呈近三角形，后部显著长于前部，较厚重。壳面通常呈白色或乳黄色，具光滑似漆的壳皮，在壳顶处有紫色或棕色花纹，有些个体整个壳面布满棕色点线花纹，变化很大。壳内面白色，后部常具紫褐色。

- 习性：栖息于潮间带中潮区至浅海的沙质或泥沙质底。

文蛤

Meretrix meretrix (Linnaeus, 1758)

- 软体动物门 / Mollusca
- 双壳纲 / Bivalvia
- 帘蛤科 / Veneridae

- 别名：车螺、蛤蜊、油蚶、黄蛤、台湾文蛤。

- 识别特征：壳长约80mm。壳呈近三角形，壳质厚重。壳面具光滑似漆的壳皮，其颜色和花纹变化大，因不同个体而异，通常呈黄褐色并具褐色花纹。生长线细。壳内面白色。

- 习性：栖息于潮间带中潮区至浅海的沙质或泥沙质底。

裂纹格特蛤

Marcia hiantina (Lamarck, 1818)

- 软体动物门 / Mollusca
- 双壳纲 / Bivalvia
- 帘蛤科 / Veneridae

- **别名**：裂纹女神蛤、裂纹帘蛤、台湾环帘蛤。

- **识别特征**：壳长约50mm。壳呈三角卵圆形，较膨胀。壳顶突出，前、腹缘圆，后端斜长。壳面呈黄褐色，具灰褐色放射带，同心肋较粗，不规则，前端细密，中部常加粗或合二为一，后端宽而稀。壳内面白色。

- **习性**：栖息于潮间带中、低潮区的泥沙质底。

伊萨伯雪蛤

Placamen isabellina (Philippi, 1849)

- 软体动物门 / Mollusca
- 双壳纲 / Bivalvia
- 帘蛤科 / Veneridae

- 别名：伊萨伯帘蛤、绿雪蛤、伊莎贝蛋糕帘蛤。

- 识别特征：壳长约25mm。壳呈近三角形，扁平。壳面呈白色，同心生长肋突出壳面，翘起呈薄片状。壳内面白色，具光泽，内缘具细密的小齿状突起。

- 习性：栖息于潮间带低潮区至浅海的泥沙质底。

凸加夫蛤

Gafrarium tumidum Röding, 1798

- 软体动物门 / Mollusca
- 双壳纲 / Bivalvia
- 帘蛤科 / Veneridae

- 别名：厚壳纵帘蛤。

- 识别特征：壳长约37mm。壳呈长卵圆形，膨胀。壳质坚实，壳顶低。壳面呈土黄色，生长线细密，放射肋粗壮，两者交织成结节，结节在前部较细密，中部较粗，后部不明显。壳内面白色，内缘具小齿。

- 习性：栖息于潮间带低潮区至浅海的沙质底。

彩虹蛤

Iridona iridescens (Benson, 1842)

- 软体动物门 / Mollusca
- 双壳纲 / Bivalvia
- 樱蛤科 / Tellinidae

- 别名：彩虹明樱蛤、彩虹樱蛤、海瓜子、梅蛤。

- 识别特征：壳长约20mm。壳呈三角椭圆形，前部宽大，前端圆，后背缘呈斜截形，后端尖，前、后端微开口。壳面呈黄白色或粉红色，生长线细密，具放射状色带。壳内面与壳面同色。

- 习性：栖息于潮间带中、低潮区至潮下带的沙质或泥沙质底。

幼吉樱蛤

Jitlada juvenilis (Hanley, 1844)

- 软体动物门 / Mollusca
- 双壳纲 / Bivalvia
- 樱蛤科 / Tellinidae

- 别名：刀明樱蛤、文明樱蛤、幼形明樱蛤。

- 识别特征：壳长约13mm。壳略呈卵圆形，壳质较厚。壳表多呈红色。壳顶较低，后倾。壳前端圆形，后端尖。自壳顶到后端有1条放射脊。壳表具细的生长刻纹。壳内面红色。

- 习性：栖息于有淡水注入的海湾及河口地区的潮间带中、低潮区的泥沙质底。

凸壳吉樱蛤

Jitlada fragilis (Zorina, 1978)

- 软体动物门 / Mollusca
- 双壳纲 / Bivalvia
- 樱蛤科 / Tellinidae

- 别名：凸壳明樱蛤。

- 识别特征：壳长约20mm。壳呈三角卵圆形，壳质厚，较膨胀。壳表呈红色或白色，具虹光。壳顶低平，微后倾。壳前端圆形，后部喙状突起。自壳顶到后腹角有1条显著的放射脊。壳表具规则细密的同心生长纹。壳内面红色。

- 习性：栖息于潮间带中、低潮区至潮下带的泥沙质底。

截形白樱蛤

Psammacoma gubernaculum (Hanley, 1844)

- 软体动物门 / Mollusca
- 双壳纲 / Bivalvia
- 樱蛤科 / Tellinidae

- 别名：截形砂白樱蛤。

- 识别特征：壳长约50mm。壳略呈卵圆形，侧扁，壳质较薄。壳表被薄的土黄色壳皮。壳顶低平，但很尖。壳前部大，后端截形。自壳顶到后腹缘具1条低矮的放射脊。壳表具细的同心线。壳内面白色或淡黄色。

- 习性：栖息于潮间带低潮区至浅海的泥沙质底。

仿樱蛤

Tellinides timorensis Lamarck, 1818

- 软体动物门 / Mollusca
- 双壳纲 / Bivalvia
- 樱蛤科 / Tellinidae

- 别名：帝纹樱蛤。

- 识别特征：壳长约50mm。壳呈黄红色，壳顶区颜色更浓。壳质薄，侧扁，两端开口。壳顶低平，微后倾，位于背部中央之前。壳表具淡黄色壳皮。壳表除细的生长纹外，还有同心纹，两者在壳的后部愈合在一起。壳顶到后腹角的放射脊不显著。外套窦长，可达前肌痕。

- 习性：栖息于潮间带中、低潮区至潮下带的泥沙质底，穴居深度约10cm。

无斑韩瑞蛤

Hanleyanus immaculatus (R. A. Philippi, 1849)

- 软体动物门 / Mollusca
- 双壳纲 / Bivalvia
- 樱蛤科 / Tellinidae

- 别名：紫角蛤、紫角樱蛤。

- 识别特征：壳长约25mm。壳呈赭石色，壳顶处色更浓。壳质较厚，椭圆形，两壳较膨胀，两端微开口。壳顶低平，后倾。壳前端略尖，后段截形，有1个内陷的浅窦。壳表具细弱生长线，有2条放射脊，后1条极不明显，两脊之间壳面微下陷。

- 习性：栖息于潮间带低潮区至浅海的沙质、泥质或泥沙质底。

索纹双带蛤

Semele cordiformis (Holten, 1802)

- 软体动物门 / Mollusca
- 双壳纲 / Bivalvia
- 双带蛤科 / Semelidae

- 别名：中华双带蛤。

- 识别特征：壳长约35mm。壳呈近圆形，壳质厚，较侧扁。壳表呈黄白色，壳顶红色。壳顶前倾。壳表具弱的同心刻纹和较强的放射刻纹。壳内面具红黄色云斑。

- 习性：栖息于潮间带低潮区的泥质或泥沙质底。

肉色双带蛤

Semele carnicolor (Hanley, 1845)

- 软体动物门 / Mollusca
- 双壳纲 / Bivalvia
- 双带蛤科 / Semelidae

- 别名：齿纹双带蛤、红色双带蛤、龙骨双带蛤。

- 识别特征：壳长约30mm。壳呈近圆形，壳质坚厚，微膨胀。壳表呈深黄色到暗白色。壳顶低平，前倾。左壳自壳顶到后腹缘具1条浅的缢沟，而右壳对应位置具1条隆起的钝脊。壳表具低矮的具齿的片状同心肋，肋间沟内具细密的放射刻纹。壳内面黄白色。

- 习性：栖息于潮间带低潮区的沙质或碎珊瑚质底。

薄壳绿螂

Glauconome angulata Reeve, 1844

- 软体动物门 / Mollusca
- 双壳纲 / Bivalvia
- 绿螂科 / Glauconomidae

- 别名：海瓜子。

- 识别特征：壳长约30mm。壳略呈长方形。壳面被绿色壳皮，同心生长纹在前、后部较粗糙。壳内面浅蓝色。右壳前、中主齿分叉，左壳中、后主齿分叉。

- 习性：栖息于有淡水注入的潮间带中、高潮区泥沙质底。

缢蛏

Sinonovacula constricta (Lamarck, 1818)

- 软体动物门 / Mollusca
- 双壳纲 / Bivalvia
- 灯塔蛏科 / Pharidae

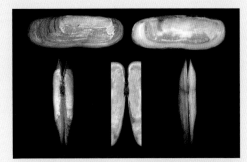

- 别名：青子、蛏子、泥蛏、涂蛏、毛蛏蛤、毛蛏。

- 识别特征：壳面具1条自壳顶至腹缘微凹的缢沟，形似绳索的缢痕，故名"缢蛏"。壳长约80mm。壳呈长方形，壳薄脆，前缘稍圆，后缘略呈截形。壳面被黄绿色壳皮，壳内面白色。铰合部左壳具3枚主齿，右壳具2枚主齿。

- 习性：栖息于潮间带中、低潮区的软泥质底。

尖齿灯塔蛏

Pharella acutidens (Broderip & Sowerby, 1829)

- 软体动物门 / Mollusca
- 双壳纲 / Bivalvia
- 灯塔蛏科 / Pharidae

- 别名：小灯塔蛏。

- 识别特征：壳长约65mm。壳呈长条形，壳顶位于中央之前，前、后端圆。壳面被深绿色壳皮，同心线较粗糙，自壳顶有1条浅沟向壳的中、后腹缘延伸，腹缘内陷。铰合齿尖而高，左壳具主齿2枚，右壳具3枚。

- 习性：栖息于有淡水注入的潮间带中潮区的淤泥质或泥沙质底。

长竹蛏

Solen strictus Gould, 1861

- 软体动物门 / Mollusca
- 双壳纲 / Bivalvia
- 竹蛏科 / Solenidae

- 别名：细长竹蛏、直竹蛏。

- 识别特征：壳长约70mm。壳呈长柱形，壳长为壳高的6~7倍，前端截形，略倾斜，后缘近圆形。壳面光滑，被黄色壳皮，生长纹明显。壳内面白色或淡黄色。铰合部两壳均具主齿1枚。

- 习性：栖息于潮间带中、低潮区至潮下带的泥沙质底。

纹斑新棱蛤

Neotrapezium liratum (Reeve, 1843)

- 软体动物门 / Mollusca
- 双壳纲 / Bivalvia
- 棱蛤科 / Trapezidae

- 别名：纹斑棱蛤、紫斑船蛤、日本棱蛤。

- 识别特征：壳长约40mm。壳呈近长方形。壳质较厚，壳顶低平。壳面呈灰白色，常具淡紫褐色条纹。同心刻纹粗糙，幼小个体有很细弱的放射肋。壳内面白色，后部多为紫褐色。

- 习性：栖息于潮间带中、低潮区至潮下带，以足丝固着于岩石等缝隙中，偶见于红树植物根系上。

亚光新棱蛤

Neotrapezium sublaevigatum (Lamarck, 1819)

- 软体动物门 / Mollusca
- 双壳纲 / Bivalvia
- 棱蛤科 / Trapezidae

- 别名：次光滑新棱蛤、次光滑棱蛤、亚光棱蛤、无光船蛤。

- 识别特征：壳长30mm。壳呈不等边四边形。壳坚硬，通常厚而重。壳顶位于前端。侧齿短但极发达，壳顶后方的韧带短。壳表光滑，或有粗糙的放射肋及明显的生长脊。壳表白色或灰色。壳内白色。

- 习性：栖息于潮间带中、低潮区至潮下带，以足丝固着于岩石等缝隙中，偶见于红树植物根系上。

裂铠船蛆

Dicyathifer mannii (E. P. Wright, 1866)

- 软体动物门 / Mollusca
- 双壳纲 / Bivalvia
- 船蛆科 / Teredinidae

- 识别特征：壳长约7mm，铠长约8mm。壳略呈心形。壳和铠呈灰白色。壳的前区具约60条较粗的刻纹，铠大，铠片宽而短，基部细，末端膨大，呈盘状。

- 习性：栖息于潮间带高潮区至中潮区，在死亡的红树植物树干或船木中凿洞穴居。

萨氏仿贻贝

Mytilopsis sallei (Récluz, 1849)

- 软体动物门 / Mollusca
- 双壳纲 / Bivalvia
- 饰贝科 / Dreissenidae

- 别名：沙筛贝、似壳菜蛤。

- 识别特征：壳长25mm。壳顶尖，位于前端。两壳不等，右壳更凸一些。前端尖，后端圆，腹缘直，背缘弓形。壳表黑黄灰色，粗糙，具鳞片状壳皮。

- 习性：栖息于河口咸淡水水域、潮间带高潮区至浅海，常附着于岩石、网箱、塑料、缆绳等物体上。外来入侵种。

红肉河篮蛤

Potamocorbula rubromuscula Q.-Q. Zhuang & Y.-Y. Cai, 1983

- 软体动物门 / Mollusca
- 双壳纲 / Bivalvia
- 篮蛤科 / Corbulidae

- 别名：红肉。

- 识别特征：壳长20mm。壳呈卵圆形，壳质薄而脆，右壳大于左壳。壳面呈黄白色或黄褐色，无放射肋，生长纹密集。铰合部狭，右壳有1枚前主齿，其后有1个三角形的槽，左壳有1枚后主齿，其前连接韧带突。外套痕清楚，外套窦极浅。

- 习性：栖息于潮间带中、低潮区至潮下带的泥沙质底。

光滑河篮蛤

Potamocorbula laevis (Hinds, 1843)

- 软体动物门 / Mollusca
- 双壳纲 / Bivalvia
- 篮蛤科 / Corbulidae

- 别名：光滑篮蛤、光滑抱蛤、海砂子。

- 识别特征：壳长约10mm。壳呈三角形或长卵圆形。壳质较薄，两壳不等，左壳小，右壳大而膨胀。壳顶位于背部中央之前。壳表被土黄色壳皮，生长纹细弱。

- 习性：栖息于潮间带中、低潮区至潮下带的泥沙质底。本种是养殖对虾的饵料。

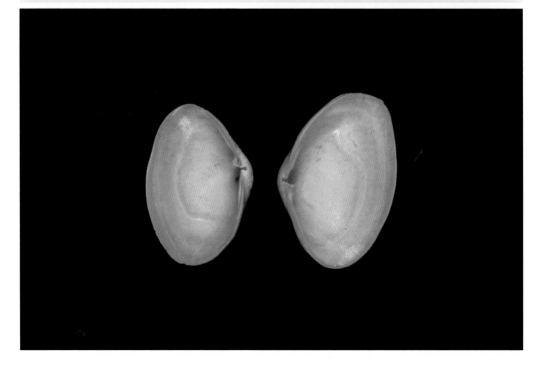

黑龙江河篮蛤

Potamocorbula amurensis (Schrenck, 1862)

- 软体动物门 / Mollusca
- 双壳纲 / Bivalvia
- 篮蛤科 / Corbulidae

- 识别特征：壳长约25mm。壳呈三角卵圆形。壳质坚厚，两壳不等。壳顶较突出。壳表被淡黄色壳皮，生长纹较弱。右壳除生长纹外，还有纤细的放射刻纹。

- 习性：栖息于河口潮间带中、低潮区的沙质、泥质或泥沙质底。

鸭嘴蛤

Laternula anatina (Linnaeus, 1758)

- 软体动物门 / Mollusca
- 双壳纲 / Bivalvia
- 鸭嘴蛤科 / Laternulidae

- 别名：截尾薄壳蛤、公代、水蛤、薄壳蛤。

- 识别特征：壳长约40mm。壳呈近卵圆形，前端圆，后端呈喇叭状开口。壳质脆薄，半透明，具云母光泽，较膨胀。自壳顶至后腹缘具1条浅沟，沟前的壳面布满粒状突起，沟后仅有生长纹形成的同心皱纹。壳面呈白色，生长纹细密。

- 习性：栖息于潮间带中、低潮区至浅海的泥沙质底。

中国紫蛤

Hiatula chinensis (Mörch, 1853)

- 软体动物门 / Mollusca
- 双壳纲 / Bivalvia
- 紫云蛤科 / Psammobiidae

- 别名：扁平血蛤、中华西施舌。

- 识别特征：壳长约85mm。壳呈卵圆形，前端圆，后端斜截形。前、后端微开口。壳面呈紫色，外被薄的灰褐色壳皮，壳顶处常脱落，自壳顶至腹缘具2条浅色色带。生长纹细密。壳内面深紫色。

- 习性：栖息于潮间带低潮区至潮下带的沙质底。

尖紫蛤

Hiatula acuta (Cai & Zhuang, 1985)

- 软体动物门 / Mollusca
- 双壳纲 / Bivalvia
- 紫云蛤科 / Psammobiidae

- 别名：沙螺、西施舌。

- 识别特征：壳长约45mm。壳呈长卵圆形，侧扁。前端圆，后端尖瘦，腹缘弧形，前中部微凹。壳面被黑褐色或咖啡色壳皮。生长纹明显，在腹、后侧常形成皱襞。壳内面紫灰色。

- 习性：栖息于潮间带低潮区至潮下带的细沙质或泥沙质底。

短蛸

Amphioctopus fangsiao (d'Orbigny [in A. Férussac & d'Orbigny], 1839-1841)

- 软体动物门 / Mollusca
- 头足纲 / Cephalopoda
- 蛸科 / Octopodidae

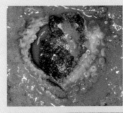

- **别名**：饭蛸、坐蛸、短腿蛸、小蛸、短爪章、望潮、四眼鸟。

- **识别特征**：体呈长卵圆形，体表具很多近圆形的颗粒，第2、3腕的腕间膜基部具1对眼点，背面两眼附近具2个近纺锤形的浅色斑。腕短，近等长，腕吸盘2列。雄性右侧第3腕茎化，端器锥形。胴长可达60mm。

- **习性**：栖息于潮间带低潮区至浅海的礁石区、泥质或泥沙质底。

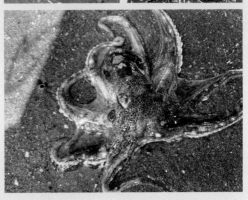

长蛸

Octopus variabilis (Sasaki, 1929)

- 软体动物门 / Mollusca
- 头足纲 / Cephalopoda
- 蛸科 / Octopodidae

- 别名：章鱼、望潮、八带、长爪章、马蛸、长腿蛸、大蛸、石拒、章拒、水鬼。

- 识别特征：体呈长卵圆形，体表具大小不规则的疣突和乳突。颈部窄，向内收缩。两眼上方各具5~8个突起，其中1个扩大。腕长，腕吸盘2列，腕间膜甚浅。雄性具一些扩大的吸盘，右侧第3腕茎化，端器勺形。胴长可达100mm。

- 习性：栖息于潮间带低潮区至浅海的礁石区、泥质或泥沙质底。

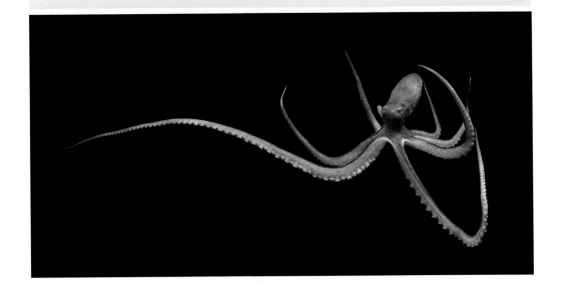

中国鲎

Tachypleus tridentatus (Leach, 1819)

- 节肢动物门 / Arthropoda
- 肢口纲 / Merostomata
- 鲎科 / Limulidae

- 别名：马蹄蟹、海怪、夫妻鱼、海底鸳鸯。

- 识别特征：体长（含尾剑）可达500mm，由头胸部、腹部和尾剑3部分组成。头胸甲宽可达200mm。头胸部背甲呈马蹄形。腹部背甲略呈六角形。雄鲎两侧缘具6对可活动的倒刺，雌鲎仅3对倒刺较显著。尾剑三棱锥形，长度大致等于背甲。血液含铜离子，遇空气氧化呈蓝色。

- 习性：成体生活在浅海沙质底，繁殖季节常成对出现在盐度较低的河口，尤其是红树林区。幼体生活在潮间带中、低潮区的泥质或泥沙质底。国家重点保护野生动物。

鹅茗荷

Lepas (Lepas) anserifera Linnaeus, 1767

- 节肢动物门 / Arthropoda
- 鞘甲纲 / Thecostraca
- 茗荷科 / Lepadidae

- 识别特征：头状部略扁平、较宽，由5块发达的壳板被覆。楯板、背板的表面一般具浅放射沟，并与壳顶成同心圆的疏稀细沟相交织。楯板的开闭缘呈显著弓形突出。头状部长10～30mm，柄部较头状部更长。柄部粗壮，黄褐色，表面较光滑，没有鳞片覆盖。

- 习性：通常以柄部固着于漂浮的物体上，如木材、浮标、浮船等，漂洋过海，四处旅行。会因漂浮物被海浪冲至岸边，而搁浅在潮间带高潮区至潮上带。

白脊管藤壶

Fistulobalanus albicostatus (Pilsbry, 1916)

- 节肢动物门 / Arthropoda
- 鞘甲纲 / Thecostraca
- 藤壶科 / Balanidae

- 识别特征：峰吻径约20mm，壳高约15mm。壳呈圆锥形。每壳板表面具有粗细不等的许多白色纵肋，在基部宽而显著，靠近壳顶部分则细狭，肋间呈暗紫色。壳表常被钙藻侵蚀，呈绿色。

- 习性：固着于潮间带高潮区的码头基部、岩石、木桩、贝壳、船底和红树植物上。

纹藤壶

Amphibalanus amphitrite (Darwin, 1854)

- 节肢动物门 / Arthropoda
- 鞘甲纲 / Thecostraca
- 藤壶科 / Balanidae

- 别名：马牙。

- 识别特征：峰吻径约15mm，壳高约8mm。壳呈火山形。壳表光滑，有紫色或褐色纵条纹，每束2～5条，无横条纹，楯板无凹穴。幅部宽，顶缘几乎平行于基底。

- 习性：多固着于潮间带高、中潮区的礁石、贝壳和红树植物上。

白条小地藤壶

Microeuraphia withersi (Pilsbry, 1916)

- 节肢动物门 / Arthropoda
- 鞘甲纲 / Thecostraca
- 小藤壶科 / Chthamalidae

- 别名：白条地藤壶。

- 识别特征：峰吻径约10mm，壳高约5mm。壳体低扁，褐色，表面多光滑，板缝直且清楚。壳板6片。盖板外表具4条白色条纹，楯板几乎成直角三角形，关节脊不突出于背缘，无闭壳肌脊。

- 习性：固着于潮间带高、中潮区的海堤、礁石和红树植物上。

海蟑螂

Ligia (Megaligia) exotica Roux, 1828

- 节肢动物门 / Arthropoda
- 软甲纲 / Malacostraca
- 海蟑螂科 / Ligiidae

- 别名：海岸水虱、海蛆、海岸清道夫。

- 识别特征：体长约30mm。体扁，呈椭圆形。体呈黄褐色或棕褐色，体背中轴色淡。头部近半圆形，具1对黑色大复眼和2对触角，第1对触角不发达，第2对触角发达，呈长鞭状。除头部外，身体分为13节，其中胸部7节，每节各有1对脚。腹部6节，每节腹面各有2块薄膜。尾部具1对尾肢，末端有分叉。

- 习性：栖息于潮间带高潮区的礁石或人工设施缝隙内，有时也在红树植物树干上穿行，移动速度极快。

泥虾

Laomedia astacina De Haan, 1841

- 节肢动物门 / Arthropoda
- 软甲纲 / Malacostraca
- 泥虾科 / Laomediidae

- 别名：大指泥虾。

- 识别特征：体长约50mm。体呈土黄色。头胸部与腹部连接处较窄。头胸甲背面的颈沟浅，两侧具平行的鳃甲线。额角略呈三角形，边缘锯齿状，具2齿，密布绒毛。螯足不对称。螯足与步足边缘密生绒毛。

- 习性：栖息于潮间带中、高潮区的泥质或泥沙质底，常分布于红树林区。

脊尾长臂虾

Palaemon carinicauda Holthuis, 1950

- 节肢动物门 / Arthropoda
- 软甲纲 / Malacostraca
- 长臂虾科 / Palaemonidae

- 别名：脊尾白虾、白虾、青虾。

- 识别特征：体长约70mm。身体半透明，可见内脏。甲壳薄，呈淡蓝色或白色，密布褐色小斑点。额角基部具鸡冠状隆起。腹部背面中央具隆起纵脊。

- 习性：栖息于河口潮间带低潮区至浅海的泥沙质底。

侧足厚蟹

Helice latimera Parisi, 1918

- 节肢动物门 / Arthropoda
- 软甲纲 / Malacostraca
- 弓蟹科 / Varunidae

- 识别特征：头胸甲宽约30mm，呈近方形，表面具细颗粒，中部具"H"形凹痕。整体呈灰绿色或灰褐色。前额圆钝，两侧缘几乎平行，具4齿，前2齿大，后2齿细小。螯足粗壮，光滑。眼窝下颗粒隆脊呈梳状。

- 习性：栖息于潮间带中、高潮区的泥质底，挖洞穴居，在红树林区较常见。

平背蜞

Gaetice depressus (De Haan, 1833)

- 节肢动物门 / Arthropoda
- 软甲纲 / Malacostraca
- 弓蟹科 / Varunidae

- 识别特征：头胸甲宽约25mm，呈近倒梯形，扁平，表面光滑，颜色多样，常呈黄褐色，具灰白色或橙黄色斑纹。前额宽大，前额缘弧形，前侧缘具3齿，各齿边缘均具颗粒。螯足多对称，尖端颜色较浅。

- 习性：栖息于潮间带中、低潮区的礁石缝或砾石下。

字纹弓蟹

Varuna litterata (Fabricius, 1798)

- 节肢动物门 / Arthropoda
- 软甲纲 / Malacostraca
- 弓蟹科 / Varunidae

- 别名：扁蟹。

- 识别特征：头胸甲宽约35mm，呈近方形，边缘较锋利且具细颗粒，中部具"H"形凹痕。整体呈灰绿色，散布黑褐色麻点。额前缘平直，前侧缘拱起，共3齿。螯足壮大，呈黄褐色。步足末端密生绒毛。

- 习性：栖息于淡水水域或有淡水注入的河口潮间带中、高潮区的砾石底或红树植物根系附近。

秀丽长方蟹

Metaplax elegans De Man, 1888

- 节肢动物门 / Arthropoda
- 软甲纲 / Malacostraca
- 弓蟹科 / Varunidae

- 识别特征：头胸甲宽约15mm，隆起呈横长方形，具分散的细颗粒及短毛。前额缘中部凹陷，前侧缘具4齿，前2齿明显，后2齿细小。后侧缘弧形，形成斜面。眼窝下缘为1排细颗粒状突起。整体呈棕色至暗紫色，散布暗褐色斑纹。螯足等大，光滑。

- 习性：栖息于潮间带中潮区的泥质或泥沙质底，常分布于红树林区。

锯缘青蟹

Scylla serrata (Forskål, 1775)

- 节肢动物门 / Arthropoda
- 软甲纲 / Malacostraca
- 梭子蟹科 / Portunidae

- 别名：青蟹、黄甲蟹、红蝽。

- 识别特征：头胸甲宽约110mm，呈卵圆形，光滑，中后部具"H"形凹痕。前额缘具4枚钝齿，前侧缘具9枚大小相似的锐齿。整体呈黄绿色或墨绿色。螯足粗壮光滑，与最后1对游泳足皆具网状墨绿色花纹。

- 习性：栖息于潮间带中、低潮区至潮下带的泥质底或礁石间。

近亲拟相手蟹

Parasesarma affine (De Haan, 1837)

- 节肢动物门 / Arthropoda
- 软甲纲 / Malacostraca
- 相手蟹科 / Sesarmidae

- 别名：蛮牛。

- 识别特征：整体呈黄褐色或深褐色，具不规则的浅色斑纹。头胸甲宽约25mm，呈近方形，前半部表面具细小颗粒，两侧有斜向的隆起肋。前额中部凹陷，两侧呈弧形，稍突出，前侧缘除眼窝外齿外，其后还有1个不明显的齿痕。螯足对称，掌节和两指均呈红色。

- 习性：栖息于河口潮间带高潮区的泥质或泥沙质底，常在红树植物根系周围掘穴生活。

大陆拟相手蟹

Parasesarma continentale Shih, Hsu & Li, 2023

- 节肢动物门 / Arthropoda
- 软甲纲 / Malacostraca
- 相手蟹科 / Sesarmidae

- 别名：蛮牛、双齿近相手蟹。

- 识别特征：整体呈黄绿色至暗褐色。头胸甲宽约25mm，呈近方形，平坦，表面具隆线和短毛。额向下垂直弯曲，具锋利的额后脊。前侧缘含眼窝外齿共2齿，侧壁有细网纹。螯足对称，掌节橘黄色或红褐色，背缘具2条梳齿状隆脊。步足长节背面具数条横行细隆线，末3节密布短硬刚毛。

- 习性：栖息于河口潮间带高潮区的泥质或泥沙质底，常在红树植物根系周围活动。

北方丑招潮

Gelasimus borealis (Crane, 1975)

- 节肢动物门 / Arthropoda
- 软甲纲 / Malacostraca
- 沙蟹科 / Ocypodidae

- 别名：北方招潮、北方凹指招潮、北方呼唤招潮、黄螯招潮蟹。

- 识别特征：整体呈土褐色至白色。头胸甲宽约25mm，呈矩形，表面隆起，光滑。雄性两螯极不对称，大螯外侧面密具颗粒，指节侧扁，基部有"U"形凹槽，不动指内缘呈"W"形，可动指外侧面光滑。雌性两螯小且对称。

- 习性：栖息于潮间带中、低潮区的泥质或泥沙质底，掘穴生活。

淡水泥蟹

Ilyoplax tansuiensis T. Sakai, 1939

- 节肢动物门 / Arthropoda
- 软甲纲 / Malacostraca
- 毛带蟹科 / Dotillidae

- 识别特征：整体呈土黄色或青灰色。头胸甲宽约8mm，呈横长方形，表面具稀疏颗粒。前额缘略内凹，眼窝外齿尖锐。螯足与步足具稀疏短毛。

- 习性：栖息于河口潮间带中潮区的泥质底，掘穴生活。

角眼切腹蟹

Tmethypocoelis ceratophora (Koelbel, 1897)

- 节肢动物门 / Arthropoda
- 软甲纲 / Malacostraca
- 毛带蟹科 / Dotillidae

· 别名：角眼拜佛蟹。

· 识别特征：整体呈黄褐色至红褐色。头胸甲宽约7mm，略呈扁梯形，背面稍隆起，具细软毛。额窄，外眼窝角呈窄三角形，眼窝腹缘具细锯齿。眼柄长，雄性个体末端另具1个细长的角质柄。螯足壮大，步足细长，表面均具稀疏短毛。

· 习性：栖息于潮间带中、高潮区的泥质或泥沙质底，在红树林区常见。具特殊的挥螯交流行为。

鸭嘴海豆芽

Lingula anatina Lamarck, 1801

- 腕足动物门 / Brachiopoda
- 海豆芽纲 / Lingulata
- 海豆芽科 / Lingulidae

- 识别特征：体长约35mm，宽约16mm。个体较亚氏海豆芽小且瘦长。壳薄略透明，带绿色，壳表光滑，同心生长纹明显。壳周围外套膜缘具细密刚毛。肉茎细长，呈圆筒状，半透明。

- 习性：栖息于潮间带中、低潮区的泥质或泥沙质底，掘穴生活。在红树林林缘滩涂也有分布。

大弹涂鱼

Boleophthalmus pectinirostris (Linnaeus, 1758)

- 脊索动物门 / Chordata
- 辐鳍鱼纲 / Actinopterygii
- 虾虎鱼科 / Gobiidae

- 别名：花跳、泥猴、跳跳鱼、海狗。

- 识别特征：体长约200mm。体深褐色，腹部灰色。全身点缀着荧光小点。身体圆柱形，被小圆鳞。头宽大，眼较小，突出于头背缘之上。吻短而圆钝。第1背鳍鳍棘丝状延长，第2背鳍达尾鳍基部。

- 习性：栖息于潮间带中、低潮区泥质滩涂，穴居。善弹跳行走，遇到危险或发出警告时，常将背鳍高高竖起，嘴里鼓足气，双眼瞪圆。

孔虾虎鱼

Trypauchen vagina (Bloch & Schneider, 1801)

- 脊索动物门 / Chordata
- 辐鳍鱼纲 / Actinopterygii
- 虾虎鱼科 / Gobiidae

- 别名：瓦格孔虾虎鱼、红条、红水官、赤鲶、红九。

- 识别特征：体长可达250mm。体呈红色或淡紫红色。体甚延长，呈鳗形，侧扁。头较短，头后中部具1条菱状脊。吻短钝，眼小，近背缘，埋于皮下。口小，下颌突出，鳃孔中等大，鳃盖上方具1处凹陷。体被小圆鳞，头部无鳞。背鳍与尾鳍、臀鳍相连，腹鳍愈合成漏斗吸盘状，尾鳍尖。

- 习性：喜栖息于红树林、河口、内湾的泥质底，属广盐性鱼类，常隐身于洞穴中。

乌塘鳢

Bostrychus sinensis Lacepède, 1801

- 脊索动物门 / Chordata
- 辐鳍鱼纲 / Actinopterygii
- 塘鳢科 / Eleotridae

- 别名：中华乌塘鳢、蝦虎、涂鱼。

- 识别特征：体长约200mm。体表有圆鳞，灰褐色。前部圆筒形，后部侧扁，尾柄长而高。头宽平，吻宽而圆，眼小，前鼻孔有细长的管，口宽大，唇较厚。背鳍2个，相距较远，左右腹鳍不愈合成吸盘，尾鳍圆形，尾鳍上的白边眼状大黑斑是典型特征。

- 习性：栖息于内湾和河口咸淡水水域的潮间带中、低潮区及红树林潮沟里，退潮时会躲在泥滩的孔隙或石缝中。肉食性，常捕食青蟹，故又称"蝦虎"。

长鳍蓝子鱼

Siganus canaliculatus (Park, 1797)

- 脊索动物门 / Chordata
- 辐鳍鱼纲 / Actinopterygii
- 蓝子鱼科 / Siganidae

- 别名：沟蓝子鱼、黄斑蓝子鱼、莹斑蓝子鱼、臭肚、象鱼。

- 识别特征：体长约120mm。体呈淡黄色至黄绿色，散布许多白色斑点。体呈长椭圆形，侧扁。吻稍长，较尖。口小，上颌稍长。鳞小，侧线上鳞20~23行。背鳍、臀鳍较低，背鳍第1鳍棘约与最后1枚鳍棘等长。

- 习性：栖息于潮间带低潮区至浅海的礁石或珊瑚礁区，有时可进入河口红树林区。

- 友情提示：触碰有中毒风险。

褐蓝子鱼

Siganus fuscescens (Houttuyn, 1782)

- 脊索动物门 / Chordata
- 辐鳍鱼纲 / Actinopterygii
- 蓝子鱼科 / Siganidae

- 别名：臭肚鱼、象鱼、雉鱼、泥鯭。

- 识别特征：体长约250mm。体色依栖息地不同而有变化，多呈黄灰色或暗褐色，散布许多小白斑。体呈长椭圆形，甚侧扁。吻短，钝尖。口小。鳞甚小。体表光滑，富有黏液。胸鳍较小，背鳍、臀鳍鳍条部低。

- 习性：栖息于潮间带低潮区至浅海的礁石或珊瑚礁区，可进入河口红树林区。

- 友情提示：触碰有中毒风险。

沙滩/泥沙滩潮间带 /

当潮水退去后，波浪在沙滩上雕刻出起起伏伏的波纹。被海浪冲刷上岸的各种贝壳，像美丽的花瓣，散落于海滩。放眼望去，这沙粒组成的世界中，似乎很难发现生命的踪迹，然而一切都隐藏于沙下。

那么，在沙质或泥沙质的海滩上，生物又是怎样的生命模式呢？

相对礁岩海岸，沙质或泥沙质的海滩是一种完全不同的底质。沙滩也是间歇性地被海水淹没，不同的是，沙滩上的生物没有可以黏附的东西，它们大多是穴居者，在沙滩上挖洞潜穴。对大部分的沙滩生物而言，生存的关键是要潜伏在湿地中，在海浪可及之处找到呼吸、觅食、繁衍的方法。

玉螺会在沙滩上留下蜿蜒的足迹，你若按图索骥，可以在足迹一端隆起的小包下发现它们。它们是一种凶猛的肉食性螺类，常常捕食双壳类的软体动物，比如蛤蜊。捕食时，玉螺会钻入沙子里面，把猎物挖出来，然后用它强壮的足紧紧抱住猎物。这种螺可以分泌一种液体，涂在猎物的壳上，将一小块地方软化，然后用齿舌在软化部位钻出一个完美的圆孔。之后，玉螺就可以从洞里把猎物吮吸出来，美餐一顿。我们在沙滩上看到一些贝壳上圆圆的小洞，多半是玉螺钻的洞。

沙滩上，我们还能看见一丛丛"杂草"遍布海滩。那是巢沙蚕或琴蛰虫的栖管。它们是一种多毛类的蠕虫，管壳往往会向下延伸入沙地1米深处。它们能够再生出损失掉的组织，作为针对饥饿鱼类的一种防御。

在广袤的沙滩上，我们也常常能见到各种五彩斑斓的海蛞蝓。春天最常见的大概属蓝斑背肛海兔，它也是一种贝类，只不过贝壳退化了。蓝斑背肛海兔，顾名思义，身上布满蓝色斑点，肛门长在背上。它们也是潮间带的化学特战队成员之一，遇到敌害时，会收缩身体，排出紫色汁液，借以逃避或麻痹敌人。喜欢栖息于藻类丰富的区域，以藻类为食。它们的卵团细条，呈淡黄色至深黄色团状，俗称"海粉"。春季，常能看到它们三五成群排火车似的交尾产卵。

我们还能在沙滩或泥沙滩上看见一些角海葵优雅的身姿。它们是海葵的近亲，但不像海葵有可固定的基盘，而是居住在自己分泌黏液形成的栖管中，半埋于柔软的泥沙底质中。它最明显的特征就是触手上有斑纹，触手外环长而逐渐变细，有些个体的触手会呈现绿色。当受到干扰时，会迅速缩回栖管中。

头足类也是沙滩上常见的生物。鱿鱼游泳速度极快，章鱼则能把自己的身体塞进狭小缝隙中，乌贼简直就是自带超强易容术，它几乎可以在一瞬间改变外表的颜色、花纹甚至质感，完全融入周围的环境。当你要继续接近，它们就会放弃伪装，转身逃走，还要朝身后喷上一股墨汁。

细雕刻肋海胆，体色跟泥沙颜色很接近，经常能看到它散落在沙滩上，而且很爱用一堆的贝壳碎片伪装自己，做个倔强的隐士。几乎每一只细雕刻肋海胆的口器周围，都有一只与之共生的蛇潜虫。

众多的沙蟹也是潮间带沙粒世界的主要居民，它们会以不同的韵律出现或消失。当潮水退去后，它们从洞里钻出，外出觅食。潮水回涨时，一些沙蟹还会进行封洞行为。

在沙之缘，生物的世界也是精彩而丰富的，你可以通过造型奇异的洞穴、蜿蜒的足迹，又或者是林立的栖管等等去追踪它们，观察、记录它们的生活习性和行为特征。在潮间带这个充满蛮力的世界中，生物们以各种各样的方式呈现出来的生存适应性，足以让人惊叹自然界生命的力量。

菲大喙螅

Macrorhynchia philippina Kirchenpauer, 1872

- 刺胞动物门 / Cnidaria
- 水螅纲 / Hydrozoa
- 美羽螅科 / Aglaopheniidae

- 识别特征：群体直立生长，外形看上去和佳大喙螅颇为相似，但不如后者柔软。

- 习性：栖息于潮间带低潮区的泥沙质底，常固着于贝壳、石块等硬基质上。

- 友情提示：触碰有中毒风险。

螖形美丽海葵

Calliactis parasitica (Couch, 1842)

- 刺胞动物门 / Cnidaria
- 珊瑚虫纲 / Anthozoa
- 链索海葵科 / Hormathiidae

- 别名：螖形丽海葵。

- 识别特征：柱体可见紫色和白色相间的纵向粗条纹。触手小，数量多，半透明，散布黑色斑点。

- 习性：栖息于潮间带中、高潮区的沙质或泥沙质底。常见多个个体附着在同一个贝壳上，多呈收缩状态。

日本美丽海葵

Calliactis japonica Carlgren, 1928

- 刺胞动物门 / Cnidaria
- 珊瑚虫纲 / Anthozoa
- 链索海葵科 / Hormathiidae

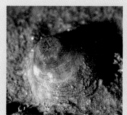

- **别名：**日本丽海葵。

- **识别特征：**体表布满红褐色斑点，伸展时呈圆柱形。基部发达。触手纤细，有的个体呈黄色，有的透明，有的具暗红色斑点。

- **习性：**栖息于潮间带中、高潮区的沙质或泥沙质底。常附着于贝壳、寄居蟹栖居的螺壳或小石块上，也可以通过基部直接包裹泥沙、碎壳等杂物生活。

伸展蟹海葵

Cancrisocia expansa Stimpson, 1856

- 刺胞动物门 / Cnidaria
- 珊瑚虫纲 / Anthozoa
- 绿海葵科 / Sagartiidae

- 识别特征：体扁平，呈椭圆形。柱体光滑，为半透明。其口盘约为基部大小的一半。基部发达。

- 习性：栖息于潮间带低潮区的沙质或泥沙质底。通过分泌几丁质附着于伪装仿关公蟹的头胸甲上。

武装杜氏海葵

Dofleinia armata Wassilieff, 1908

- 刺胞动物门 / Cnidaria
- 珊瑚虫纲 / Anthozoa
- 海葵科 / Actiniidae

- 识别特征：体直径30～49mm。柱体光滑，伸展时呈粗大筒状，具许多排成纵行的细沟线和许多收缩横纹，收缩时呈小丘状或盘状。体呈浅黄色。口盘小，分布有整齐的红褐色斑点和荨麻状小突起，口盘的底色为浅黄色或近奶油色。触手圆胖，疣状突起大而密。

- 习性：栖息于潮间带低潮区的沙质或泥沙质底，营固着生活。触手上有毒性强烈的刺细胞，可麻痹猎物。

斑角海葵

Cerianthus punctatus Uchida, 1979

- 刺胞动物门 / Cnidaria
- 珊瑚虫纲 / Anthozoa
- 角海葵科 / Cerianthidae

- 识别特征：柱体可达250mm。没有可固定的基盘，可分泌黏液形成栖管，半埋于柔软的泥沙中。其最明显的特征是触手上具有斑纹，触手外环长且逐渐变细，有的个体触手会呈现绿色。栖管外侧常黏附沙粒、碎屑和贝壳碎片。

- 习性：栖息于潮间带中、低潮区的泥沙质底。周围常围绕着澳洲帚虫，当受到干扰时，会迅速缩回栖管中。

蕨形角海葵

Cerianthus filiformis Carlgren, 1924

- 刺胞动物门 / Cnidaria
- 珊瑚虫纲 / Anthozoa
- 角海葵科 / Cerianthidae

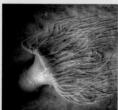

- 识别特征：柱体可达300mm。没有可固定的基盘，可分泌黏液形成栖管，以此作为巢穴。触手颜色多变，有白色、黄色或深紫色，中央触手的颜色与边缘触手的会有差异。

- 习性：栖息于潮间带中、低潮区的泥沙质底。周围常围绕着澳洲帚虫。以触手可及的漂流食物为食，受干扰时会缩回栖管中。繁殖时期会从泥沙中出来活动。

厦门棍海鳃

Lituaria amoyensis Koo, 1935

- 刺胞动物门 / Cnidaria
- 珊瑚虫纲 / Anthozoa
- 棒海鳃科 / Veretillidae

- 识别特征：群体呈棍棒状，长度可达300mm。长得跟哈氏仙人掌海鳃很像，但呈橘色，整体更瘦长。群体明显分为柄部和干部。上端为干部，表面布满水螅体，浸没在海水中时膨大直立，水螅体也完全伸展。下端为柄部，可钻入泥沙中。

- 习性：栖息于潮间带低潮区至潮下带的泥沙质底。

古斯塔沙箸海鳃

Virgularia gustaviana (Herklots, 1863)

- 刺胞动物门 / Cnidaria
- 珊瑚虫纲 / Anthozoa
- 沙箸海鳃科 / Virgulariidae

- 别名：海笔、紫海笔。

- 识别特征：一种优雅的像鹅毛笔般的海鳃。群体细长，150～200mm。有根中轴骨支撑着整个躯体。柄部末端水梨状，可钻入泥沙里，躯干由一节节叶状的水螅体组成，在水中舒展开时如羽毛。当退潮暴露时，叶状体就收缩了，整个躯体就像一根棍子般。颜色丰富，呈紫色、橘色或栗色。

- 习性：栖息于潮间带中、低潮区的沙质或泥沙质底。

三线纽虫

Drepanogigas albolineatus (Bürger, 1895)

- 纽形动物门 / Nemertea
- 针纽纲 / Hoplonemertea
- （暂无中文科名）/ Drepanogigantidae

- 识别特征：体长约150mm。体较细长，呈柳叶状，头、尾尖，中间宽、扁平，侧缘很薄、呈翼状，头端两侧具1对水平头裂。体背呈浅红褐色，具3条白线，贯穿头尾，在头端及尾部汇合。腹面色浅。

- 习性：栖息于潮间带低潮区的沙质或泥沙质底。

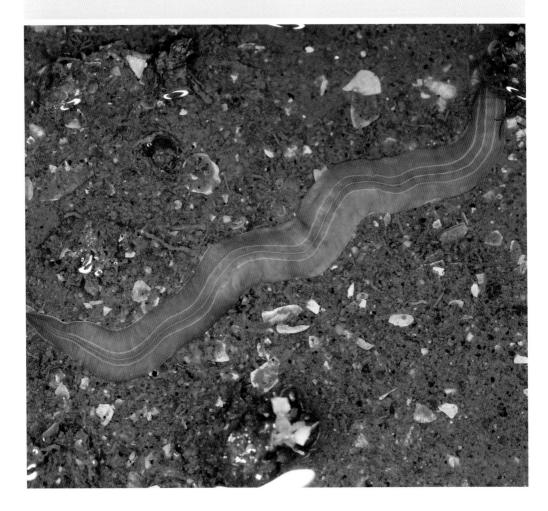

浮游拟脑纽虫

Cerebratulina natans (Punnett, 1900)

- 纽形动物门 / Nemertea
- 帽幼纲 / Pilidiophora
- 纵沟科 / Lineidae

- 别名：浮游线脑纽虫。

- 识别特征：体长约130mm。体呈扁平带状，侧缘很薄且呈翼状。头端较细，呈锥状，尾端尖，具1根很短的尾须。体呈棕黄色，肠区橘红色，侧缘透明，头部具1个鞋钉形黑褐色斑。体两侧具1对红色侧神经，头部两侧具1对水平头裂，无眼点。

- 习性：栖息于潮间带低潮区的泥质或泥沙质底。

白额库氏纽虫

Kulikovia alborostrata (Takakura, 1898)

- 纽形动物门 / Nemertea
- 帽幼纲 / Pilidiophora
- 纵沟科 / Lineidae

- 别名：白额纵沟纽虫。

- 识别特征：体长约200mm。体细长，略扁平，肠区前部较粗而宽，之后逐渐变细。体色通常呈肉红色、暗紫色、深褐色或灰褐色，腹面色浅。头端钝圆，近长方形。前端额部具白色斑纹。

- 习性：栖息于潮间带中、低潮区的砾石下或泥沙质底。

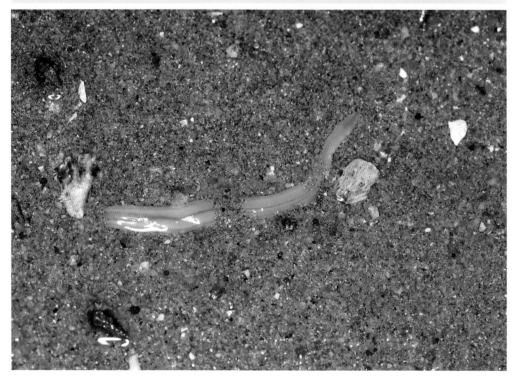

湛江多枝吻纽虫

Polydendrorhynchus zhanjiangensis (Yin & Zeng, 1984)

- 纽形动物门 / Nemertea
- 帽幼纲 / Pilidiophora
- 枝吻科 / Polybrachiorhynchidae

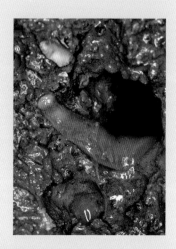

- 别名：湛江枝吻纽虫。

- 识别特征：体长约250mm。体呈肉红色。体较细长，扁平，前端较宽，后端渐窄。头部较明显，两侧具水平头裂。吻口开口位于顶端偏腹面，树枝状吻复杂，具四级分枝，白色。

- 习性：栖息于潮间带低潮区的泥质或泥沙质底。

巴西沙蠋

Arenicola brasiliensis Nonato, 1958

- 环节动物门 / Annelida
- 多毛纲 / Polychaeta
- 沙蠋科 / Arenicolidae

- 别名：柄袋沙蠋、海蚯蚓。

- 识别特征：体长约100mm。体呈圆筒状，前粗后细，形似蚯蚓，分为胸区、腹区和尾区，胸区具6～7对疣足，腹区具11对疣足和血红色羽状鳃，尾区细长无疣足和鳃。体前半部分呈紫红色，后半部分呈褐色。

- 习性：栖息于潮间带中、低潮区的沙质或泥沙质底。掘穴生活，洞口周围常见"大型粪山"，有时也可见巨大的似气球状的半透明卵囊。

巴西沙蠋的卵囊

鳍缨虫属一种

Branchiomma sp.

- 环节动物门 / Annelida
- 多毛纲 / Polychaeta
- 缨鳃虫科 / Sabellidae

- 识别特征：体长约55mm，鳃冠长约15mm。体呈圆柱形，尾部圆锥形，体表呈橘黄色，具大小不规则的棕褐色色斑。鳃冠鳃叶背面愈合，排为2个螺旋状，具约20对鳃丝。鳃丝具成对复眼，间杂黑色、白色、黄色和浅黄色。

- 习性：栖息于潮间带中、低潮区的泥沙质底，聚群生活，生活在较硬的膜状虫管中，仅末端附着于泥沙中。

中华内卷齿蚕

Aglaophamus sinensis (Fauvel, 1932)

- 环节动物门 / Annelida
- 多毛纲 / Polychaeta
- 齿吻沙蚕科 / Nephtyidae

- 识别特征：体长约130mm，具约120个刚节。口前叶近卵圆形，具色斑，翻吻无中背乳突，具4个小触手。疣足双叶型，腹足叶具上腹须。内须始于第2刚节，呈指状，之后变长内卷状，近基部具1个小乳突。

- 习性：栖息于潮间带中、低潮区至潮下带的泥沙质底。

扁须虫属一种

Oenone sp.

- 环节动物门 / Annelida
- 多毛纲 / Polychaeta
- 花索沙蚕科 / Oenonidae

- 识别特征：体长400mm。体呈圆柱状，细长，橙黄色或彩虹色。口前叶具4个眼。背须叶片状，易于识别。

- 习性：栖息于潮间带低潮区的沙质或泥沙质底。

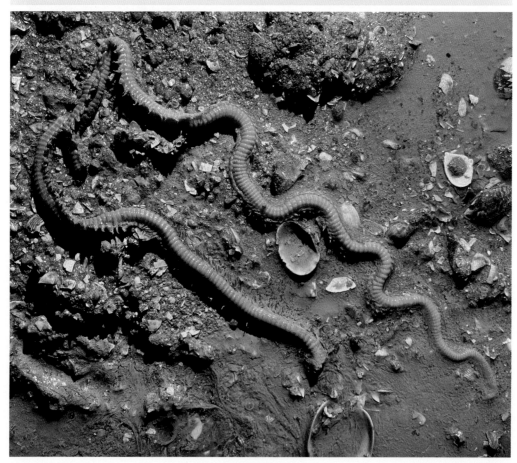

磷虫属一种

Chaetopterus sp.

- 环节动物门 / Annelida
- 多毛纲 / Polychaeta
- 磷虫科 / Chaetopteridae

- 识别特征：体长约150mm。体前区背腹扁平，具宽大的围口节。口前叶宽卵形，前端圆钝，下方具口，触角短。体前区的背足叶基部在体背面具1个隆起的球泡，体中区的部分背足叶愈合成厚的肉质背扇，体后区的背足叶呈长柳叶形。

- 习性：栖息于潮间带低潮区的泥沙质底，生活于牛皮纸质地的栖管中。栖管多埋于泥沙中，表面覆泥沙。

扁蛰虫属一种

Loimia sp.

- 环节动物门 / Annelida
- 多毛纲 / Polychaeta
- 蛰龙介科 / Terebellidae

- 识别特征：体呈肉粉色，半透明，隐约可见内脏，鳃鲜红色。触手须状，具黄绿色和棕色相间斑纹。鳃3对，树枝状，位于第2~4节（第1刚节），第1对鳃最大。围口节膜叶状，第2、3节为愈合的侧瓣。

- 习性：栖息于潮间带中潮区的沙质或泥沙质底。虫体通常埋于底质内，仅露出大量密密麻麻的须状触手。

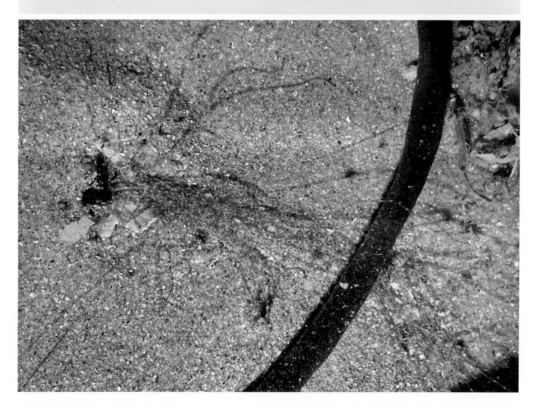

琴蛰虫属一种

Lanice sp.

- 环节动物门 / Annelida
- 多毛纲 / Polychaeta
- 蛰龙介科 / Terebellidae

- 识别特征：栖管由沙和碎壳构成，管口扩张似触手状分枝。触手常有眼点。围口节上具长舌状的侧瓣，形成筒状触手鞘。第2节无侧瓣，第3节侧瓣盖在第2节上。3对鳃具短柄，树枝状、位于第2~4节。17个胸刚节。

- 习性：栖息于潮间带中潮区的沙质或泥沙质底。

145

丝鳃虫科一种

Cirratulidae und.

- 环节动物门 / Annelida
- 多毛纲 / Polychaeta
- 丝鳃虫科 / Cirratulidae

- 别名：须鳃虫科一种。

- 识别特征：体细长，呈圆柱状，两端尖。口前叶钝圆锥形。触角和鳃丝均始于第1刚节。鳃丝可分布至体后部。体中部鳃丝与背刚叶的距离比背、腹刚叶的间距短。

- 习性：栖息于潮间带中、高潮区的礁石区边或泥沙质底。虫体通常埋于底质内，仅露出大量肉粉色且具沟的须状触手。

厦门臭海蛹

Travisia amoyanus sp. nov.

- 环节动物门 / Annelida
- 多毛纲 / Polychaeta
- 臭海蛹科 / Travisiidae

- 识别特征：体呈蛆状，两头尖。体呈肉粉色，会散发明显的臭味。2022年描述的新种。

- 习性：栖息于潮间带低潮区至潮下带的沙质底。

角海蛹属一种

Ophelina sp.

- 环节动物门 / Annelida
- 多毛纲 / Polychaeta
- 海蛹科 / Opheliidae

- 识别特征：虫体具深的腹侧沟，从口向后贯穿整个虫体。肛部杓状，开口向下，侧面扁平，边缘有许多小乳突，每侧约有30个，有1根长的中腹须和两个较短的腹侧须。

- 习性：栖息于潮间带低潮区至潮下带的沙质底。

梯斑海毛虫

Chloeia parva Baird, 1868

- 环节动物门 / Annelida
- 多毛纲 / Polychaeta
- 仙虫科 / Amphinomidae

- 识别特征：体长100~150mm。体呈扁卵圆形。口前叶有1对触手，中央触手位于口前叶后部，腹面有沟具1对触角。2对眼。肉瘤发达，为锥状，具1条中央脊，两侧有褶边。具有28~35个刚节，体后端呈锥状，每个刚节背面中央具有"Y"形或"T"形的紫黑色斑块。背面刚毛为锯齿状与叉状，腹面刚毛为叉状。鳃为羽状。

- 习性：栖息于潮间带低潮区至潮下带的泥沙质底。刚毛具毒，接触会造成刺痛。

海毛虫

Chloeia flava (Pallas, 1766)

- 环节动物门 / Annelida
- 多毛纲 / Polychaeta
- 仙虫科 / Amphinomidae

- 别名：黄海毛虫、黄斑海毛虫。

- 识别特征：体长80～130mm。体呈扁卵圆形，淡红棕色，背部中央具1串镶黄白边的紫褐色圆形或椭圆形斑纹。羽状鳃位于体侧，呈红褐色。刚毛束长，除接近背面的1根刚毛呈紫褐色外，其余均为白色。

- 习性：栖息于潮间带低潮区至潮下带的泥沙质底。刚毛具毒，接触会造成刺痛。

蛇潜虫属一种

Oxydromus sp.

- 环节动物门 / Annelida
- 多毛纲 / Polychaeta
- 海女虫科 / Hesionidae

- 识别特征：体长约12mm。体呈长圆柱状，棕褐色，具黄白色粗横纹及数量更多的细横纹。具2对眼，3个触手，1对触角，6对触须。触手、触须和疣足背须均光滑。翻吻无颚齿，末端具须状乳突。

- 习性：栖息于潮间带中、低潮区至潮下带的泥沙质底，常寄生于细雕刻肋海胆上。

日本巢沙蚕

Diopatra sugokai Izuka, 1907

- 环节动物门 / Annelida
- 多毛纲 / Polychaeta
- 欧努菲虫科 / Onuphidae

- 识别特征：体长约200mm。头部具2个短的锥形前触手和5个长的基部具环轮的后头触手。1对短触须位于围口节后侧缘，鳃始于第4～5刚节，止于第47～56刚节，前部疣足具2个后刚叶。

- 习性：栖息于潮间带中、低潮区至潮下带的泥沙质底，以牛皮纸样的栖管直埋于泥沙中，栖管外露部分粘有泥沙粒、碎壳和海藻等。

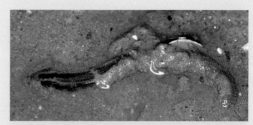

欧努菲虫属一种

Onuphis sp.

- 环节动物门 / Annelida
- 多毛纲 / Polychaeta
- 欧努菲虫科 / Onuphidae

- 识别特征：头部具5个触手且基节明显长于口前叶，尤以内侧触手最长，后伸可达第7刚节、具16环轮。围口节具1对触须。前部疣足具长须状背须、腹须和1个尖叶状后刚叶。腹须位于第1~6刚节。鳃始于第1刚节至第30刚节，6个鳃丝呈梳状。

- 习性：栖息于潮间带中、低潮区的沙质或泥沙质底，生活于埋在底质内的栖管中，栖管表面附着细沙和其他碎屑。

岩虫

Marphysa sanguinea (Montagu, 1813)

- 环节动物门 / Annelida
- 多毛纲 / Polychaeta
- 矶沙蚕科 / Eunicidae

- 识别特征：体长约150mm。体表颜色多样，具有明显的彩虹。围口节和体前几个刚节为圆柱形，随后背腹面逐渐扁平，横截面为卵圆形。口前叶双叶型，前端圆，中间沟明显。触角基部通常具1对眼。

- 习性：栖息于潮间带中、低潮区至潮下带的岩缝和泥沙质底，是优良的钓饵。

中华寡枝虫

Paucibranchia sinensis (Monro, 1934)

- 环节动物门 / Annelida
- 多毛纲 / Polychaeta
- 矶沙蚕科 / Eunicidae

- 别名：中华岩虫。

- 识别特征：体长约10cm。口前叶卵圆形或亚圆锥形，无中央沟。口前叶附肢光滑、指状。触角可伸至第1刚节，侧触手伸至第3刚节，中央触手至第4刚节。未观察到明显的眼。第1围口节长为第2围口节的2倍。体末具2对肛须。鳃密集分布于体前部的背面。鳃丝发达，呈梳状排列。足刺褐色、末端圆钝，体前20刚节每疣足各具2根，其后各具1根。

- 习性：栖息于潮间带低潮区的泥沙质底，如石块间的泥沙中。

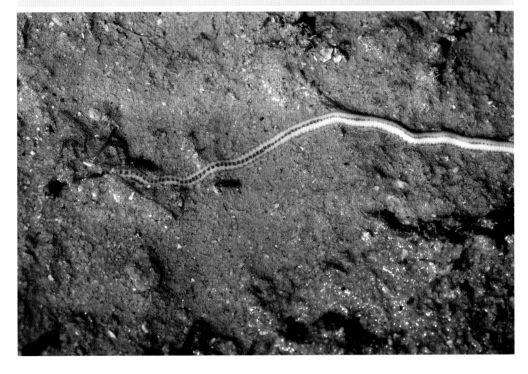

绛体管口螠

Ochetostoma erythrogrammon Rüppell & Leuckart, 1828

- 环节动物门 / Annelida
- 多毛纲 / Polychaeta
- 绿螠科 / Thalassematidae

- 识别特征：体长可达190mm。身体柔软，圆筒状，两端略尖。体紫红色，中部体壁较薄，半透明，内部器官隐约可见，两端体壁增厚，不透明。体表遍布皮肤乳突，位于体中部的小而分散，位于两端的粗大而稠密。体壁外可见14～18条灰白色纵肌束。吻乳白或乳黄色，末端截形，吻可伸缩，自然伸展时长度可达200mm。

- 习性：栖息于潮间带低潮区至潮下带的泥沙质底、珊瑚礁石下或缝隙间。遇到危险时可自断吻部。

裸体方格星虫

Sipunculus (*Sipunculus*) *nudus* Linnaeus, 1766

- 星虫动物门 / Sipuncula
- 方格星虫纲 / Sipunculidea
- 方格星虫科 / Sipunculidae

- 别名：沙虫、光裸星虫、方格星虫、海肠子。

- 识别特征：体长150～200mm。体呈蠕虫状，体壁厚，体色浅黄色到肉色。纵肌束27～32束，体表有由纵横肌束交错而形成的许多整齐的方形小块。吻长15～35mm，覆盖有三角形乳突，顶尖向后，呈鳞状排列。

- 习性：多分布于潮间带中、低潮区的沙滩或泥沙质滩涂，穴居。

蝛螺

Umbonium vestiarium (Linnaeus, 1758)

- 软体动物门 / Mollusca
- 腹足纲 / Gastropoda
- 马蹄螺科 / Trochidae

- 别名：彩虹蝛螺。

- 识别特征：壳长约10mm。壳呈扁圆形。壳面光滑，富有光泽。壳色和花纹变化大，花纹有放射状、波纹状和火焰状等，缝合线下常具环带。脐部多呈白色或褐色，略凸出，无脐孔。厣角质，圆形。

- 习性：栖息于潮间带中、高潮区的沙质或泥沙质底。

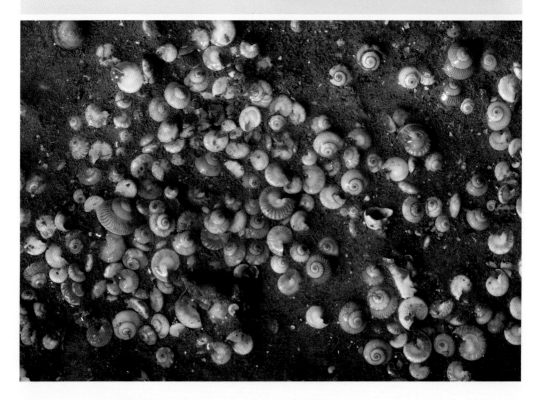

托氏鲳螺

Umbonium thomasi (Crosse, 1863)

- 软体动物门 / Mollusca
- 腹足纲 / Gastropoda
- 马蹄螺科 / Trochidae

- 别名：美螺、汤玛氏鲳螺。

- 识别特征：壳长约13mm。壳呈扁圆形。壳面平滑，有光泽，颜色和花纹多变，但多呈淡棕色，具紫棕色波状花纹。底面平，脐部呈白色，无脐孔，不凸出。厣角质，圆形。

- 习性：常栖息于潮间带中、低潮区的沙质或泥沙质底。

细纹小铃螺

Minolia strigata G. B. Sowerby III, 1894

- 软体动物门 / Mollusca
- 腹足纲 / Gastropoda
- 小阳螺科 / Solariellidae

- 识别特征：壳长约8mm。壳呈短圆锥形，缝合线明显。壳面乳白色或黄白色，具规则间断分布的块状褐色和红褐色斑纹，外被薄壳皮。壳表平滑，体螺层具3条、其他螺层具2条横向环形强肋，在缝合线下方形成斜肩。壳口圆形，脐孔大而深，边缘具肋状齿。厣角质，圆形，褐色。

- 习性：栖息于潮间带低潮区的沙质底。

马氏光螺

Melanella martinii (A. Adams, 1854)

- 软体动物门 / Mollusca
- 腹足纲 / Gastropoda
- 光螺科 / Eulimidae

- 别名：马丽瓷光螺、马丽瓷螺。

- 识别特征：壳长约25mm。壳呈尖锥形，螺旋部高，壳顶略弯曲，缝合线明显。壳面光滑如瓷器，呈白色。壳口呈水滴形，无脐孔。厣角质。

- 习性：栖息于潮间带低潮区至浅海的沙质或泥沙质底。

光螺科一种

Parvioris astropectenicola (Kuroda & Habe, 1950)

- 软体动物门 / Mollusca
- 腹足纲 / Gastropoda
- 光螺科 / Eulimidae

- 识别特征：壳长约6mm。壳呈尖锥形，螺旋部高，顶部略弯曲，缝合线浅。壳面光滑，具陶瓷光泽，白色，半透明，可透见壳内软体部分具橙红色斑点。壳口卵圆形，无脐孔。唇角质。

- 习性：栖息于潮间带低潮区的沙质、泥沙质或礁石底。在细雕刻肋海胆等生物上营寄生生活。

分离类麂眼螺

Rissoina distans (Anton, 1838)

- 软体动物门 / Mollusca
- 腹足纲 / Gastropoda
- 麂眼螺科 / Rissoinidae

- 识别特征：壳长约8mm。壳呈长圆锥形，螺旋部高，螺层约10层，缝合线明显。壳面呈白色，缝合线下方具1条白色宽色带，半透明。壳表具规则排列的粗壮纵肋，肋间沟宽且深，横向螺纹细密但不显著，仅在体螺层靠近壳口附近隐约可见。

- 习性：栖息于潮间带中、高潮区的沙质底。

扁平管帽螺

Ergaea walshi (Reeve, 1859)

- 软体动物门 / Mollusca
- 腹足纲 / Gastropoda
- 帆螺科 / Calyptraeidae

- 别名：华氏舟螺。

- 识别特征：壳长约25mm。壳扁平，壳形因生境不同而有变化，多呈椭圆形，螺旋部极低。壳面呈白色，半透明，生长线细密。壳内面光滑，具1个弯曲薄隔片与贝壳相连。无厣。

- 习性：栖息于潮间带低潮区至潮下带的沙质或泥沙质底，多吸附于有寄居蟹的螺壳壳口内。

笠帆螺

Desmaulus extinctorium (Lamarck, 1822)

- 软体动物门 / Mollusca
- 腹足纲 / Gastropoda
- 帆螺科 / Calyptraeidae

- 别名：笠舟螺、锥形履螺。

- 识别特征：壳长约25mm。壳呈圆锥形，似斗笠。壳面平滑或具放射状螺肋，呈土黄色或褐色。壳内面光滑，具1个弯曲近似牛角状的薄隔片与贝壳相连。无厣。

- 习性：栖息于潮间带低潮区至潮下带的沙质或泥沙质底，依靠强有力的腹足吸附于其他贝壳外。

微黄镰玉螺

Euspira gilva (Philippi, 1851)

- 软体动物门 / Mollusca
- 腹足纲 / Gastropoda
- 玉螺科 / Naticidae

- 别名：福氏玉螺、吉尔瓦玉螺、香螺。

- 识别特征：壳长约30mm。壳呈近梨形。壳面光滑，体螺层以黄褐色或灰色为主，颜色向顶部逐渐加深，多呈青灰色。壳内面深棕色。壳口卵圆形，脐孔大而深。厣角质，栗色。

- 习性：栖息于潮间带中、低潮区的沙质、泥沙质或泥质底。

扁玉螺

Neverita didyma (Röding, 1798)

- 软体动物门 / Mollusca
- 腹足纲 / Gastropoda
- 玉螺科 / Naticidae

- 别名：大玉螺。

- 识别特征：壳长约40mm。壳呈半球形。螺旋部极低，体螺层膨大。壳面光滑，呈淡黄褐色，沿着缝合线下方具1条红色至棕色的渐变色带。壳口近半圆形，脐部具1个发达褐色结节，其上有凹痕，脐孔大而深。厣角质，棕色。

- 习性：栖息于潮间带中、低潮区至浅海的沙质或泥沙质底。

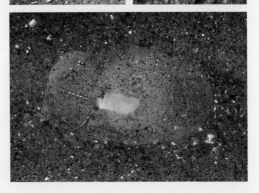

相模乳玉螺

Polinices sagamiensis Pilsbry, 1904

- 软体动物门 / Mollusca
- 腹足纲 / Gastropoda
- 玉螺科 / Naticidae

- 别名：相模玉螺、相模无脐玉螺。

- 识别特征：壳长约40mm。壳呈长卵圆形，厚重，螺旋部低平，缝合线浅。壳面光滑，具细密生长纹。壳面白色，体螺层覆盖1圈栗色宽色带。壳口半圆形，脐部具发达的白色结节，脐孔大而深，中间有1道黑色角质色带。唇角质，深褐色。

- 习性：栖息于潮间带低潮区至浅海的沙质或泥沙质底。

黑田乳玉螺

Mammilla kurodai (Iw. Taki, 1944)

- 软体动物门 / Mollusca
- 腹足纲 / Gastropoda
- 玉螺科 / Naticidae

- 别名：黑田玉螺、大口乳玉螺。

- 识别特征：壳长约35mm。壳呈长卵圆形，螺旋部低小，体螺层膨大。壳面呈乳白色，有2~3条断续的不规则褐色色带。壳口近卵圆形，极宽大，脐孔较狭小而深，黑褐色。厣角质，极薄，软体部分无法完全缩入壳中。

- 习性：栖息于潮间带低潮区至浅海的沙质或泥沙质底。

线纹玉螺

Tanea lineata (Röding, 1798)

- 软体动物门 / Mollusca
- 腹足纲 / Gastropoda
- 玉螺科 / Naticidae

- 别名：细纹玉螺、线纹塔玉螺。

- 识别特征：壳长约30mm，壳呈近球形，壳面光滑。壳顶呈黑紫色，其余壳面黄白色，密布纵行的褐色波状线纹。壳口近半圆形，脐孔较大而深。厣石灰质，外缘具2条凹沟。

- 习性：栖息于潮间带低潮区至浅海的沙质、泥沙质或泥质底。

真玉螺

Eunaticina papilla (Gmelin, 1791)

- 软体动物门 / Mollusca
- 腹足纲 / Gastropoda
- 玉螺科 / Naticidae

- 别名：乳头真玉螺、乳头玉螺、乳头窦螺。

- 识别特征：壳长约25mm。壳呈长卵圆形，缝合线深。壳面白色，具网状雕刻纹，外被浅褐色薄壳皮。壳口近半圆形，较宽大，脐孔小而深。厣角质，面积较小，无法覆盖壳口。

- 习性：栖息于潮间带中、低潮区至浅海的沙质或泥沙质底。

沟纹鬘螺

Phalium flammiferum (Röding, 1798)

- 软体动物门 / Mollusca
- 腹足纲 / Gastropoda
- 冠螺科 / Cassidae

- **别名：** 条纹鬘螺、短沟纹鬘螺。

- **识别特征：** 壳长约80mm。壳呈长卵圆形。壳面白色或黄白色，有较宽的黄褐色的纵向波状色带。体螺层光滑，在壳口左侧具1条发达的纵肿肋。壳口狭长，呈半月形，外唇内缘具肋状齿，无脐孔。唇角质，半透明，黄褐色。

- **习性：** 栖息于潮间带低潮线附近至浅海的沙质或泥沙质底。

网纹扭螺

Distorsio reticularis (Linnaeus, 1758)

- 软体动物门 / Mollusca
- 腹足纲 / Gastropoda
- 扭螺科 / Personidae

- 别名：毛扭法螺。

- 识别特征：壳长约45mm。壳呈近菱形，两头尖，各螺层交错扭曲。壳面呈黄褐色，外被褐色壳皮和较长的壳毛。壳面纵肋与横肋交错形成网状雕刻纹。壳口收缩，内、外唇扩张形成平面，具粒状突起和肋状齿，前水管较长。

- 习性：栖息于潮间带低潮线附近至浅海的泥质或泥沙质底。

习见赤蛙螺

Bufonaria rana (Linnaeus, 1758)

- 软体动物门 ／ Mollusca
- 腹足纲 ／ Gastropoda
- 蛙螺科 ／ Bursidae

- 别名：习见蛙螺、赤蛙螺。

- 识别特征：壳长约80mm。壳呈菱形，壳面粗糙，具不规则的颗粒状突起，在壳两侧有纵向强肋，肋上具波状肋片和少许短棘。壳面灰白色或淡黄色，夹杂不规则褐色斑纹。壳口呈橄榄形，内面白色，无脐孔。厣角质。

- 习性：栖息于潮间带低潮区至浅海的泥质或泥沙质底。

棒锥螺

Turritella bacillum Kiener, 1843

- 软体动物门 / Mollusca
- 腹足纲 / Gastropoda
- 锥螺科 / Turritellidae

- 别名：台风螺、钉螺、锥螺、长尾螺。

- 识别特征：壳长约80mm。壳呈尖锥形，螺旋部高，缝合线明显，具不规则的螺肋杂有间肋。壳面呈黄褐色，略带淡紫色。壳口近圆形，无脐孔。厣角质，圆形。

- 习性：栖息于潮间带低潮区至浅海的泥质或泥沙质底。

中华锉棒螺

Rhinoclavis sinensis (Gmelin, 1791)

- 软体动物门 / Mollusca
- 腹足纲 / Gastropoda
- 蟹守螺科 / Cerithiidae

- 别名：中华蟹守螺。

- 识别特征：壳长约40mm。壳呈长圆锥形，缝合线明显。壳面呈黄褐色，夹杂紫褐色斑。壳面具颗粒状横向肋，缝合线下方的1条横肋发达，其上具结节状突起。壳口白色，呈卵圆形，前水管沟向背面弯曲。唇角质。

- 习性：栖息于潮间带低潮区至浅海的沙质底。

宽带梯螺

Epitonium clementinum (Grateloup, 1840)

- 软体动物门 / Mollusca
- 腹足纲 / Gastropoda
- 梯螺科 / Epitoniidae

- 识别特征：壳长约15mm。壳呈圆锥形，缝合线深。壳面呈黄褐色，体螺层具3条、其他螺层具2条褐色横向色带。壳面具规则排列的低矮片状纵肋，片状纵肋在体螺层更发达。壳口卵圆形，外唇厚，脐孔深，部分脐孔被内唇遮挡。厣角质，黑褐色。

- 习性：栖息于潮间带中潮区的岩石或泥沙质底。

方斑东风螺

Babylonia areolata areolata (Link, 1807)

- 软体动物门 / Mollusca
- 腹足纲 / Gastropoda
- 东风螺科 / Babyloniidae

- 别名：花螺、南风螺、海猪螺。

- 识别特征：壳长约80mm。壳呈长卵圆形，螺旋部高，缝合线呈浅沟状，其下形成1处窄平的肩部。壳面平滑，呈白色，具不规则的长方形的深褐色斑块，在体螺层形成3条色带，外被黄褐色壳皮。壳口半圆形，脐孔大而深。唇角质。

- 习性：栖息于潮间带低潮区至浅海的沙质或泥沙质底。

管角螺

Hemifusus tuba (Gmelin, 1791)

- 软体动物门 / Mollusca
- 腹足纲 / Gastropoda
- 盔螺科 / Melongenidae

- 别名：香螺。

- 识别特征：壳长约200mm。壳呈纺锤形。壳面呈黄白色，外被一层厚的黄褐色壳皮和壳毛。壳面具粗细相间的螺肋和弱的纵肋，各螺层的肩角上具角状突起。壳口大且长，内面白色，无脐孔。唇角质，厚重。

- 习性：栖息于潮间带低潮区至浅海的泥质或泥沙质底。

亮螺

Phos senticosus (Linnaeus, 1758)

- 软体动物门 / Mollusca
- 腹足纲 / Gastropoda
- 织纹螺科 / Nassariidae

- 别名：五刺织纹螺。

- 识别特征：壳长约40mm。壳呈长圆锥形，缝合线深，各螺层中部膨大。壳面呈黄褐色，在体螺层上具数条褐色横向色带。壳面粗糙，细而高的横肋与突出的纵肋交织形成网状雕刻纹，在交织点上具小棘刺。壳口卵圆形，内面紫褐色。唇角质。

- 习性：栖息于潮间带低潮线附近至浅海的沙质或泥沙质底。

- 友情提示：食用有中毒风险。

缝合海因螺

Nassaria acuminata (Reeve, 1844)

- 软体动物门 / Mollusca
- 腹足纲 / Gastropoda
- 织纹螺科 / Nassariidae

- 别名：尖鱼篮螺、阿Q峨螺。

- 识别特征：壳长约25mm。壳呈近纺锤形，缝合线形成凹槽。壳面黄白色，具褐色斑带。壳面具发达的纵肋和粗细不均的横肋。壳口卵圆形，边缘具缺刻，外唇宽厚。厣角质。

- 习性：栖息于潮间带低潮线附近至浅海的泥沙质底。

- 友情提示：食用有中毒风险。

纵肋织纹螺

Nassarius variciferus (A. Adams, 1852)

- 软体动物门 / Mollusca
- 腹足纲 / Gastropoda
- 织纹螺科 / Nassariidae

- 别名：海瓜子。

- 识别特征：壳长约25mm。壳呈长圆锥形，螺旋部高，缝合线深，呈沟状。壳面淡黄色，在体螺层上具1条褐色横向色带。壳面具细横肋和粗纵肋，各螺层常具1~2条白色纵肿肋。壳口卵圆形，外唇内侧具齿状肋。厣角质。

- 习性：栖息于潮间带中、低潮区至浅海的泥沙质底。

- 友情提示：食用有中毒风险。

方格织纹螺

Nassarius conoidalis (Deshayes, 1833)

- 软体动物门 / Mollusca
- 腹足纲 / Gastropoda
- 织纹螺科 / Nassariidae

- 别名：球织纹螺。

- 识别特征：壳长约25mm。壳呈近球形，螺塔尖，缝合线深，形成凹槽。壳面土黄色，在体螺层中部具淡黄色横向色带。壳表密布方格状的突起。壳口卵圆形，外唇具小齿，内缘有齿状肋，内唇向脐部扩张形成滑层。厣角质。

- 习性：栖息于潮间带低潮区至浅海的沙质底。

产卵时分泌的黏液粘住沙粒，形成条状

- 友情提示：食用有中毒风险。

爪哇织纹螺

Nassarius javanus (Schepman, 1891)

- 软体动物门 / Mollusca
- 腹足纲 / Gastropoda
- 织纹螺科 / Nassariidae

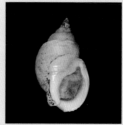

- 识别特征：壳长约25mm。壳呈长卵圆形，缝合线深，在缝合线下方具1条细螺纹。壳顶与体螺层近外唇处具纵向细肋，体螺层底部近前水管沟处有数条横向细肋，壳面其余部位光滑。壳面土黄色，具不规则黄褐色斑纹，在缝合线下方具2条褐色和淡黄色相间的色带。壳口卵圆形，无脐孔。厣角质。

- 习性：栖息于潮间带中、低潮区至浅海的泥沙质底。

- 友情提示：食用有中毒风险。

圆柱织纹螺

Nassarius teretiusculus (A. Adams, 1852)

- 软体动物门 / Mollusca
- 腹足纲 / Gastropoda
- 织纹螺科 / Nassariidae

- 识别特征：壳长约9mm。壳长圆锥形，螺旋部高，缝合线明显。壳面黄白色或青灰色，体螺层具3条、其他螺层具2条红褐色横向色带。壳面均匀分布粗壮纵肋，纵肋在肩部形成白色突起。壳口卵圆形。厣角质。

- 习性：栖息于潮间带低潮区至潮下带的沙质底。

- 友情提示：食用有中毒风险。

红带织纹螺

Nassarius succinctus (A. Adams, 1852)

- 软体动物门 / Mollusca
- 腹足纲 / Gastropoda
- 织纹螺科 / Nassariidae

- 别名：顶尖织纹螺。

- 识别特征：壳长约17mm。壳呈纺锤形，螺旋部高，缝合线深。壳面黄白色，体螺层具3条红褐色横向色带。壳表光滑，仅壳顶具细密纵向螺肋和体螺层近水管沟处有数条横向细肋。壳口卵圆形，外唇下部具小齿，内侧有齿状肋。厣角质。

- 习性：栖息于潮间带低潮区至浅海的泥沙质底。

- 友情提示：食用有中毒风险。

伶鼬榧螺

Oliva mustelina Lamarck, 1811

- 软体动物门 / Mollusca
- 腹足纲 / Gastropoda
- 榧螺科 / Olividae

- 别名：猪仔螺。

- 识别特征：壳长约30mm。壳呈圆筒状，似小猪仔，螺旋部低小。壳面光滑，具陶瓷光泽，呈浅黄褐色，密布褐色波浪状花纹。壳口狭长，内面淡紫色，外唇坚厚平直，轴唇多褶襞。无厣。

- 习性：栖息于潮间带低潮区至浅海的沙质或泥沙质底。

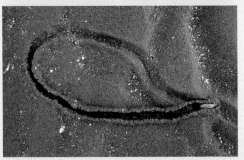

细小榧螺

Olivella fulgurata (A. Adams & Reeve, 1850)

- 软体动物门 / Mollusca
- 腹足纲 / Gastropoda
- 榧螺科 / Olividae

- 识别特征：壳长约7mm。壳呈长卵圆形，似毛笔头，缝合线深，呈沟状。壳面光滑，具陶瓷光泽，呈淡黄色，布有褐色波状斑纹，在体螺层近水管处具白色和褐色2条横向色带。壳口尖刀形，无脐孔。

- 习性：栖息于潮间带低潮区至潮下带的沙质底。

染色笔螺

Nebularia inquinata (Reeve, 1844)

- 软体动物门 / Mollusca
- 腹足纲 / Gastropoda
- 笔螺科 / Mitridae

- 别名：铁栅笔螺。

- 识别特征：壳长约50mm。壳呈长纺锤形，螺旋部高，缝合线浅。壳面呈灰白色，具褐色宽色带，外被黄褐色薄壳皮。壳表由纵、横细肋形成网状雕刻纹。壳口狭长，内面白色。无厣。

- 习性：栖息于潮间带低潮区至潮下带具碎石子的沙质或泥沙质底。

白带笋螺

Duplicaria dussumierii (Kiener, 1837)

- 软体动物门 / Mollusca
- 腹足纲 / Gastropoda
- 笋螺科 / Terebridae

- 别名：白带双层螺。

- 识别特征：壳长约50mm。壳呈长尖锥形。壳面浅褐色，具1条白色横向色带。壳表具规则分布的纵向螺肋，在缝合线下方具1条横向浅沟，将螺层分为两部分。壳口长卵圆形，外唇薄，轴唇上具褶皱。厣角质。

- 习性：栖息于潮间带低潮区至浅海的沙质或泥沙质底。

基氏双层螺

Duplicaria kieneri (Deshayes, 1859)

- 软体动物门 / Mollusca
- 腹足纲 / Gastropoda
- 笋螺科 / Terebridae

- 识别特征：壳长约20mm。壳呈长尖锥形。壳面褐色，在缝合线下方具1条深褐色横向色带。壳表具密集纵肋，体螺层下部具数条较浅的横向肋。壳口长卵圆形。厣角质。

- 习性：栖息于潮间带低潮区至潮下带的沙质底。

铁锈纺锤螺

Fusinus perplexus (A. Adams, 1864)

- 软体动物门 / Mollusca
- 腹足纲 / Gastropoda
- 细带螺科 / Fasciolariidae

- 别名：铁锈长旋螺。

- 识别特征：壳长约80mm。壳呈长纺锤形。壳面灰白色，被黄褐色壳皮和壳毛。壳面具强弱交替的横向螺肋及瘤突状的纵向肋。壳口卵圆形，前水管沟细长。厣角质。

- 习性：栖息于潮间带中、低潮区至浅海的泥沙质底。

杰氏卷管螺

Funa jeffreysii (E. A. Smith, 1875)

- 软体动物门 / Mollusca
- 腹足纲 / Gastropoda
- 西美螺科 / Pseudomelatomidae

- 别名：杰氏裁判螺、杰氏区系螺。

- 识别特征：壳长约45mm。壳呈长纺锤形。壳面淡黄色，具横向的黄褐色色带或斑纹。壳表粗糙，具细密横向肋及规则排列的瘤状纵肋。壳口长卵圆形，外唇后水管沟处具明显缺刻。唇角质。

- 习性：栖息于潮间带中、低潮区至浅海的沙质、泥质或泥沙质底。

黄短口螺

Clathrodrillia flavidula (Lamarck, 1822)

- 软体动物门 / Mollusca
- 腹足纲 / Gastropoda
- 棒塔螺科 / Drilliidae

- 别名：黄格纹棒塔螺。

- 识别特征：壳长约35mm。壳呈长纺锤形。壳面淡黄色或黄褐色，具横向的褐色斑纹。壳表粗糙，具细密横向肋及规则排列的瘤状纵肋，各螺层中部肋最发达。壳口长卵圆形。厣角质。

- 习性：栖息于潮间带低潮区至浅海的沙质或泥沙质底。

爪哇拟塔螺

Turricula javana (Linnaeus, 1767)

- 软体动物门 / Mollusca
- 腹足纲 / Gastropoda
- 棒螺科 / Clavatulidae

- 别名：爪哇卷管螺。

- 识别特征：壳长约50mm。壳呈长纺锤形。壳面浅黄褐色。螺层中部具强横肋，形成肩角，其上具结节，肩角上方平滑，下方具细密横肋。壳口卵圆形，外唇后水管沟处具明显缺刻。厣角质。

- 习性：栖息于潮间带中、低潮区至浅海的泥沙质底。

假奈拟塔螺

Turricula nelliae spuria (Hedley, 1922)

- 软体动物门 / Mollusca
- 腹足纲 / Gastropoda
- 棒螺科 / Clavatulidae

- 识别特征：壳长约35mm。壳呈长纺锤形，壳顶尖。壳面呈黄褐色，具红褐色波状斑纹。壳表粗糙，缝合线下方具1条细横肋，螺层中部具1条强横肋，形成肩角，其上均匀排列结节状突起，肩角上方平滑。体螺层肩角下方具颗粒状细密横肋。壳口卵圆形，外唇后水管沟处具明显缺刻。唇角质。

- 习性：栖息于潮间带中、低潮区至浅海的泥沙质底。

金刚衲螺

Sydaphera spengleriana (Deshayes, 1830)

- 软体动物门 / Mollusca
- 腹足纲 / Gastropoda
- 衲螺科 / Cancellariidae

- 别名：金刚螺。

- 识别特征：壳长约45mm。壳呈纺锤形。壳面黄褐色，有褐色斑纹和白色横向色带。壳表粗糙，具细密的横肋和纵肋，纵肋在肩角处形成角状短棘。壳口卵圆形，外唇内侧具细齿列，轴唇上具3个肋状褶襞。无厣。

- 习性：栖息于潮间带低潮区至浅海的沙质或泥沙质底。

大轮螺

Architectonica maxima (Philippi, 1849)

- 软体动物门 / Mollusca
- 腹足纲 / Gastropoda
- 轮螺科 / Architectonicidae

- 别名：巨车轮螺。

- 识别特征：壳长约30mm。壳呈低
圆锥形，缝合线深，呈沟状。壳面黄
褐色，被很薄的同色壳皮。在缝合线
上、下方具颗粒状低平横向肋，肋上
有褐色和黄白色相间的斑纹，螺层中
部具1条带状无斑点的宽肋，肋间呈沟
状。壳口近梯形，脐孔大而深，边缘
具规则密集的齿列。厣角质。

- 习性：栖息于潮间带中、低潮区至
浅海的泥质或泥沙质底。

腰带螺

Cingulina cingulata Dunker, 1860

- 软体动物门 / Mollusca
- 腹足纲 / Gastropoda
- 小塔螺科 / Pyramidellidae

- 识别特征：壳长约7mm。壳呈长尖锥形，壳质薄，半透明，缝合线不明显。壳面白色，具发达螺肋，肋间具格子状凹沟，在缝合线处具1条细螺肋。壳口卵圆形，外唇薄。

- 习性：栖息于潮间带中、低潮区至潮下带的沙质或泥沙质底。

江户锥形螺

Turbonilla edoensis Yokoyama, 1927

- 软体动物门 / Mollusca
- 腹足纲 / Gastropoda
- 小塔螺科 / Pyramidellidae

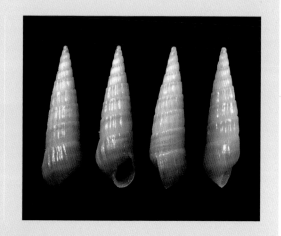

- 识别特征：壳长约6mm。壳呈长尖锥形。壳面白色，半透明，缝合线下方具1条横向白色色带。壳表具规则排列的光滑纵肋。壳口卵圆形，外唇薄。

- 习性：栖息于潮间带低潮区至潮下带的沙质或泥沙质底。

三肋愚螺

Amathina tricarinata Linnaeus, 1767

- 软体动物门 / Mollusca
- 腹足纲 / Gastropoda
- 愚螺科 / Amathinidae

- 别名：三龙骨毛螺。

- 识别特征：壳长约15mm。壳呈笠状。壳顶微卷曲，自壳顶向壳口放射出许多放射肋，其中3条放射肋强壮、突出，这也是其名称的由来。壳面黄白色，外被黄褐色壳皮。壳口大，内面白色，光滑，具瓷器光泽。

- 习性：栖息于潮间带低潮区至浅海的礁石或泥沙质底，附着于岩石或其他贝类的壳上生活。

黑带泡螺

Hydatina zonata ([Lightfoot], 1786)

- 软体动物门 / Mollusca
- 腹足纲 / Gastropoda
- 泡螺科 / Aplustridae

- 别名：白带泡螺、经度泡螺。

- 识别特征：壳长约35mm。壳呈卵形，质地薄，螺旋部包覆于贝壳中，在壳顶处形成螺旋状凹陷，体螺层极膨胀。壳面灰白色，有细密的黑褐色纵纹，并具4条黑褐色横向宽色带，宽色带数量因个体而有差异。壳口大，无厣。软体部分淡红褐色，边缘白色，无法完全缩入壳中。

- 习性：栖息于潮间带中、低潮区至潮下带的沙质或泥沙质底。

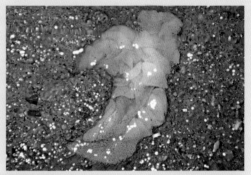

黑纹斑捻螺

Punctacteon yamamurae Habe, 1976

- 软体动物门 / Mollusca
- 腹足纲 / Gastropoda
- 捻螺科 / Acteonidae

- 识别特征：壳长约10mm。壳呈长卵圆形，缝合线深，呈沟状，壳顶光滑。壳面灰白色或淡黄色，具黑褐色纵条纹，外被黄色壳皮。壳表纵肋与横肋交错，将黑褐色条纹切割成网格状。壳口近水滴形，外唇薄，轴唇上具1个褶齿。

- 习性：栖息于潮间带中、低潮区至潮下带的泥沙质底。

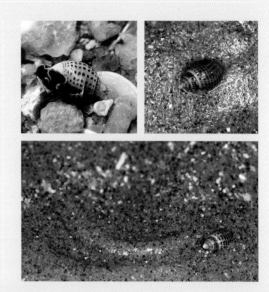

尾棘无壳侧鳃

Pleurobranchaea brockii Bergh, 1897

- 软体动物门 / Mollusca
- 腹足纲 / Gastropoda
- 无壳侧鳃科 / Pleurobranchaeidae

- 别名：尾棘侧鳃海牛。

- 识别特征：成体长约100mm。体扁平，呈棕灰色，散布乳白色斑与咖啡色粗网状斑纹。鳃位于体右侧。口幕大，嗅角锥形，边缘咖啡色。腹足宽于体，呈深褐色与宝蓝色，尾足舌片状。

- 习性：栖息于潮间带中、低潮区的沙质或泥沙质底。

明月侧鳃

Euselenops luniceps (Cuvier, 1816)

- 软体动物门 / Mollusca
- 腹足纲 / Gastropoda
- 无壳侧鳃科 / Pleurobranchaeidae

- 别名：明月侧鳃海牛。

- 识别特征：成体长约80mm。体扁平，呈浅灰色，遍布黑褐色斑点。鳃位于体右侧。口幕发达外扩，嗅角似锥形，与背部后端的水管颜色一致，都有一圈褐色色带，顶端白色。腹足宽大，擅游泳。

- 习性：栖息于潮间带低潮区的沙质底。喜夜间活动，日间常潜于沙中。

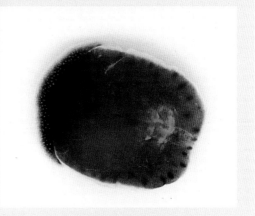

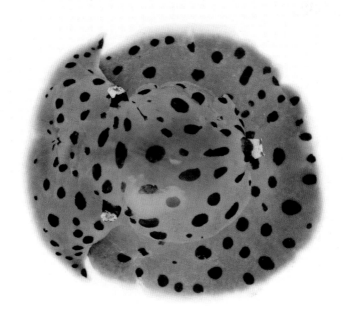

细小片鳃

Armina cf. *comta* (Bergh, 1880)

- 软体动物门 / Mollusca
- 腹足纲 / Gastropoda
- 片鳃科 / Arminidae

- 别名：细小片鳃海牛。

- 识别特征：成体长约70mm。体呈舌片状。体背黑色，纵向散布18～20条白色条纹，中部和尾部各有1条横向的黑色宽色带，体周缘有着黄色条纹。鳃位于外套膜之下。嗅角长圆，顶部黄色。腹足蓝黑色，宽于体。

- 习性：栖息于潮间带低潮区的泥沙质底。

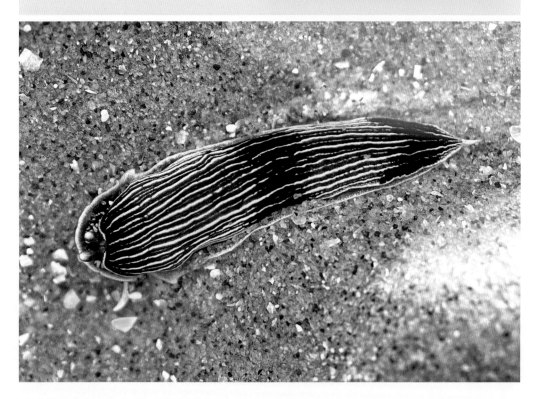

微点舌片鳃

Armina babai (Tchang, 1934)

- 软体动物门 / Mollusca
- 腹足纲 / Gastropoda
- 片鳃科 / Arminidae

- 别名：微点舌片鳃海牛。

- 识别特征：成体长约80mm。体表略透明，呈藕色，密布灰黑色网纹和细小疣突。鳃位于外套膜的下方。口幕宽大呈半圆形。嗅角短圆，跟体色接近。

- 习性：栖息于潮间带低潮区的泥沙质底，擅掘沙潜行。具有保护色，体色与栖息底质相近。受到干扰时，会释放刺鼻气味。

乳突片鳃

Armina papillata Baba, 1933

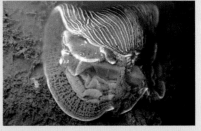

- 软体动物门 ／ Mollusca
- 腹足纲 ／ Gastropoda
- 片鳃科 ／ Arminidae

- 别名：乳突片鳃海牛。

- 识别特征：成体长约50mm。体呈薄舌片形。体表略透明，呈灰黑色，分布白色纵纹。鳃位于外套膜下方。口幕上密布白色三角形疣状突起。嗅角短圆，呈灰黑色，略透明，顶部白色。

- 习性：栖息于潮间带中、低潮区的泥沙质底。具保护色，以海鳃为食。

正在吃海鳃的乳突片鳃

狭长片鳃

Armina semperi (Bergh, 1866)

- 软体动物门 / Mollusca
- 腹足纲 / Gastropoda
- 片鳃科 / Arminidae

- 别名：狭长片鳃海牛。

- 识别特征：成体长约40mm。体呈舌片状。体表黑色，分布纵向的白色条纹以及白色斑块。鳃位于外套膜下方。口幕半圆，外缘淡黄色，内缘灰黑色带宝蓝色。嗅角短圆，基部白色，中部黑色，顶部黄色。腹足宽于体。

- 习性：栖息于潮间带低潮区的泥沙质底。以海鳃为食。产卵于沙中，卵囊群呈白色环形带状。

狭长片鳃和它条带状的卵囊群

209

虎纹片鳃

Armina tigrina Rafinesque, 1814

- 软体动物门 / Mollusca
- 腹足纲 / Gastropoda
- 片鳃科 / Arminidae

- 别名：虎纹片鳃海牛。

- 识别特征：成体长约60mm。体微厚，呈卵圆形。体表呈茶褐色，分布纵向白色细条纹，与乳突片鳃的配色类似，但虎纹片鳃外套膜上分布着黑色的斑块。鳃位于外套膜下方。口幕半圆，内缘灰黑色。嗅角短圆，基部呈透明茶色，中部茶褐色，顶部白色。腹足宽于体。

- 习性：栖息于潮间带中、低潮区的沙质底。具保护色，体色与沙色接近。产卵于沙中，卵囊群为扇形旋转带状，呈白色或略带粉色。以刺胞动物为食。

舌片鳃

Armina variolosa (Bergh, 1904)

- 软体动物门 / Mollusca
- 腹足纲 / Gastropoda
- 片鳃科 / Arminidae

- 别名：舌片鳃海牛。

- 识别特征：成体长约70mm。体呈厚舌片状。体背呈橘红色，布满细小的橘红色疣突和白色大疣突。嗅角锥形，斜立，基部粉色，顶部白色。

- 习性：栖息于潮间带中、低潮区的泥沙质底。

皮片鳃属一种

Dermatobranchus sp.

- 软体动物门 / Mollusca
- 腹足纲 / Gastropoda
- 片鳃科 / Arminidae

- 别名：皮鳃海牛。

- 识别特征：成体长约20mm。体呈舌片状。体背灰白色，分布纵向细条纹，并有浅墨色云斑。体周缘具1圈亮黄色的色带。口幕内缘和腹足分布黑色斑点。嗅角基部浅黑色，散布斑点，中部以上黑色条纹状，顶端各有1个小白点。

- 习性：栖息于潮间带低潮区的粗沙质或礁岩底。

禾庆海牛属一种

Ceratodoris sp.

- 软体动物门 / Mollusca
- 腹足纲 / Gastropoda
- 隔海牛科 / Goniodorididae

- 识别特征：成体长约20mm。体表呈淡灰白色，从头到尾均具末端亮白色的长指状突起。鳃部呈鹅黄色，顶部酒红色。嗅角较长，柄部具纵向酒红色线纹，向上渐变为黄色，顶端酒红色。尾足短。

- 习性：栖息于潮间带低潮区的沙质底。喜食苔藓虫。

喀林加海牛

Kalinga ornata Alder & Hancock, 1864

- 软体动物门 / Mollusca
- 腹足纲 / Gastropoda
- 多角海牛科 / Polyceridae

- 别名：华丽果海牛。

- 识别特征：成体长约120mm。体呈卵圆形。体色为半透明白色，遍布圆形红色疣突。鳃位于背部中央，鳃枝茂盛，枝缘红色。口幕宽大。嗅角柄部呈红色，腹足乳白色、略透明。

- 习性：栖息于潮间带中、低潮区的沙质底。以海蛇尾为食。

芽枝鳃海牛

Dendrodoris krusensternii (Gray, 1850)

- 软体动物门 / Mollusca
- 腹足纲 / Gastropoda
- 枝鳃海牛科 / Dendrodorididae

- 别名：库氏枝鳃海牛。

- 识别特征：成体长约80mm。体呈卵圆形。色泽艳丽，体背大小瘤突间点缀着明亮的湖蓝色斑点。体周缘如波浪般微翻，外沿白色。鳃位于体背后端，鳃枝大而浓密，呈半透明的浅棕色，枝缘黑色。嗅角基部浅灰色，透明，上端黑色。腹足灰白色。

- 习性：栖息于潮间带低潮区的泥沙质底。喜食海绵。

背苔鳃

Notobryon wardi Odhner, 1936

- 软体动物门 / Mollusca
- 腹足纲 / Gastropoda
- 四枝海牛科 / Scyllaeidae

- 别名：沃氏四枝鳃海牛。

- 识别特征：成体长约50mm。体呈棕黄色或红褐色，散布褐色渲染斑纹及湖蓝色荧光斑点。背部狭长，背缘两侧具2片半圆形的叶片。体背具枝状突起。嗅角可收缩。侧足散布细颗粒状疣突。尾足形似波浪。

- 习性：栖息于潮间带低潮区的泥沙质底。具保护色。

日本巨幕

Melibe viridis (Kelaart, 1858)

- 软体动物门 / Mollusca
- 腹足纲 / Gastropoda
- 缨幕科 / Tethydidae

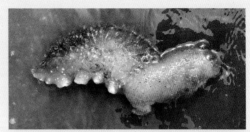

- 别名：日本大嘴海牛。

- 识别特征：成体长400~500mm，体型巨大。体色为略透明的粉红色，布满红色疣突。体背两侧有多对宽扁的皮鳃。最大特点是拥有1个大且可扩展的头巾状的口幕，并分布着粉红色或红色的疣突。嗅角小，具层状皱褶。

- 习性：栖息于潮间带低潮区至浅海的沙质底。在潮间带罕见。以甲壳动物为食。

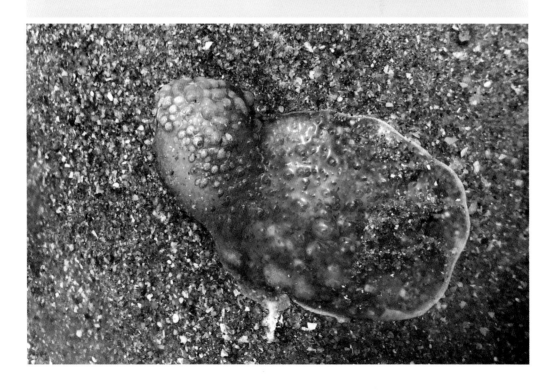

蓝斑背肛海兔

Bursatella leachii Blainville, 1817

- 软体动物门 / Mollusca
- 腹足纲 / Gastropoda
- 海兔科 / Aplysiidae

- 别名：黄斑燕尾海麒麟、海猪仔。

- 识别特征：顾名思义，它身上布满蓝色斑点，肛门长在背上。成体长约120mm。体呈纺锤形。体表半透明，呈浅棕黄色至棕灰色，密布乳黄白色和黑色细斑点。

- 习性：栖息于潮间带中、低潮区至潮下带的沙质或泥沙质底，喜生活于藻类丰富的区域，以藻类为食。春季，常能看到它们三五成群交尾产卵。卵囊群呈淡黄色、深黄色或浅绿色团状，俗称"海粉"。它是潮间带化学特战队成员之一，遇到敌害时，会收缩身体，排出紫色汁液，借以逃避或麻痹敌人。

比那毛蚶

Anadara globosa (Reeve, 1844)

- 软体动物门 / Mollusca
- 双壳纲 / Bivalvia
- 蚶科 / Arcidae

- 别名：胀毛蚶。

- 识别特征：壳长约70mm。壳呈斜卵圆形。较膨胀，左壳稍大于右壳。前端圆，后端斜截形。壳表被黑褐色壳皮，在肋间沟内呈绒毛状。壳表具34～35条放射肋，肋间沟窄于肋，肋上无结节。

- 习性：栖息于潮间带低潮区至潮下带的沙质或泥沙质底。

魁蚶

Anadara broughtonii (Schrenck, 1867)

- 软体动物门 / Mollusca
- 双壳纲 / Bivalvia
- 蚶科 / Arcidae

- 别名：魁蛤、赤贝、焦边毛蚶、大毛蚶、血贝。

- 识别特征：壳长约85mm。壳呈斜卵圆形。较膨胀，左壳稍大于右壳。前端圆，后端斜截形。壳面约具42条放射肋，肋上无结节，肋间沟与肋宽近相等。壳面被棕褐色壳皮，壳内面灰白色。

- 习性：栖息于潮间带低潮区至浅海的软泥质或泥沙质底。

不等壳毛蚶

Anadara inaequivalvis Bruguière, 1789

- 软体动物门 / Mollusca
- 双壳纲 / Bivalvia
- 蚶科 / Arcidae

- 别名：不等毛蚶。

- 识别特征：壳长约75mm。壳呈近卵圆形。两壳不等，膨胀，后端末缘截状。壳顶突出。壳面具放射肋31～34条，右壳肋间沟与肋宽相等，左壳放射肋平、无结节且肋间沟更窄些。壳面被棕色壳皮。壳内面灰白色。

- 习性：栖息于潮下带至浅海的泥沙质底。

唇毛蚶

Anadara labiosa (G. B. Sowerby I, 1833)

- 软体动物门 / Mollusca
- 双壳纲 / Bivalvia
- 蚶科 / Arcidae

- 识别特征：壳长约40mm。壳略呈卵圆形。壳质薄，两壳不等，左壳大于右壳。壳前端圆，后端斜截形，壳顶宽而低。壳表被厚的淡褐色壳皮，具36～40条低平的放射肋，其断面为长方形。

- 习性：栖息于潮间带低潮区的沙质或泥沙质底。

鳞片扭蚶

Trisidos kiyonoi (Makiyama, 1931)

- 软体动物门 / Mollusca
- 双壳纲 / Bivalvia
- 蚶科 / Arcidae

- 识别特征：壳长约70mm。壳顶位于中央之前，壳质较脆薄。两壳扭曲，不同形，壳表具细密的放射肋，每2条放射肋中间具1条细的次生肋，左壳上的放射脊钝。

- 习性：栖息于潮间带低潮线附近至浅海的沙质底。

麦氏偏顶蛤

Modiolus modulaides (Röding, 1798)

- 软体动物门 / Mollusca
- 双壳纲 / Bivalvia
- 贻贝科 / Mytilidae

- 别名：角偏顶蛤、土嘴瓜壳菜蛤。

- 识别特征：壳长约70mm。壳呈近等边三角形。壳质薄，壳顶凸，偏于壳背缘。壳前端和后端较细窄，在背缘中部形成1个明显的钝角。壳面呈黄褐色，在隆肋的背面具许多细长的黄色壳毛。壳内面淡紫色或浅灰色。

- 习性：栖息于潮间带中、低潮区至潮下带，多半埋栖于沙质或泥沙质底，以足丝相互附着在一起，或以足丝附着沙粒和小石子。

菲律宾偏顶蛤

Modiolus philippinarum Hanley, 1843

- 软体动物门 / Mollusca
- 双壳纲 / Bivalvia
- 贻贝科 / Mytilidae

- 别名：菲律宾壳菜蛤。

- 识别特征：壳长约90mm。壳略呈斜三角形，壳质薄，壳面极凸，具1条明显隆起的肋。壳面呈褐色，后端具稀疏的短黄毛，壳内面多呈紫罗兰色。

- 习性：栖息于潮间带低潮线附近至浅海，以足丝附着在沙粒或泥沙上。

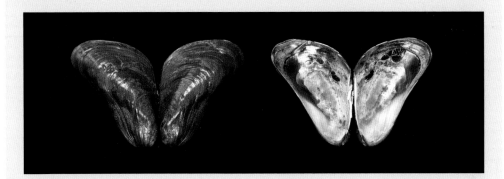

云石肌蛤

Musculus cupreus (A. Gould, 1861)

- 软体动物门 / Mollusca
- 双壳纲 / Bivalvia
- 贻贝科 / Mytilidae

- 别名：边网壳菜蛤。

- 识别特征：壳长约18mm。壳呈椭圆形，较凸，壳质薄脆。壳面呈黄绿色或草绿色，具红褐色波状花纹。壳表放射肋分为前、后两部分，中区无。

- 习性：栖息于潮间带低潮线附近至浅海，以足丝附着泥沙，穴居。

栉江珧

Atrina pectinata (Linnaeus, 1767)

- 软体动物门 / Mollusca
- 双壳纲 / Bivalvia
- 江珧科 / Pinnidae

- 别名：带子、牛角江珧蛤、割猪刀、杀猪刀。

- 识别特征：壳长约300mm。壳呈扇形或三角形。壳质薄，闭合时后端有开口，壳顶尖细，背缘全长为铰合部。壳面具数条细的放射肋，肋上具三角形小棘刺，通常老年个体放射肋不明显。壳面呈黄褐色至黑褐色，壳内面前半部具珍珠层。

- 习性：栖息于潮间带中、低潮区至浅海，营半埋栖生活，壳顶插入泥沙中，以足丝固着在沙粒上。

旗江珧

Atrina vexillum (Born, 1778)

- 软体动物门 / Mollusca
- 双壳纲 / Bivalvia
- 江珧科 / Pinnidae

- 别名：黑旗江珧蛤。

- 识别特征：壳长约300mm。壳呈扇形或三角形。壳质厚重，前端尖细，后端极宽大。放射肋较细，肋上具稀疏的小棘刺。壳面多呈黑褐色或紫褐色。壳内面暗褐色或黑色，平滑，具珍珠光泽。

- 习性：栖息于潮间带低潮线附近至浅海，营半埋栖生活，壳顶插入泥沙中。

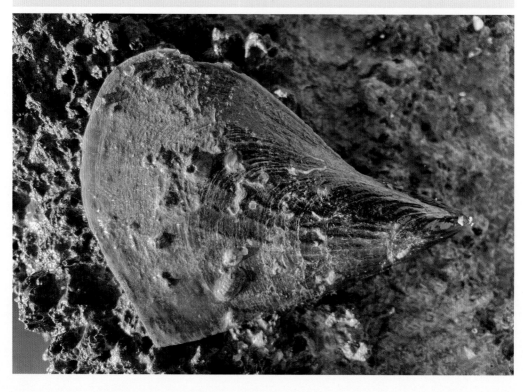

二色裂江珧

Pinna bicolor Gmelin, 1791

- 软体动物门 / Mollusca
- 双壳纲 / Bivalvia
- 江珧科 / Pinnidae

- 别名：双色江珧蛤。

- 识别特征：壳长约300mm。壳呈长三角形或琵琶形。壳质随年龄增长而增厚。壳前端细长，后端斜圆形。壳面光滑具光泽，多呈土黄色或淡红褐色，壳表具约6条细的放射肋，有些个体放射肋不明显。壳内面浅红褐色，前半部珍珠层明显。

- 习性：栖息于潮间带低潮线附近至浅海，营半埋栖生活，壳顶插入泥沙中并以足丝附着在沙粒上。

马氏珠母贝

Pinctada imbricata Röding, 1798

- 软体动物门 / Mollusca
- 双壳纲 / Bivalvia
- 珠母贝科 / Margaritidae

- 别名：合浦珠母贝。

- 识别特征：壳长约85mm。壳呈近圆方形。两壳稍不等，背缘直，腹缘呈圆形，壳顶的前、后方具耳状突起。壳面多呈黄褐色或青褐色，并具数条褐色的放射线，生长纹呈片状，易脱落。壳内面银白色，珍珠层厚，有光泽。

- 习性：栖息于潮间带低潮区至潮下带的泥沙质底，以足丝附着于砾石或岩礁上。

白丁蛎

Malleus albus Lamarck, 1819

- 软体动物门 / Mollusca
- 双壳纲 / Bivalvia
- 丁蛎科 / Malleidae

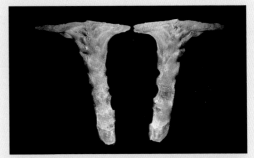

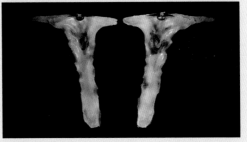

- 别名：丁字贝、海丁子。

- 识别特征：壳高约180mm。壳呈
  "丁"字形。左壳稍凸，右壳较平，
  两侧边缘呈波状起伏。壳顶极小，
  前、后耳呈翼状突起。壳面呈黄白
  色，生长线明显，略呈鳞片状。壳内
  面内脏囊所在区域呈棕黑色，具珍珠
  光泽，其余部分黄白色。

- 习性：栖息于潮间带低潮线附近至
  浅海的泥沙质底，营半埋栖生活。

箱形扇贝

Minnivola pyxidata (Born, 1778)

- 软体动物门 / Mollusca
- 双壳纲 / Bivalvia
- 扇贝科 / Pectinidae

- 别名：箱形栉孔扇贝、箱形海扇蛤。

- 识别特征：壳长约50mm。壳呈圆扇形。壳质薄，两壳不等。左壳扁平，呈黄褐色或深褐色，有些个体有黄白色斑纹，具细密的放射肋。右壳凸，呈白色或黄褐色，有不规则斑点，放射肋粗，肋间距窄。壳内面多为白色。

- 习性：栖息于潮间带低潮区至浅海的沙质、泥沙质或泥质底。

海月

Placuna placenta (Linnaeus, 1758)

- 软体动物门 / Mollusca
- 双壳纲 / Bivalvia
- 海月蛤科 / Placunidae

- **别名**：海镜、窗贝、明瓦、蛎镜、蛎盘、云母海月蛤。

- **识别特征**：壳长约100mm。壳大而扁平，近圆形。壳质极薄，半透明。壳面呈白色或乳白色，放射肋和生长纹细密且不规则，近腹缘的生长线略呈鳞片状。壳内面具珍珠光泽。

- **习性**：栖息于潮间带中、低潮区至浅海的泥沙质底。壳可用于制作工艺品和透光材料。

豆形凯利蛤

Kellia porculus Pilsbry, 1904

- 软体动物门 / Mollusca
- 双壳纲 / Bivalvia
- 拉沙蛤科 / Lasaeidae

- 识别特征：壳长约10mm。壳呈卵圆形。壳质薄，较膨胀。壳面呈白色，光滑，被薄的淡黄色壳皮。生长线细密。

- 习性：栖息于潮间带低潮区至潮下带，以足丝附着于空的贝壳内或砾石下。

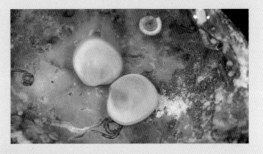

中国蛤蜊

Mactra chinensis Philippi, 1846

- 软体动物门 / Mollusca
- 双壳纲 / Bivalvia
- 蛤蜊科 / Mactridae

- 别名：中华马珂蛤、黄蚬子、青柳蛤。

- 识别特征：壳长约60mm。壳略呈三角形，两壳较膨胀，前、后缘略尖，腹缘弓形，壳顶突出。壳面呈灰白色，被薄的黄色壳皮，壳顶处常磨损。生长线较粗，但在壳顶处不明显。壳内面白色。

- 习性：栖息于潮间带中、低潮区至浅海的沙质或泥沙质底。

四角蛤蜊

Mactra quadrangularis Reeve, 1854

- 软体动物门 / Mollusca
- 双壳纲 / Bivalvia
- 蛤蜊科 / Mactridae

- 别名：方形马珂蛤、白蚬子、泥蚬子。

- 识别特征：壳长约35mm。壳略呈四边形，壳质较厚，两壳膨胀，壳顶突出。前端圆，后端近截形。壳面呈灰白色，被薄的淡黄色壳皮，生长线粗糙。壳内面白色或浅紫色。

- 习性：栖息于河口区潮间带中、低潮区的沙质底。

异侧蛤蜊

Mactra inaequalis Reeve, 1854

- 软体动物门 / Mollusca
- 双壳纲 / Bivalvia
- 蛤蜊科 / Mactridae

- 识别特征：壳长约30mm。壳略呈卵圆形，壳质坚厚，两壳较膨胀，壳顶突出。壳表生长纹不甚规则，在前、后背区形成规则皱纹。壳内白色，后背缘紫色，在壳顶两侧各有1条黄褐色色带。

- 习性：栖息于潮间带中、低潮区的泥沙质底。

西施舌

Mactra antiquata Spengler, 1802

- 软体动物门 / Mollusca
- 双壳纲 / Bivalvia
- 蛤蜊科 / Mactridae

- 别名：贵妃蚌、西施马珂蛤、古董马珂蛤、沙蛤、沙施。

- 识别特征：壳长约85mm。壳呈近三角形，壳质薄，较膨胀，壳顶突出。壳面被黄褐色壳皮，壳顶呈淡紫色，生长线细密。壳内面淡紫色。

- 习性：栖息于潮间带低潮区至浅海的沙质底。

中日立蛤

Meropesta sinojaponica Zhuang, 1983

- 软体动物门 / Mollusca
- 双壳纲 / Bivalvia
- 蛤蜊科 / Mactridae

- 识别特征：壳长约65mm。壳呈卵圆形。壳质薄脆，壳顶较钝。壳表被厚的灰黄色壳皮，一般不脱落。左壳后侧齿短而高，右壳后侧齿短而壮。

- 习性：栖息于潮间带中、低潮区至潮下带的泥沙质底。

斧蛤蜊

Mactrinula dolabrata (Reeve, 1854)

- 软体动物门 / Mollusca
- 双壳纲 / Bivalvia
- 蛤蜊科 / Mactridae

- 别名：斧光蛤蜊、斧薄蛤蜊、鸟皮马珂蛤。

- 识别特征：壳长约25mm。壳呈斧形，壳质较薄，壳顶前倾，壳的前背缘下陷，前端略尖。壳面呈白色，被薄的灰色壳皮，常脱落。生长线细密。

- 习性：栖息于潮间带低潮区至浅海的沙质或泥沙质底。

瑞氏光蛤蜊

Mactrinula reevesii (Gray, 1837)

- 软体动物门 / Mollusca
- 双壳纲 / Bivalvia
- 蛤蜊科 / Mactridae

- 识别特征：壳长约40mm。壳呈斧形，壳质较薄。壳面呈灰白色，被灰褐色壳皮，在壳顶处常脱落。壳顶部具波状同心肋，其余区域具有细密生长线。

- 习性：栖息于潮间带低潮区至浅海的沙质或泥沙质底。

环纹坚石蛤

Atactodea striata (Gmelin, 1791)

- 软体动物门 / Mollusca
- 双壳纲 / Bivalvia
- 中带蛤科 / Mesodesmatidae

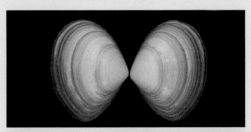

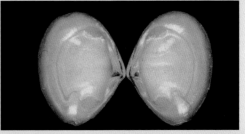

- 别名：尖峰蛤、环纹中带蛤。

- 识别特征：壳长约30mm。壳呈近三角形。壳质坚厚。壳面呈淡黄色，被黄褐色壳皮，顶部的生长线细密，中、腹部粗糙突出呈肋状，无放射肋。壳内面白色。

- 习性：栖息于潮间带中、高潮区至潮下带的沙质底。

美叶雪蛤

Placamen lamellatum (Röding, 1798)

- 软体动物门 / Mollusca
- 双壳纲 / Bivalvia
- 帘蛤科 / Veneridae

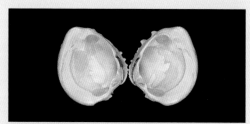

- 别名：木雕蛋糕帘蛤、美叶帘蛤。

- 识别特征：壳长约40mm。壳呈近三角形，壳顶突出。壳面呈灰白色，生长线稀疏，高高翘起呈薄片状，前端具1个凹陷。壳内面白色，具光泽，内缘具细密的小齿状突起。

- 习性：栖息于潮间带低潮区至浅海的泥沙质底。

射带镜蛤

Dosinia troscheli Lischke, 1873

- 软体动物门 / Mollusca
- 双壳纲 / Bivalvia
- 帘蛤科 / Veneridae

- 别名：牙白镜文蛤。

- 识别特征：壳长约50mm。壳呈圆形，侧扁。壳质坚厚，壳顶尖，背缘前端凹入，背缘后端呈截形，腹缘圆。壳面呈黄白色，具有浅棕色或棕色的放射条纹，生长线较粗。壳内面白色。

- 习性：栖息于潮间带低潮区至浅海的沙质或泥沙质底。

半布目浅蛤

Macridiscus donacinus (Megerle von Mühlfeld, 1811)

- 软体动物门 / Mollusca
- 双壳纲 / Bivalvia
- 帘蛤科 / Veneridae

- 别名：花蛤、等边蛤。

- 识别特征：壳长约40mm。壳略呈等边三角形，较侧扁。壳质较坚厚，前端圆，后端尖，腹缘弧形。壳面平滑，具不明显的细生长线。壳面呈白色至灰绿色，花纹美丽多变。壳内面瓷白色。

- 习性：栖息于潮间带中、低潮区至浅海的沙质底。

菲律宾蛤仔

Ruditapes philippinarum (A. Adams & Reeve, 1850)

- 软体动物门 / Mollusca
- 双壳纲 / Bivalvia
- 帘蛤科 / Veneridae

- 别名：花蛤、蛤仔、蛤蜊、蚬子、花甲。

- 识别特征：壳长约40mm。壳呈长卵圆形。壳顶稍突出。放射肋细密，位于前、后部的较粗大，与同心生长线交织呈网状。壳面颜色、花纹变化极大，布有棕色、深褐色或赤褐色的斑点或花纹。壳内面淡灰色或肉红色。

- 习性：栖息于潮间带中、低潮区至潮下带的沙质或泥沙质底。

波纹巴非蛤

Paratapes undulatus (Born, 1778)

- 软体动物门 / Mollusca
- 双壳纲 / Bivalvia
- 帘蛤科 / Veneridae

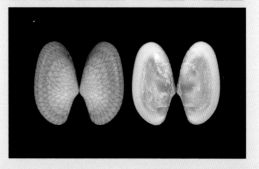

- 别名：油蛤、芒果螺、花甲、波纹横帘蛤、波纹类缀锦蛤。

- 识别特征：壳长约60mm。壳呈长卵圆形。壳面呈黄白色至淡紫色，密布紫色的"人"字形花纹，相互连接呈网目状，被漆状薄壳皮。生长线细密。壳内面白色或淡紫色。

- 习性：栖息于潮间带低潮线附近到浅海的泥沙质底。

突畸心蛤

Cryptonema producta (Kuroda & Habe, 1951)

- 软体动物门 / Mollusca
- 双壳纲 / Bivalvia
- 帘蛤科 / Veneridae

- 别名：畸心蛤、曲畸心蛤。

- 识别特征：壳长约35mm。壳略呈三角形，前腹缘圆，后腹缘尖瘦。壳质坚厚，两壳膨胀。壳面呈黄棕色，具2~3条灰黑色放射色带。生长线粗而密，在后端与放射肋相交呈颗粒状。壳内面黄白色。

- 习性：栖息于潮间带中、低潮区的沙质或泥沙质底。

巧环楔形蛤

Sunetta concinna Dunker, 1865

- 软体动物门 / Mollusca
- 双壳纲 / Bivalvia
- 帘蛤科 / Veneridae

- 别名：巧楔形蛤、花纹碟文蛤。

- 识别特征：壳长约16mm。壳呈卵圆形，壳质较薄，坚硬，两壳侧扁。壳面呈灰色，布满浅棕色的波浪状和倒"V"字形花纹，具光泽，生长线极细。壳内面褐紫色，周缘白色。

- 习性：栖息于潮间带中、低潮区至浅海的沙质底。

曲波皱纹蛤

Antigona chemnitzii (Hanley, 1845)

- 软体动物门 / Mollusca
- 双壳纲 / Bivalvia
- 帘蛤科 / Veneridae

- 别名：曲波对角蛤、千妮帘蛤。

- 识别特征：壳长约80mm。壳呈卵圆形，膨胀，前、后腹缘圆。壳质坚硬、厚重。壳面呈浅棕色，具棕色放射色带，同心纹呈片状，与放射肋交织呈曲波状。壳内面白色。

- 习性：栖息于潮间带低潮区至浅海的泥沙质或珊瑚沙质底。

屈帘蛤

Venus sinuosa Lamarck, 1818

- 软体动物门 / Mollusca
- 双壳纲 / Bivalvia
- 帘蛤科 / Veneridae

- 别名：屈巴非蛤。

- 识别特征：壳长约35mm。壳呈卵圆形。壳顶突出，前背缘下陷，后背缘长而微凸，前、后端尖圆。壳表呈黄白色，具4条较宽而断续的浅褐色放射色带，自壳顶至后腹缘具1条浅缢沟。同心肋片状。壳内面粉红色，边缘白色。

- 习性：栖息于潮间带低潮区至浅海的沙质底。

锯齿巴非蛤

Protapes gallus (Gmelin, 1791)

- 软体动物门 / Mollusca
- 双壳纲 / Bivalvia
- 帘蛤科 / Veneridae

- 别名：锯齿原缀锦蛤、公鸡横帘蛤。

- 识别特征：壳长约50mm。壳呈近三角形，前端尖圆，后端略钝，腹缘后部有屈曲。壳顶突出。壳面呈黄棕色，具棕色放射色带。生长线肋状，排列整齐。壳内面白色或橘红色。

- 习性：栖息于潮间带低潮区至浅海的泥沙质底。

小文蛤

Meretrix planisulcata (G. B. Sowerby II, 1854)

- 软体动物门 / Mollusca
- 双壳纲 / Bivalvia
- 帘蛤科 / Veneridae

- 识别特征：壳长约30mm。壳呈三角卵圆形，前、后端均圆。壳质较厚，壳顶较尖。壳面颜色有变化，多具粗细不等的褐色放射带或花纹，同心肋宽，肋间沟浅。壳内面白色或紫色。

- 习性：栖息于潮间带中、低潮区至浅海的沙质或泥沙质底。

中国仙女蛤

Callista chinensis (Holten, 1802)

- 软体动物门 / Mollusca
- 双壳纲 / Bivalvia
- 帘蛤科 / Veneridae

- 别名：中华长文蛤。

- 识别特征：壳长约65mm。壳呈斜卵圆形。壳面呈淡紫色，被浅黄棕色壳皮，隐约可见2～4条宽而不连续的紫色放射状色带。生长线细密。壳内面白色。

- 习性：栖息于潮间带低潮区至浅海沙质底。

④

小帝汶蛤

Timoclea micra (Pilsbry, 1904)

- 软体动物门 / Mollusca
- 双壳纲 / Bivalvia
- 帘蛤科 / Veneridae

- 识别特征：壳长约10mm。壳呈三角卵圆形。壳面呈白色。同心生长纹呈肋状，数量较少；放射肋较粗壮，与同心生长线相交，相交处呈鳞片状。壳前部放射肋多分两叉。

- 习性：栖息于潮间带低潮区至浅海的沙质底。

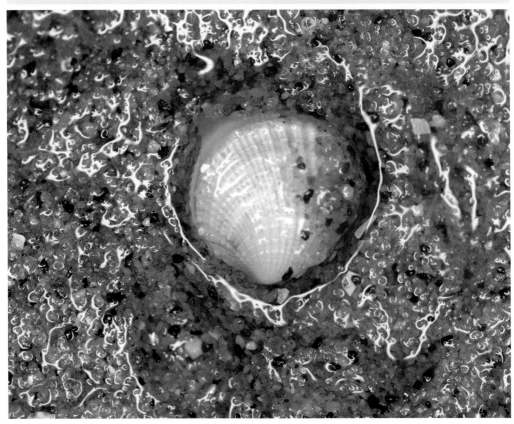

多刺鸟蛤

Vepricardium multispinosum (G. B. Sowerby II, 1839)

- 软体动物门 / Mollusca
- 双壳纲 / Bivalvia
- 鸟蛤科 / Cardiidae

- 别名：多刺鸟尾蛤。

- 识别特征：壳长约50mm。壳略呈球形，两壳膨胀。壳面呈淡红色或浅黄色，放射肋约35条，肋上布有半管状刺，肋间沟较深。壳内面有与壳面放射肋相应的肋纹，壳缘具锯齿状缺刻。

- 习性：栖息于潮间带低潮区至浅海的沙质或泥沙质底。

砂糙鸟蛤

Acrosterigma maculosum maculosum (W. Wood, 1815)

- 软体动物门 / Mollusca
- 双壳纲 / Bivalvia
- 鸟蛤科 / Cardiidae

- 别名：砂糙弯鸟蛤。

- 识别特征：壳长约25mm。壳呈近卵圆形，两壳膨胀，壳质坚厚。壳面呈黄白色，杂有紫色斑纹。壳面具约45条粗壮放射肋，前14条肋上布有密鳞片，中间肋上的鳞片不明显，后10条肋低平、肋上鳞片疏松。壳内面白色，有与壳面放射肋相应的肋纹，边缘锯齿状。

- 习性：栖息于潮间带低潮区至浅海的沙质底。

单色糙鸟蛤

Acrosterigma simplex (Spengler, 1799)

- 软体动物门 / Mollusca
- 双壳纲 / Bivalvia
- 鸟蛤科 / Cardiidae

- 别名：单色弯鸟蛤、单色鸟尾蛤。

- 识别特征：壳长约45mm。壳呈斜卵圆形，两壳膨胀，壳质坚厚。壳面呈黄白色，杂有紫色斑纹。壳表前部9条放射肋上具较明显的鳞片，后部8条肋低平且具齿状突起，中部29条肋较光滑。

- 习性：栖息于潮间带低潮区至浅海的沙质底。

毛卵鸟蛤

Maoricardium setosum (Redfield, 1846)

- 软体动物门 / Mollusca
- 双壳纲 / Bivalvia
- 鸟蛤科 / Cardiidae

- 别名：粗毛鸟尾蛤、异侧鸟蛤。

- 识别特征：壳长约65mm。壳呈卵圆形，壳质厚，两壳膨胀。壳面呈黄褐色，具约40条宽平的放射肋，肋上有1列较密的角质毛状刺，刺常脱落并留下基部的粒状突起。壳内面黄白色，边缘具锯齿状缺刻。

- 习性：栖息于潮间带低潮区至浅海的泥沙质底。

拟中国仿樱蛤

Tellinides pseudochinensis M. Huber, Langleit & Kreipl, 2015

- 软体动物门 / Mollusca
- 双壳纲 / Bivalvia
- 樱蛤科 / Tellinidae

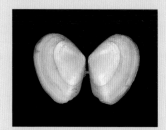

- 别名：中国仿樱蛤。

- 识别特征：壳长约35mm。壳呈椭圆形，前、后端微开口。壳面呈灰白色，被薄的淡黄色壳皮，边缘处的颜色更浓。壳顶低平，微后倾。壳前端圆，后端略呈截形，自壳顶到后腹角有1条不明显的钝脊。壳表生长纹较粗糙。壳内面白色。

- 习性：栖息于潮间带中、低潮区的泥沙质底。

长韩瑞蛤

Hanleyanus oblongus (Gmelin, 1791)

- 软体动物门 / Mollusca
- 双壳纲 / Bivalvia
- 樱蛤科 / Tellinidae

- 别名：缘角蛤、缘角樱蛤。

- 识别特征：壳长约30mm。壳呈近椭圆形，前、后微开口。壳面呈白色，在壳顶的前、后各有1条淡红色的放射带。壳顶低平，后倾。壳前部宽大，前端稍尖，后端近截形，自壳顶到后腹角有2条放射脊。壳表具不规则的生长线。壳内面白色。

- 习性：栖息于潮间带低潮区至浅海的沙质或泥沙质底。

沟纹智兔蛤

Leporimetis coarctata (Philippi, 1845)

- 软体动物门 / Mollusca
- 双壳纲 / Bivalvia
- 樱蛤科 / Tellinidae

- 别名：沟纹巧樱蛤。

- 识别特征：壳长约60mm。壳略呈三角卵圆形，壳质薄，两壳膨胀，不等。壳面呈白色或灰白色。壳前端略尖，后端圆。壳表具不规则生长线，两壳自壳顶到后腹缘均具2条放射脊。

- 习性：栖息于潮间带中、高潮区至浅海的沙质底。

刘氏楔樱蛤

Cadella liui F.-S. Xu & J.-L. Zhang, 2018

- 软体动物门 / Mollusca
- 双壳纲 / Bivalvia
- 樱蛤科 / Tellinidae

- 别名：三刻纹楔樱蛤。

- 识别特征：壳长约8mm。壳略呈长方形，较坚厚。壳面呈红色。壳顶钝，后倾，位于背部后端约1/3处。壳前端圆，后端略尖。壳表具生长线。

- 习性：栖息于潮间带低潮区至浅海的沙质底。

亮樱蛤

Nitidotellina hokkaidoensis (Habe, 1961)

- 软体动物门 / Mollusca
- 双壳纲 / Bivalvia
- 樱蛤科 / Tellinidae

- 别名：北海道亮樱蛤。

- 识别特征：壳长约15mm。壳呈椭圆形，两壳较膨胀，前、后微开口。壳面呈红色，有时在后部具白色放射色带。壳前缘略圆，后缘呈斜截形，壳顶低平，后倾。壳表具生长线。壳内面红色。

- 习性：栖息于靠近内湾或河口的潮间带低潮区至浅海的沙质或泥沙质底。

泽布双带蛤

Semele zebuensis (Hanley, 1843)

- 软体动物门 / Mollusca
- 双壳纲 / Bivalvia
- 双带蛤科 / Semelidae

- 识别特征：壳长约35mm。壳呈近圆形。壳表呈白色或浅黄褐色，具数十条红褐色放射色带。壳表具规则的同心肋，肋间沟宽于肋，肋上与肋间沟内均具细密且明显的放射刻纹。

- 习性：栖息于潮间带低潮区的沙质或泥沙质底。

纪伊帘心蛤

Megacardita ferruginosa (A. Adams & Reeve, 1850)

- 软体动物门 / Mollusca
- 双壳纲 / Bivalvia
- 心蛤科 / Carditidae

- 识别特征：壳长约18mm。壳略呈三角卵圆形。壳质特别坚厚，较膨胀，壳顶突出。壳面呈黄褐色，具褐色和白色的云斑。壳表具较粗的放射肋约19条，其断面为长方形，放射肋与生长线相交成结节。肋间沟深，其宽度窄于肋。

- 习性：栖息于潮间带低潮区至浅海的沙质或泥沙质底。Worms认为纪伊帘心蛤为铁锈帘心蛤的同种异名，但两者壳形具有明显差异，故本书仍将纪伊帘心蛤作为独立种。

豆斧蛤

Donax faba Gmelin, 1791

- 软体动物门 / Mollusca
- 双壳纲 / Bivalvia
- 斧蛤科 / Donacidae

- 识别特征：壳长约20mm。壳呈三角椭圆形。壳质坚厚。壳表颜色和花纹多变，通常呈黄褐色或灰白色，具褐色放射色带和斑纹。生长线明显。壳内面紫色，边缘乳白色。

- 习性：栖息于潮间带中、高潮区的沙质底。

267

狄氏斧蛤

Donax dysoni Reeve, 1854

- 软体动物门 / Mollusca
- 双壳纲 / Bivalvia
- 斧蛤科 / Donacidae

- 别名：肉色斧蛤。

- 识别特征：壳长约20mm。壳呈楔形，壳质坚厚。壳面呈灰白色或黄褐色。壳表前部光滑无放射肋，后部具放射肋，且放射肋与生长线相交成格子状。壳内面紫色或淡红色，壳缘具小齿。

- 习性：栖息于潮间带高潮区的沙质底。

埋栖在沙滩里的狄氏斧蛤

射带紫云蛤

Gari radiata (Dunker in Philippi, 1845)

- 软体动物门 / Mollusca
- 双壳纲 / Bivalvia
- 紫云蛤科 / Psammobiidae

- 识别特征：壳长约45mm。壳呈长椭圆形，前端圆，后端截形。壳面呈淡紫色，壳顶区紫色更浓，具白色放射色带和褐色云斑花纹。自壳顶至后腹缘有1条放射脊。壳内面紫色。

- 习性：栖息于潮间带低潮区至潮下带的沙质或泥沙质底。

斑纹紫云蛤

Gari maculosa (Lamarck, 1818)

- 软体动物门 / Mollusca
- 双壳纲 / Bivalvia
- 紫云蛤科 / Psammobiidae

- 别名：斑纹地蛤。

- 识别特征：壳长约50mm。壳呈长椭圆形。壳质较厚，前端圆，后端截形。壳面呈淡紫色，具紫色放射带，中前部具斜行线，后部具粗糙的同心纹。壳内面白色。

- 习性：栖息于潮间带低潮区的泥沙质底。

紫云蛤属一种

Gari sp.

- 软体动物门 / Mollusca
- 双壳纲 / Bivalvia
- 紫云蛤科 / Psammobiidae

- 识别特征：壳长约20mm。壳略呈长卵圆形，壳质薄，前端圆，后端截形。壳面呈红褐色，自壳顶至腹缘有数条隐约可见的灰白色放射带。

- 习性：栖息于潮间带低潮区的沙质底。

紫云蛤属一种

Gari sp.

- 软体动物门 / Mollusca
- 双壳纲 / Bivalvia
- 紫云蛤科 / Psammobiidae

· 识别特征：壳长约20mm，壳高与壳长比前种略大。壳略呈长卵圆形，壳质薄，前端圆，后端截形。壳面呈红棕色，自壳顶至腹缘有灰白色和黄白色放射带，大小不一，与前种相比，射带数量更多，更清晰。

· 习性：栖息于潮间带低潮区的沙质底。

总角截蛏

Solecurtus divaricatus (Lischke, 1869)

- 软体动物门 / Mollusca
- 双壳纲 / Bivalvia
- 截蛏科 / Solecurtidae

- 别名：歧纹毛蛏。

- 识别特征：壳长约70mm。壳呈近长方形，壳质较厚，前缘圆，后缘略呈截形。壳面呈白色，略带淡红色，被淡黄色壳皮，但常脱落，自壳顶至腹缘具2条白色放射色带。生长线较粗糙，放射肋自前至后呈覆瓦状排列。壳内粉红色。

- 习性：栖息于潮间带低潮区至潮下带的泥沙质底，可潜入底质内深达50cm。

威氏截蛏

Solecurtus wilsoni (Tryon, 1870)

- 软体动物门 / Mollusca
- 双壳纲 / Bivalvia
- 截蛏科 / Solecurtidae

- 识别特征：壳长约95mm。壳呈近长方形，壳质较厚，两端圆。壳面呈灰白色，被黄褐色壳皮，但常脱落。生长线较粗糙，斜行线间距较宽，壳后部常具细的放射刻纹。壳内面灰白色。

- 习性：栖息于潮间带低潮区至浅海的沙质底。

斯氏仿缢蛏

Azorinus scheepmakeri (Dunker, 1852)

- 软体动物门 / Mollusca
- 双壳纲 / Bivalvia
- 截蛏科 / Solecurtidae

- 别名：斯氏仿缢蛤、谢佐吉蛤。

- 识别特征：壳长约80mm。壳呈近长方形，壳质较厚，腹缘微内陷。壳顶斜向腹缘具1处明显浅沟，同心线粗糙。壳面呈灰白色，被厚的黄褐色壳皮，在壳顶区域易脱落。壳内面灰白色。

- 习性：栖息于潮间带低潮区至浅海的泥质或泥沙质底。

大竹蛏

Solen grandis Dunker, 1862

- 软体动物门 / Mollusca
- 双壳纲 / Bivalvia
- 竹蛏科 / Solenidae

- 别名：竹蛏。

- 识别特征：壳长约120mm。壳呈长柱状，壳长为壳高的4～5倍，前端截形，后缘近圆形。壳面具明显的生长线，并有淡红色色带，在后背区尤其明显，被富有光泽的黄色壳皮。壳内面白色。

- 习性：栖息于潮间带中潮区至潮下带的泥沙质底。

直线竹蛏

Solen linearis Spengler, 1794

- 软体动物门 / Mollusca
- 双壳纲 / Bivalvia
- 竹蛏科 / Solenidae

- 识别特征：壳长约48mm。壳呈长筒形，壳长为壳高的7～8倍，前端斜截形，后缘弧形。壳质薄脆。壳面光滑，被淡黄色壳皮，生长线细密，自壳顶至腹缘末端有1条对角线，上部具紫色和淡黄色相间的色带。壳内面黄白色。铰合部具主齿1枚。

- 习性：栖息于潮间带低潮区至浅海的泥沙质底。

赤竹蛏

Solen gordonis Yokoyama, 1920

- 软体动物门 / Mollusca
- 双壳纲 / Bivalvia
- 竹蛏科 / Solenidae

- 别名：红斑竹蛏。

- 识别特征：壳长约90mm。壳呈长柱状，壳长约为壳高的6倍，前端斜截形，后缘近截形。壳质较厚。壳面呈粉白色，被黄褐色壳皮，具与生长线平行的紫色花纹。壳内面粉白色。铰合部具主齿1枚。

- 习性：栖息于潮间带中、低潮区至浅海的沙质或泥沙质底。

瑰斑竹蛏

Solen roseomaculatus Pilsbry, 1901

- 软体动物门 / Mollusca
- 双壳纲 / Bivalvia
- 竹蛏科 / Solenidae

- 别名：桃红竹蛏。

- 识别特征：壳长约55mm。壳呈长柱形，前、后端微上翘，背缘下陷，腹缘呈弓形。壳面具密集的紫色同心纹和云斑。

- 习性：栖息于潮间带低潮区至浅海的沙质或泥沙质底。

小刀蛏

Cultellus attenuatus Dunker, 1862

- 软体动物门 / Mollusca
- 双壳纲 / Bivalvia
- 灯塔蛏科 / Pharidae

- 别名：白光豆蛏、剑蛏。

- 识别特征：壳长约68mm。壳呈长剖刀形，侧扁，前缘圆，后缘尖圆。壳质薄。壳面呈白色，被黄绿色壳皮，生长线细密。壳内面白色，自壳顶向背缘前、后各具1条突起肋。铰合部左、右壳各具主齿2枚。

- 习性：栖息于潮间带中、低潮区至浅海的泥沙质底。

尖刀蛏

Cultellus subellipticus Dunker, 1862

- 软体动物门 / Mollusca
- 双壳纲 / Bivalvia
- 灯塔蛏科 / Pharidae

- 别名：剑蛏。

- 识别特征：壳长约32mm。壳呈长剖刀形，侧扁，前端小于后端，前缘窄圆，后缘宽圆。壳质薄。壳面呈灰白色，被黄褐色壳皮，生长线细密。壳内面灰白色，自壳顶向背缘前、后各具1条突起肋。铰合部左、右壳各具主齿2枚。

- 习性：栖息于潮间带低潮区至浅海的泥沙质底。

白斑乌贼

Sepia latimanus Quoy & Gaimard, 1832

- 软体动物门 / Mollusca
- 头足纲 / Cephalopoda
- 乌贼科 / Sepiidae

- **别名：** 花斑墨、海归墨鱼、宽腕乌贼。

- **识别特征：** 体呈盾形，背部前端突起钝圆。体表呈浅褐色、淡黄色或深褐色，其间夹杂斑点，腕缘具白色纵带，鳍灰色，白色横带延伸至胴缘，鳍外缘具1条白色纵带，背部具大量大乳突和许多大小相间的灰白色斑块，两侧具一些横条纹，并杂有一些粗色素斑。触腕穗新月形，吸盘5～6列。腕吸盘4列。内壳呈长椭圆形，背面粗糙具石灰质颗粒，尾骨针粗壮而无棱。胴长可达500mm。

- **习性：** 栖息于潮间带低潮区至浅海的泥沙质底。

金乌贼

Sepia esculenta Hoyle, 1885

- 软体动物门 / Mollusca
- 头足纲 / Cephalopoda
- 乌贼科 / Sepiidae

- 别名：乌子、乌鱼、墨鱼、针墨鱼。

- 识别特征：体呈盾形。体表金黄色，雄性背部具较粗的白色横纹，间杂有极密的细斑点，雌性背部横条纹不明显。触腕穗半月形，吸盘12列，内角质环具钝齿。腕式一般4>1>3>2。腕吸盘4列。鳍周生，两鳍后端分离，基部各具1条白线和6~7个膜质肉突。内壳呈椭圆形，后端尾管针粗壮。胴长可达210mm。

- 习性：栖息于潮间带低潮区至浅海的泥沙质底。

柏氏四盘耳乌贼

Euprymna berryi Sasaki, 1929

- 软体动物门 / Mollusca
- 头足纲 / Cephalopoda
- 耳乌贼科 / Sepiolidae

- 别名：双耳墨、两耳仔。

- 识别特征：体呈圆袋形。体表具大量色素体，紫褐色色素明显。触腕穗短小，具大量极微小的酒杯状吸盘。腕式一般为3>2>1>4。腕吸盘4列，内角质环具齿。鳍较小，近圆形，位于外套两侧。具角质内壳。墨囊具1对发光器。胴长可达50mm。

- 习性：栖息于潮间带低潮区至浅海的泥沙质底。

后耳乌贼

Sepiadarium kochii Steenstrup, 1881

- 软体动物门 / Mollusca
- 头足纲 / Cephalopoda
- 后耳乌贼科 / Sepiadariidae

- 别名：拟耳乌贼。

- 识别特征：体呈近圆形，背部前缘与头部愈合，腹部前缘两侧与漏斗愈合。体背有大的白色素细胞，其被小的红褐色色素细胞包围。外套腔被薄隔膜隔开。触腕柄细长，触腕穗宽，具8列微吸盘，排列紧密。腕基部吸盘2列，远端1/2处吸盘4列。腕顶端具沟，向背侧弯，无保护膜。鳍窄长，胴长可达30mm。

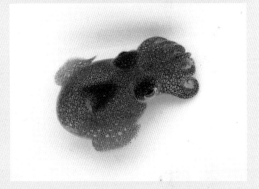

- 习性：栖息于潮间带低潮区至浅海的泥沙质底。

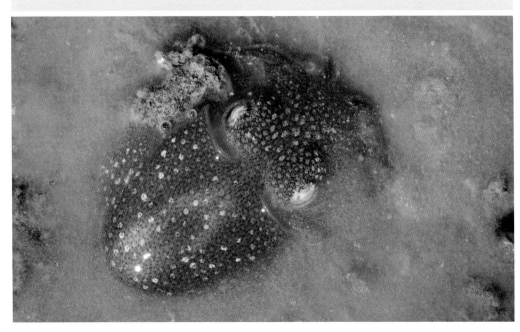

砂蛸
Amphioctopus aegina (Gray, 1849)

- 软体动物门 / Mollusca
- 头足纲 / Cephalopoda
- 蛸科 / Octopodidae

- 别名：沙蛸、土婆、沙鸟。

- 识别特征：体呈卵圆形，肌肉发达，体表被小瘤或排列呈网纹状的乳突，外套背部的4个大突起排列成钻石状。无假眼点，两眼上方各具1个须状突起，两眼间的头基部具1条白带。腕短，强壮，腕吸盘2列。胴长可达100mm。

- 习性：栖息于潮间带中、低潮区至浅海的沙质或泥沙质底。

豹纹蛸

Hapalochlaena cf. *fasciata* (Hoyle, 1886)

- 软体动物门 / Mollusca
- 头足纲 / Cephalopoda
- 蛸科 / Octopodidae

- 别名：蓝环章鱼。

- 识别特征：体呈卵圆形，体表光滑，色素点斑极细。背面色斑特异，其中腕部具椭圆形、圆形或8字形蓝斑，每个蓝斑被均被椭圆形或圆形的深褐色斑纹包围，头部和胴部的蓝斑呈细线状，蓝斑周围也被深褐色斑纹包围。

- 习性：栖息于潮间带低潮区至浅海的泥沙质底。

- 友情提示：触碰有中毒风险。

台湾小孔蛸

Cistopus taiwanicus Liao & Lu, 2009

- 软体动物门 / Mollusca
- 头足纲 / Cephalopoda
- 蛸科 / Octopodidae

- 别名：泥婆。

- 识别特征：体呈长卵形。体表深褐色，胴体边缘青绿色。口部四周腕间膜基部具黏液囊，有小孔与外部相通，雄性黏液孔较雌性开口更大，且有白色的放射条纹围绕。腕短。腕吸盘2列，腕间膜浅。胴长可达85mm。

- 习性：栖息于潮间带低潮区至浅海的泥质或泥沙质底。

断腕蛸属一种

Abdopus sp.

- 软体动物门 / Mollusca
- 头足纲 / Cephalopoda
- 蛸科 / Octopodidae

- 识别特征：体呈椭圆形，体表粗糙，具许多小颗粒。体表背面呈黄褐色，遍布近白色的花斑，一直延伸到腕部顶端，并散布较大的圆形或椭圆形白斑。胴部背面的花斑略呈粗条形，腕部背面的花斑略呈椭圆形。胴长可达70mm。

- 习性：栖息于潮间带低潮区至浅海的礁石或泥沙质底。

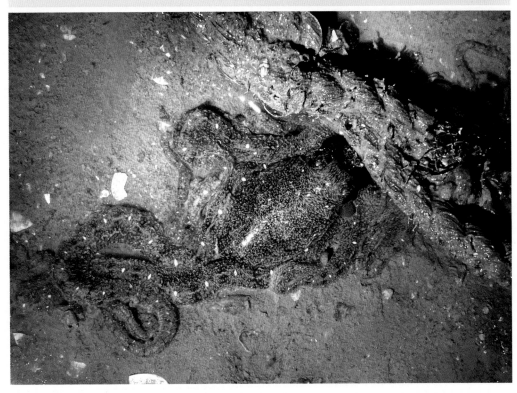

日本对虾

Penaeus japonicus Spence Bate, 1888

- 节肢动物门 / Arthropoda
- 软甲纲 / Malacostraca
- 对虾科 / Penaeidae

- 别名：日本囊对虾、虎虾、竹节虾、斑节虾。

- 识别特征：体长约110mm。体呈黄绿色，具深棕色横斑纹及黑色密集斑点，尾肢末端具黄色和蓝色斑块。额角略呈正弯弓形，上缘8~9齿，下缘1~2齿。触须较长，褐色。

- 习性：栖息于潮间带中、低潮区至浅海的泥沙质底。

细巧贝特对虾

Batepenaeopsis tenella (Spence Bate, 1888)

- 节肢动物门 / Arthropoda
- 软甲纲 / Malacostraca
- 对虾科 / Penaeidae

- 别名：细巧仿对虾。

- 识别特征：体长约60mm。体形纤细，甲壳薄而光滑。体呈浅粉红色，具红色细条纹，腹部具许多小蓝黑点。额角短，上缘具6~8齿，下缘无齿。头胸甲具纵缝。

- 习性：栖息于潮间带低潮区至浅海的泥沙质底。

须赤虾

Metapenaeopsis barbata (De Haan, 1844)

- 节肢动物门 / Arthropoda
- 软甲纲 / Malacostraca
- 对虾科 / Penaeidae

- 别名：火烧虾、狗虾、大厚壳、须赤对虾、赤米虾。

- 识别特征：体长约90mm。体形较细长，甲壳厚而粗糙，具棕红色的不规则斜斑，被绒毛。额角平直前伸，末端尖，上缘具6~8齿（不含胃上刺），下缘无齿。眼眶刺很小，触角刺和颊刺较大。腹部第2~6节具中央脊。

- 习性：栖息于潮间带低潮区至浅海的泥沙质底。

水母深额虾

Latreutes anoplonyx Kemp, 1914

- 节肢动物门 / Arthropoda
- 软甲纲 / Malacostraca
- 藻虾科 / Hippolytidae

- 别名：水母虾。

- 识别特征：体长约6mm。体色多变，通常呈棕红色或黄褐色，斑纹各异，有些具白色大斑块，有些具黑白斑点。额角侧扁，背腹缘之间极宽，侧面略呈三角形，末端呈箭头状。额角的齿数变化较大，通常背缘具7~22齿，腹缘6~11齿。头胸甲具胃上刺和触角刺。

- 习性：栖息于潮间带低潮区至浅海的泥沙质底。通常与水母共生，附着于其口腕上。

刺螯鼓虾

Alpheus hoplocheles Coutière, 1897

- 节肢动物门 / Arthropoda
- 软甲纲 / Malacostraca
- 鼓虾科 / Alpheidae

- 别名：短腿虾。

- 识别特征：体长约35mm。体呈黄绿色或青绿色。额角短而尖锐，额脊明显，侧沟较深。尾节较宽，背面中央具窄而明显的纵沟，其两侧具2对可动刺。螯足不对称，具稀疏的长绒毛。大螯粗短而厚，掌部内、外缘在可动指基部后方各具1个极深的缺刻，小螯粗短。

- 习性：栖息于潮间带中、低潮区的沙质、泥沙质或碎石底。

日本和美虾

Neotrypaea japonica (Ortmann, 1891)

- 节肢动物门 / Arthropoda
- 软甲纲 / Malacostraca
- 美人虾科 / Callianassidae

- 别名：日本美人虾、哈氏和美虾。

- 识别特征：体长约70mm。甲壳很薄，无大多色透明，较厚处呈白色，可透视内脏。头胸部稍侧扁，腹部平扁，尾节方圆形。额角不显著，仅在眼基部形成1个宽三角形突起。头胸甲背后部具明显颈沟。螯足不对称。螯足和步足具绒毛。

- 习性：栖息于潮间带低潮区至浅海的沙质或泥沙质底。

伍氏奥蝼蛄虾

Austinogebia wuhsienweni (Yu, 1931)

- 节肢动物门 / Arthropoda
- 软甲纲 / Malacostraca
- 蝼蛄虾科 / Upogebiidae

- 别名：伍氏蝼蛄虾。

- 识别特征：体长约60mm，头胸甲前端向前伸出3叶突起，中叶较大，呈宽而短的三角形，为额角。头胸甲侧扁，呈长卵形，背面隆起部分具颗粒状突起，突起周围密生短刚毛。第1步足呈亚螯状，左右对称。体呈土黄色。

- 习性：穴居于潮间带中、低潮区至潮下带的泥质或泥沙质底，所掘洞口似烟囱状隆起。

东方管须蟹

Albunea symmysta (Linnaeus, 1758)

- 节肢动物门 / Arthropoda
- 软甲纲 / Malacostraca
- 管须蟹科 / Albuneidae

- 识别特征：头胸甲宽约18mm，呈长方形，表面平滑有光泽，具数条长短不一的横纹和折纹，前缘具刺状齿。前额缘具1个锐棘。侧缘左右略呈弓形，远端各有1个尖刺。后缘深凹呈半圆形。眼柄细长，扁平，半面板状。触鞭很长，具环节。体呈黄白色。头胸甲、胸足和腹节的边缘密布软毛。

- 习性：栖息于潮间带中、低潮区的沙质底，常埋栖于沙中。

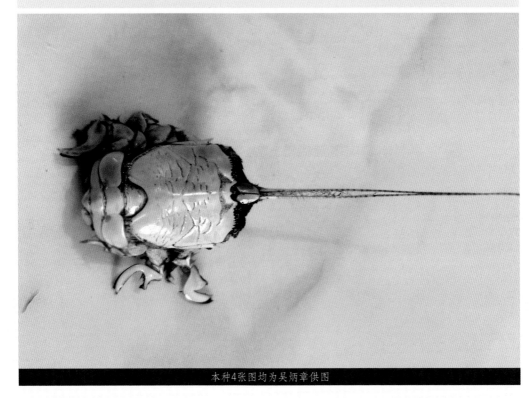

本种4张图均为吴炳章供图

红星真寄居蟹

Dardanus aspersus (Berthold, 1846)

- 节肢动物门 / Arthropoda
- 软甲纲 / Malacostraca
- 活额寄居蟹科 / Diogenidae

- 识别特征：楯部宽约15mm，长大于宽。体呈橙红色，密布暗红色斑点，覆有稀疏刚毛。左螯远大于右螯，且形状不同，表面密布颗粒和刚毛。角膜呈黄绿色或墨绿色，眼柄呈紫蓝色。

- 习性：栖息于潮间带低潮区至浅海的泥质或沙质底。

小形寄居蟹

Pagurus minutus Hess, 1865

- 节肢动物门 / Arthropoda
- 软甲纲 / Malacostraca
- 寄居蟹科 / Paguridae

· 识别特征：楯部宽约5mm，长大于宽。体呈黄褐色或灰褐色，覆有稀疏刚毛。额角三角形或宽圆。螯足不对称，右螯大于左螯，表面具密集颗粒和刚毛。步足指节长于掌节。

· 习性：栖息于潮间带中、低潮区至潮下带的沙质或泥沙质底。

德汉劳绵蟹

Lauridromia dehaani (Rathbun, 1923)

- 节肢动物门 / Arthropoda
- 软甲纲 / Malacostraca
- 绵蟹科 / Dromiidae

- 别名：汉氏劳绵蟹。

- 识别特征：头胸甲宽约70mm，呈球形，表面密布短软毛和成簇硬刚毛，中部具1个"H"形沟。额具3个齿，中齿较侧齿小且短。前侧缘具4个齿。后侧缘斜直，具1个齿。螯足粗壮，等大。后2对步足小，位于背面，末2节各具1个小刺，相对呈钳状。体呈土黄色，螯足指节紫红色，像涂了"指甲油"。

- 习性：栖息于潮间带低潮区至浅海的沙质、泥沙质或碎壳底。万物皆可背在背上，喜欢背着海绵、海鳃等行走天涯。

日本拟绵蟹

Paradromia japonica (Henderson, 1888)

- 节肢动物门 / Arthropoda
- 软甲纲 / Malacostraca
- 绵蟹科 / Dromiidae

- 别名：日本板蟹。

- 识别特征：头胸甲宽约15mm，呈球形，背部隆起，前半部表面绒毛下具稀疏颗粒，后半部光滑。额后具2个并排的低平隆突。前额缘突出。前侧缘具2个钝齿，后侧缘具1个齿。螯足对称，具结节状瘤突。前2对步足细长，具瘤突，第4对步足较第3对长，指节呈钩状。体呈土黄色或橙黄色。

- 习性：栖息于潮间带低潮区至潮下带的泥质或泥沙质底。用特化的钩子钩住海绵背在背上以隐匿自己。

端正拟关公蟹

Paradorippe polita (Alcock & Anderson, 1894)

- 节肢动物门 / Arthropoda
- 软甲纲 / Malacostraca
- 关公蟹科 / Dorippidae

- 别名：端正关公蟹。

- 识别特征：头胸甲宽约18mm，略呈梯形，表面平滑，眼窝后方具细小颗粒和短绒毛。额短，前额缘具2个宽的三角形齿。外眼窝角突出。螯足不对称，具短绒毛。第1～3对步足光滑，第4对步足较第3对长，具绒毛。头胸甲背面呈浅蓝绿色，具褐色斑纹，足呈橙黄色。

- 习性：栖息于潮间带低潮区至潮下带的沙质或泥沙质底。

颗粒拟关公蟹

Paradorippe granulata (De Haan, 1841)

- 节肢动物门 ／ Arthropoda
- 软甲纲 ／ Malacostraca
- 关公蟹科 ／ Dorippidae

- 识别特征：头胸甲宽约20mm，长大于宽，略呈梯形，具细小颗粒，沟痕较浅。体呈紫褐色。前额缘具2个宽的三角形齿，密布绒毛。螯足不对称，具短绒毛。前2对步足细长，具细小颗粒，后2对足短小，具短绒毛，末2节呈钳状。

- 习性：栖息于潮间带低潮区至浅海的泥质、泥沙质或沙质碎壳底。常用后2对特化足将贝壳勾住背在背上用作伪装。

聪明关公蟹

Dorippe astuta Fabricius, 1798

- 节肢动物门 / Arthropoda
- 软甲纲 / Malacostraca
- 关公蟹科 / Dorippidae

- 识别特征：头胸甲宽约15mm，宽约等于长，略呈梯形，表面平滑，分区沟浅。前额缘具2个三角形齿，外眼窝角呈三角形，较额齿低。螯足不对称，步足光滑。体呈青灰色或黄褐色。

- 习性：栖息于潮间带低潮区至潮下带的泥沙质底。

伪装仿关公蟹

Dorippoides facchino (Herbst, 1758)

- 节肢动物门 / Arthropoda
- 软甲纲 / Malacostraca
- 关公蟹科 / Dorippidae

- 识别特征：头胸甲宽约35mm，近梯形，侧面和后部甚凸，分区显著，颈沟深而连续。背面除额区和鳃区具颗粒外，其余均光滑。额宽，中央具1个"V"形缺刻，分成2个锐齿。体背面呈紫褐色，腹面白色，螯足呈白色。

- 习性：栖息于潮间带低潮区至浅海的沙质或泥沙质底。常背负伸展蟹海葵，用于伪装自己。

熟练新关公蟹

Neodorippe callida (Fabricius, 1798)

- 节肢动物门 / Arthropoda
- 软甲纲 / Malacostraca
- 关公蟹科 / Dorippidae

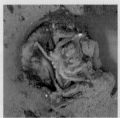

- 识别特征：头胸甲宽约15mm，长大于宽，略呈椭圆形，表面平滑，沟纹明显。额突出，具2个宽钝齿，远超出外眼窝齿。眼窝后缘具明显缺刻，外眼窝齿钝。螯足略不对称。前2对步足瘦长，后2对步足短小，具短毛，位于近背面，末端特化为小钩。体呈黄褐色。

- 习性：栖息于潮间带中、低潮区至浅海的泥沙质底。常背负干枯树叶或贝壳，用于伪装自己。

日本拟平家蟹

Heikeopsis japonica (von Siebold, 1824)

- 节肢动物门 / Arthropoda
- 软甲纲 / Malacostraca
- 关公蟹科 / Dorippidae

- 别名：日本平家蟹、鬼蟹、鬼脸蟹、鬼面蟹。

- 识别特征：头胸甲宽约30mm，略呈梯形，表面具沟痕和隆起，像一张发怒的武士脸。体呈黄褐色或紫褐色。额窄，具2个三角形齿。螯足对称或略不对称。前2对步足瘦长，末3节具短毛，后2对步足短小，具短绒毛，位于背面，指呈钩状。

- 习性：栖息于潮间带低潮区至浅海的泥沙质底。

豆形肝突蟹

Pyrhila pisum (De Haan, 1841)

- 节肢动物门 / Arthropoda
- 软甲纲 / Malacostraca
- 玉蟹科 / Leucosiidae

- 别名：豆形拳蟹、豆形皮拳蟹、千人捏。

- 识别特征：头胸甲宽约20mm，呈圆形，中部隆起，具较大颗粒群，有时颗粒不明显。额短，前缘中部稍凹。螯足粗壮，具细颗粒，长节呈圆柱形。体呈青灰色或黄褐色。螯足与步足多呈淡红褐色。

- 习性：栖息于潮间带中、低潮区至潮下带的泥沙质底。

隆线肝突蟹

Pyrhila carinata (Bell, 1855)

- 节肢动物门 / Arthropoda
- 软甲纲 / Malacostraca
- 玉蟹科 / Leucosiidae

- 别名：隆线豆形拳蟹、隆骨皮拳蟹、隆线拳蟹、千人捏。

- 识别特征：头胸甲宽约12mm，呈圆形，边缘及背面具粗颗粒，中轴具1条颗粒脊。体呈黄色或黄褐色。额前缘微凹。螯足粗壮，表面具细颗粒。4对步足小，与特大的螯足比较，显得有点不对称。

- 习性：栖息于潮间带中潮区的沙质或泥沙质底。别看它个头小，甲壳却非常坚硬，且具保护色。遇到危险时，会慢慢钻入泥土中，但动作缓慢。擅长装死。

带纹化玉蟹

Seulocia vittata (Stimpson, 1858)

- 节肢动物门 / Arthropoda
- 软甲纲 / Malacostraca
- 玉蟹科 / Leucosiidae

- 别名：带纹玉蟹。

- 识别特征：头胸甲宽约10mm，略呈菱形，表面隆起呈半球状，光滑，散布不明显的粒状突起。额前缘中部突出呈钝齿状。螯足壮大，长节边缘具念珠状颗粒。步足细长，背缘锋锐。头胸甲呈浅灰色，具对称的橙黄色斑纹。各足呈白色，具艳丽的橙黄色斑纹。

- 习性：栖息于潮间带低潮区至潮下带的泥质或泥沙质底。

小五角蟹

Nursia minor (Miers, 1879)

- 节肢动物门 / Arthropoda
- 软甲纲 / Malacostraca
- 玉蟹科 / Leucosiidae

- 识别特征：头胸甲宽约10mm，宽大于长，呈五角形，背面中部隆起并向两侧延伸形成尖锐肋状突起，具粗糙颗粒，其余部位光滑。体呈黄白色至土黄色。额不分齿，其两侧角尖。前侧缘呈波浪状，后侧缘具3个钝突起，边缘薄而向上翘。螯足粗壮，对称。

- 习性：栖息于潮间带低潮区至浅海的泥沙质底。

短小拟五角蟹

Paranursia abbreviata (Bell, 1855)

- 节肢动物门 / Arthropoda
- 软甲纲 / Malacostraca
- 玉蟹科 / Leucosiidae

- 识别特征：头胸甲宽约8mm，宽略大于长，呈五角形，很扁，边缘具颗粒，呈薄片波纹状。体呈黄白色。背面具3条颗粒隆脊，1条纵行，2条斜行，像搭了箭的弓。额具3个钝叶，中叶最宽。螯足对称，具粗颗粒。步足细小，指呈爪状。

- 习性：栖息于潮间带低潮区的泥沙质底。

胜利黎明蟹

Matuta victor (Fabricius, 1781)

- 节肢动物门 / Arthropoda
- 软甲纲 / Malacostraca
- 黎明蟹科 / Matutidae

- 别名：顽强黎明蟹、潜沙蟹、沙随、金钱蟹。

- 识别特征：头胸甲宽约50mm，近圆形，两侧各具1个尖刺，背部中央具6个不明显的疣状突起。体呈黄绿色，密布紫红色斑点。螯足强壮，掌节外侧具3个锐刺，居中的刺最大。步足桨状，除第3对步足长节后缘具锯齿外，其余长节前、后缘均具硬毛。

- 习性：栖息于潮间带中、低潮区至潮下带的沙质或泥沙质底。擅长游泳，也擅于潜沙遁地。以海浪冲上来的动物尸体为食，也会捕食短指和尚蟹。

突额薄板蟹

Elamena rostrata P.K.L. Ng, H.-L. Chen & S.-H. Fang, 1999

- 节肢动物门 / Arthropoda
- 软甲纲 / Malacostraca
- 膜壳蟹科 / Hymenosomatidae

- 识别特征：头胸甲宽约8mm，呈桃形，极扁平，表面光滑。体呈褐色，布有对称的浅褐色和深褐色斑纹。前额缘具呈锐角状的突出，侧缘呈平滑弧形。大螯与步足近圆柱形，细长，表面具细小颗粒。

- 习性：栖息于潮间带低潮区的泥沙质底。

单角蟹

Menaethius monoceros (Latreille, 1825)

- 节肢动物门 / Arthropoda
- 软甲纲 / Malacostraca
- 卧蜘蛛蟹科 / Epialtidae

- 识别特征：头胸甲宽约15mm，呈长三角形，背面扁平，中部具疣状隆起。体呈土黄色。雄性额部向前突出呈角刺形，雌性则较短，具卷曲刚毛。外眼窝角突出，呈锐三角形。雄性螯足壮大。步足细长。足部近圆柱形，较细小。

- 习性：栖息于潮间带低潮线附近的礁石或泥沙质底。

里氏绒球蟹

Doclea rissoni Leach, 1815

- 节肢动物门 / Arthropoda
- 软甲纲 / Malacostraca
- 卧蜘蛛蟹科 / Epialtidae

- 别名：中华绒球蟹。

- 识别特征：头胸甲宽约40mm，近圆形，中部具1处纵裂，约5个圆形突起。额部具2个刺突。第2触角基节具1个较大的锐齿。颊区刺壮大，末端稍向内弯。前侧缘具3个锐刺，后缘中部具1个小锐刺。体呈紫色，表面密布短绒毛，但螯足部分区域和步足全部的指节和部分前节均裸露。

- 习性：栖息于潮间带低潮区至潮下带的泥质或泥沙质底。

双角互敬蟹

Hyastenus diacanthus (De Haan, 1839)

- 节肢动物门 / Arthropoda
- 软甲纲 / Malacostraca
- 卧蜘蛛蟹科 / Epialtidae

- 识别特征：头胸甲宽约30mm，呈梨形，背面密布绒毛，中部隆起，具1个锥形刺。额突出2个长角，前、后侧缘连接处具1个锐刺，指向两侧。雄性螯足壮大，螯足、步足密布绒毛，仅末端光滑。体呈土黄色或黄褐色。

- 习性：栖息于潮间带低潮区至浅海的泥质、泥沙质或碎壳底。常背负藤壶、海绵或水螅等生物在背上。

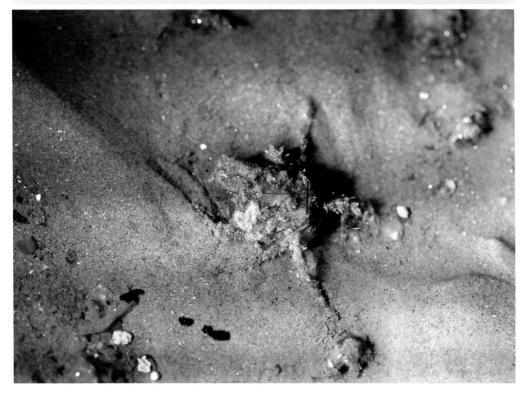

中华虎头蟹

Orithyia sinica (Linnaeus, 1771)

- 节肢动物门 / Arthropoda
- 软甲纲 / Malacostraca
- 虎头蟹科 / Orithyiidae

- 识别特征：头胸甲宽约60mm，长大于宽，呈卵圆形，背面隆起，密布粗颗粒，具对称分布的瘤状突起。前额缘具3个锐齿，中齿大而突出。眼窝大而凹深，上眼窝缘具2个钝齿，外眼窝齿大，下内眼窝齿粗壮。前侧缘具2个疣状突起，后侧缘具3个棘刺。螯足不对称。第4对步足呈桨状。体呈青褐色或紫褐色，具土黄色或橙黄色斑纹，在中部两侧具对称的深紫色圆形斑纹。

- 习性：栖息于潮间带低潮区至浅海的泥沙质底。

吴炳章供图

锯缘武装紧握蟹

Enoplolambrus laciniatus (De Haan, 1837)

- 节肢动物门 / Arthropoda
- 软甲纲 / Malacostraca
- 菱蟹科 / Parthenopidae

- 别名：切缘武装紧握蟹、切缘菱蟹。

- 识别特征：头胸甲宽约35mm，呈菱形，中部各区和鳃区隆起，具颗粒和疣状突起。眼窝圆形，外眼窝齿呈三角形。螯足粗壮长大，长节前、后缘各具1列齿，似狼牙棒，颇具"武装起义"的风范。步足短小，各节边缘具锯齿。体呈黄褐色至灰褐色，是极佳的保护色。

- 习性：栖息于潮间带中、低潮区至浅海的泥沙质底，常半埋于底质中。

环状隐足蟹

Cryptopodia fornicata (Fabricius, 1781)

- 节肢动物门 / Arthropoda
- 软甲纲 / Malacostraca
- 菱蟹科 / Parthenopidae

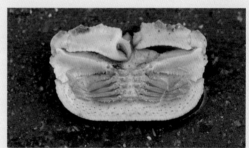

- 识别特征：头胸甲宽约65mm，宽大于长，两侧和后部十分扩张，形似横向拉长的薄片五角形。背面光滑，中部呈三角形隆起，隆起处两侧具向后侧部斜行的颗粒隆线。额部突出呈三角形。前侧缘具不规则锯齿。螯足粗壮，不对称，边缘具不规则锯齿，步足纤细，全部隐藏于头胸甲下方。体呈灰白色，密布不规则的浅棕色波状条纹和斑点。

- 习性：栖息于潮间带低潮区至浅海的泥沙质或碎壳底。

窄额拟盲蟹

Typhlocarcinops decrescens Rathbun, 1914

- 节肢动物门 / Arthropoda
- 软甲纲 / Malacostraca
- 毛刺蟹科 / Pilumnidae

- 识别特征：头胸甲宽约18mm，近圆角矩形，表面较光滑，呈弓形隆起。额短，眼小。体呈白色或黄白色，密布细绒毛。

- 习性：栖息于潮间带中、低潮区至潮下带的泥沙质底。

双刺静蟹

Galene bispinosa (Herbst, 1783)

- 节肢动物门 / Arthropoda
- 软甲纲 / Malacostraca
- 静蟹科 / Galenidae

- 识别特征：头胸甲宽约60mm，略呈倒梯形，背部隆起，具浅沟，在背中轴两侧沟较宽且深，边缘具较集中的粗糙颗粒。有粗糙小颗粒，前额缘中部凹陷，两侧具齿状突出。前侧缘具3个齿状突起，齿间具短毛，后侧缘近平直。螯足粗壮，略不对称，表面粗糙，步足细长。体呈紫褐色，背部两侧具对称的白色斑块。

- 习性：栖息于潮间带低潮区至浅海的泥沙质底。

逍遥馒头蟹

Calappa philargius (Linnaeus, 1758)

- 节肢动物门 / Arthropoda
- 软甲纲 / Malacostraca
- 馒头蟹科 / Calappidae

- 识别特征：头胸甲宽约80mm，呈馒头形，背部隆起，具不明显的5个纵列疣状突起，中部两侧具浅沟。额窄而突出，分为2齿。前侧缘具细锯齿，后侧缘具2个小钝齿和5个三角形锐齿，后缘具3个锐齿。螯足粗壮，稍不对称，右螯大于左螯，长节呈倒三角形，像一个扳手。步足侧扁，指呈爪状。体呈黄褐色，眼窝区具1对环状深褐色斑纹，螯足腕节和掌节各具1个深褐色圆斑。

- 习性：栖息于潮间带低潮区至浅海的沙质、泥沙质或碎壳底。

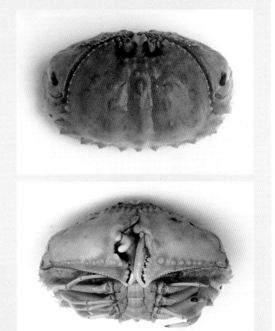

变态蟳

Charybdis (Charybdis) variegata (Fabricius, 1798)

- 节肢动物门 / Arthropoda
- 软甲纲 / Malacostraca
- 梭子蟹科 / Portunidae

- 识别特征：头胸甲宽约40mm，呈横卵圆形，表面密布细绒毛，具数条颗粒状横肋。额前缘具6个齿，中央2个呈三角形。前侧缘含外眼窝齿共具6个齿。体呈黄绿色，头胸甲背部前方中央有1条乳白色色带，色带覆盖额前缘2个中央齿，两边具对称的乳白色斑点。螯足略不对称，具鳞片状颗粒和细绒毛。

- 习性：栖息于潮间带低潮区至浅海的泥质、碎壳、沙质或泥沙质底。

环纹蟳

Charybdis (*Charybdis*) *annulata* (Fabricius, 1798)

- 节肢动物门 ／ Arthropoda
- 软甲纲 ／ Malacostraca
- 梭子蟹科 ／ Portunidae

- 识别特征：头胸甲宽约70mm，呈卵圆形，表面光滑。前额缘具6个齿，中间2个较突出。侧缘具6个齿，第6齿最小。头胸甲呈蓝绿色，布有黄褐色斑纹和蓝色斑点。步足颜色呈黑褐色和蓝色斑块相间排列。

- 习性：栖息于潮间带低潮区至浅海的礁石、碎壳或泥沙质底。

假矛形梭子蟹

Eodemus pseudohastatoides (S.-L. Yang & B.P. Tang, 2006)

- 节肢动物门 / Arthropoda
- 软甲纲 / Malacostraca
- 梭子蟹科 / Portunidae

- 别名：假矛形剑梭蟹。

- 识别特征：头胸甲宽约50mm，呈梭形，表面覆有1层毡毛，具明显的颗粒状隆起区。表面具不规则凹陷和隆起。前额缘具4个齿，中间2个小。前侧缘具9齿，最末齿细长，呈尖刺形，指向两边。体呈黄褐色，具深褐色斑纹。额部和侧缘密生绒毛，螯足粗壮，与步足边缘均具绒毛。

- 习性：栖息于潮间带低潮区至浅海的沙质、泥质、泥沙质或碎壳底。

拥剑单棱蟹

Monomia gladiator (Fabricius, 1798)

- 节肢动物门 / Arthropoda
- 软甲纲 / Malacostraca
- 梭子蟹科 / Portunidae

- 别名：汉氏梭子蟹、拥剑梭子蟹。

- 识别特征：头胸甲宽约80mm，呈横卵圆形，表面密生短绒毛，具对称细颗粒群，在后胃区、前鳃区各具1对颗粒隆线。前额缘具4个齿，前侧缘具9个锐齿，末齿大而尖，指向两侧。螯足粗壮。头胸甲、螯足和步足边缘均具短绒毛。体呈红褐色，散布褐色斑点。

- 习性：栖息于潮间带低潮区至浅海的沙质、泥沙质或具碎壳的软泥底。

红星梭子蟹

Portunus sanguinolentus (Herbst, 1783)

- 节肢动物门 / Arthropoda
- 软甲纲 / Malacostraca
- 梭子蟹科 / Portunidae

- 别名：三点蟹、三眼蟹、梭子蟹、枪蟹。

- 识别特征：头胸甲宽约120mm，呈梭形，背面前部具微细颗粒，后部几乎光滑。前侧缘包括外眼窝齿共9个齿。体呈黄绿色，背面后半部具3个卵圆形血红色描白边的斑块，是其最明显的特征。螯足强壮且长于所有步足，第4对步足扁平，擅游泳。

- 习性：栖息于潮间带低潮区至潮下带的泥沙质底。

三疣梭子蟹

Portunus trituberculatus (Miers, 1876)

- 节肢动物门 / Arthropoda
- 软甲纲 / Malacostraca
- 梭子蟹科 / Portunidae

- 别名：冬蟹。

- 识别特征：头胸甲宽约150mm，呈梭形，散布细小颗粒，中部稍隆起，具3个突起，呈三角形排列。额具2个锐齿。前侧缘含外眼窝齿共9个齿。螯足强壮且长于所有步足。第4对步足扁平，呈桨状，擅游泳。

- 习性：栖息于潮间带低潮区至浅海的泥质、碎壳或泥沙质底。

远海梭子蟹

Portunus pelagicus (Linnaeus, 1758)

- 节肢动物门 / Arthropoda
- 软甲纲 / Malacostraca
- 梭子蟹科 / Portunidae

- 别名：花蟹。

- 识别特征：头胸甲长宽约150mm，呈梭形，稍隆起，具粗糙颗粒，颗粒间有软毛。额具4个齿，中间2个较小。前侧缘含外眼窝齿共具9个齿。螯足强壮且长于所有步足，第4对步足扁平，擅游泳。雄蟹呈鲜艳的蓝色，雌蟹呈橄榄色，布满黄白色云纹，是其最大的特点。

- 习性：栖息于潮间带低潮区至浅海的沙质或泥沙质底。

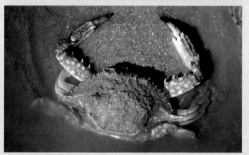

整洁柱足蟹

Palapedia integra (De Haan, 1835)

- 节肢动物门 / Arthropoda
- 软甲纲 / Malacostraca
- 扇蟹科 / Xanthidae

- 别名：整洁铲足蟹。

- 识别特征：头胸甲约18mm，宽大于长，略呈卵圆形，表面较平滑，具少数不明显的浅沟痕，额中央至背部具1条稍明显的纵凹痕。前额缘具4个钝齿，其上密布细微齿和长刚毛。前侧缘呈弧形，密布细微齿和长刚毛。螯足和步足均具长刚毛。体呈浅粉色至黄白色。

- 习性：栖息于潮间带低潮区的沙质底。

- 友情提示：食用有中毒风险。

短指和尚蟹

Mictyris brevidactylus Stimpson, 1858

- 节肢动物门 / Arthropoda
- 软甲纲 / Malacostraca
- 和尚蟹科 / Mictyridae

- 别名：海和尚、长腕和尚蟹、沙蟹、沙和尚。

- 识别特征：头胸甲宽约15mm，长略大于宽，呈圆球形。背面甚隆，光滑，形似光头，故名"和尚蟹"。额窄，向下弯，额角近五边形。螯足对称，长节下缘具3~4个刺，指节末端尖锐。头胸甲呈淡蓝色，螯足和步足呈黄白色，步足基部常具红色环带。

- 习性：栖息于潮间带中、高潮区的沙质或泥沙质底。退潮时，常成群结队，如行军一般在海滩上觅食，被誉为"沙滩上的蓝色军团"。与大部分螃蟹横着走不同，它一般是直行。遇到危险时，会像拧螺丝一样逆时针转动身体，向下钻洞，将自己迅速埋入沙中。

角眼沙蟹

Ocypode ceratophthalmus (Pallas, 1772)

- 节肢动物门 / Arthropoda
- 软甲纲 / Malacostraca
- 沙蟹科 / Ocypodidae

- 别名：幽灵蟹、沙马仔、屎蟹。

- 识别特征：头胸甲宽约50mm，呈方形，背面隆起，密布粗糙颗粒。眼柄粗壮，角膜长圆形。顶端具1个角状突起，像竖立着2根天线，是本种雄蟹的最大特征（雌蟹角状突起较短或无）。螯足不对称。大螯掌节内侧有1条隆脊，具横纹和短毛。步足瘦长，各步足指节前、后缘均具短毛。体呈灰褐色至暗褐色。

- 习性：穴居于潮间带高潮线附近的沙质底。移动速度极快，是蟹中"飞毛腿"。

痕掌沙蟹

Ocypode stimpsoni Ortmann, 1897

- 节肢动物门 / Arthropoda
- 软甲纲 / Malacostraca
- 沙蟹科 / Ocypodidae

- 别名：斯氏沙蟹、沙马、幽灵蟹。

- 识别特征：头胸甲宽约20mm，宽大于长，呈方形，背面甚隆，密布细颗粒。额窄，向腹面弯曲，具颗粒。眼窝大而深，外眼窝角尖锐，指向前侧方。两性螯足均不对称，大螯掌节扁平，内侧面具许多纵行隆脊（响器）。步足具细毛，第2对步足最长。体呈紫褐色，头胸甲背面具不规则灰白色斑纹。

- 习性：穴居于潮间带高潮区至潮上带的沙质底，洞穴斜而长。

豆形短眼蟹

Xenophthalmus pinnotheroides White, 1846

- 节肢动物门 / Arthropoda
- 软甲纲 / Malacostraca
- 短眼蟹科 / Xenophthalmidae

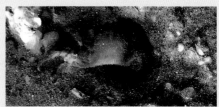

- 识别特征：头胸甲宽约14mm，宽大于长，呈近梯形，较平滑，两侧角圆钝，背面中部两侧各有1条纵沟。体呈白色，前半部和侧缘具长羽状毛。螯足细小，步足瘦长。螯足和步足边缘均具长绒毛。

- 习性：栖息于潮间带中、低潮区的泥质或泥沙质底。

韦氏毛带蟹

Dotilla wichmanni De Man, 1892

- 节肢动物门 / Arthropoda
- 软甲纲 / Malacostraca
- 毛带蟹科 / Dotillidae

- 别名：沙蟹。

- 识别特征：头胸甲宽约10mm，呈圆球形，表面具六角形细沟，鳃区侧缘处具较深的纵沟。眼柄长，眼窝倾斜。额窄。步足长节内、外侧各具1个长卵形鼓膜。体呈浅褐色，与沙滩颜色相似，具有保护色。

- 习性：穴居于潮间带中、高潮区的沙质或泥沙质底。在"用餐"后会用"厨余垃圾"绘制沙画，是沙滩上的"艺术家"。

长趾股窗蟹

Scopimera longidactyla Shen, 1932

- 节肢动物门 / Arthropoda
- 软甲纲 / Malacostraca
- 毛带蟹科 / Dotillidae

- 别名：捣米蟹、喷沙蟹。

- 识别特征：头胸甲宽约10mm，略呈圆球形，密布较大颗粒，侧缘密具短毛。额向前方突出，外眼窝齿呈三角形，其后具1个缺刻。步足和螯足长节内、外侧各具1个长卵形鼓膜，第2步足最长。体呈灰褐色，螯足两指尖呈红色。

- 习性：栖息于潮间带高潮区的沙质或泥沙质底。以大螯抓取泥沙，送到嘴里滤食，滤食后的泥沙呈小球状，再用大螯将小球卸下。

短身大眼蟹

Macrophthalmus (*Macrophthalmus*) *abbreviatus* Manning & Holthuis, 1981

- 节肢动物门 / Arthropoda
- 软甲纲 / Malacostraca
- 大眼蟹科 / Macrophthalmidae

- 识别特征：头胸甲宽约30mm，宽约为长的2.3倍，前半部较后半部宽，表面具颗粒。额窄而突出，背面具1个倒"Y"形沟。眼窝很宽，眼柄特瘦长。前侧缘含外眼窝齿共具3个齿，第1齿长而锐。雄性螯足大而长，两指合拢时空隙大。步足细长，以第3对最长。体呈黄褐色至黄绿色，头胸甲侧缘、螯足和步足均具毛。

- 习性：栖息于潮间带中潮区的泥沙质底。生活时常躲在积水中，露出潜望镜似的眼睛。

隆背大眼蟹

Macrophthalmus (Macrophthalmus) convexus Stimpson, 1858

- 节肢动物门 / Arthropoda
- 软甲纲 / Malacostraca
- 大眼蟹科 / Macrophthalmidae

- 识别特征：头胸甲宽约20mm，宽为长的1.8～1.9倍，表面具细微颗粒，中部具"H"形细沟。额部稍向下弯，表面中央具1条纵沟。眼窝背、腹缘均具微细锯齿。前侧缘含外眼窝角共具3个齿。螯足掌节外侧光滑，具细微颗粒，两指内侧密具绒毛。体背面呈灰褐色，腹面为红褐色。

- 习性：栖息于潮间带中潮区的泥质或泥沙质底。

悦目大眼蟹

Macrophthalmus（Paramareotis）erato De Man, 1887

- 节肢动物门 / Arthropoda
- 软甲纲 / Malacostraca
- 大眼蟹科 / Macrophthalmidae

- 识别特征：头胸甲宽约10mm，宽约为长的1.4倍，表面具分散的微细颗粒和短刚毛。额表面中央具细纵沟。前侧缘含外眼窝角具3个齿，第1齿呈三角形，第3齿仅具齿痕。雄螯掌节外侧具微细颗粒，内侧至两指基部均密布绒毛。可动指内缘中部具1个钝齿，不动指内缘具1个大齿。步足具绒毛。体呈土黄色。

- 习性：栖息于潮间带中潮区的泥沙质底。

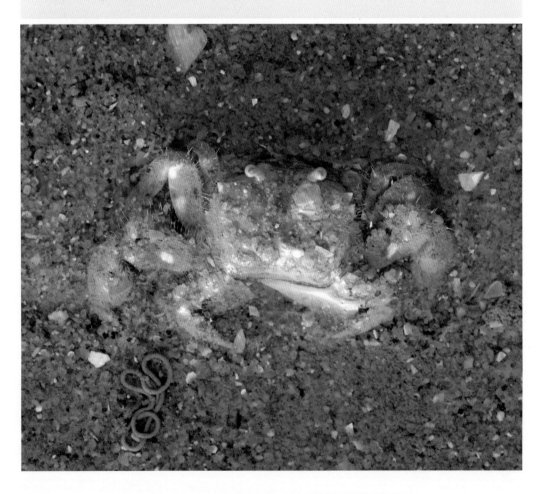

隆线强蟹

Eucrate crenata (De Haan, 1835)

- 节肢动物门 / Arthropoda
- 软甲纲 / Malacostraca
- 宽背蟹科 / Euryplacidae

- 识别特征：头胸甲宽约30mm，宽大于长，近圆方形。前半部比后半部稍宽，表面隆起稍光滑，具细小颗粒。体呈黄褐色，密布褐色小斑点。前侧缘含外眼窝齿共有4个齿。前额缘中央具浅缺刻，眼窝大，螯足光滑，稍不对称。

- 习性：栖息于潮间带低潮区的泥沙质底。

口虾蛄

Oratosquilla oratoria (De Haan, 1844)

- 节肢动物门 / Arthropoda
- 软甲纲 / Malacostraca
- 虾蛄科 / Squillidae

- 别名：皮皮虾、虾耙子、濑尿虾、螳螂虾、虾蛄。

- 识别特征：体长约130mm。额的宽略大于长。头胸甲具前外侧刺。两侧各有5条纵脊，在中央脊近前端部呈"Y"叉状。额角板具三角形或近圆形隆起，或具短的中央脊，尾柄中央脊两侧无其他纵脊。体呈浅灰色或灰黄色，具棕色细斑。头胸甲、胸腹部的脊呈紫红色，尾柄的脊呈暗蓝色至绿色，尾肢外肢中节后半段呈蓝色，末端为黄色。

- 习性：穴居于潮间带低潮区至浅海的沙质或泥沙质底。

黑斑沃氏虾蛄

Vossquilla kempi (Schmitt, 1931)

- 节肢动物门 / Arthropoda
- 软甲纲 / Malacostraca
- 虾蛄科 / Squillidae

- 别名：黑斑口虾蛄、阚氏口虾蛄、爬虾、虾爬子、濑尿虾。

- 识别特征：体长约130mm。外形与口虾蛄相近，但胸部第5节前侧突末端向前伸，第6节前侧突较短且呈近三角形，第7节前侧突仅为1个圆形小突起，掠肢前下角钝圆。体呈浅灰色或灰黄色，具棕色细斑。腹部第2、5节背面各具1个大黑斑，这是本种的典型特征。

- 习性：穴居于潮间带低潮区至潮下带的沙质或泥沙质底。

葛氏小口虾蛄

Oratosquillina gravieri (Manning, 1978)

- 节肢动物门 / Arthropoda
- 软甲纲 / Malacostraca
- 虾蛄科 / Squillidae

- 别名：葛氏似口虾蛄。

- 识别特征：体长约100mm。额板延长，呈长方形。头胸甲具前外侧刺，有明显的中央脊与前端基部不相连的分叉。第6胸节侧边突起，前瓣呈三角形。第1体节侧边突起，末端通常呈尖锐三角状。掠足指节具6个齿，腕节背脊圆滑。体呈淡褐色，密布褐色小斑点。尾柄中央脊前端具暗红色斑块，尾柄主齿呈绿色，末端为红色。

- 习性：栖息于潮间带低潮区至浅海的泥质或泥沙质底。

蝎形拟绿虾蛄

Cloridopsis scorpio (Latreille, 1828)

- 节肢动物门 / Arthropoda
- 软甲纲 / Malacostraca
- 虾蛄科 / Squillidae

- 别名：蝎拟绿虾蛄。

- 识别特征：体长约90mm。眼小，眼睛宽于眼柄。掠足指节具5个齿。无大颚须。胸节第
5节侧突具黑色斑块，是本种的重要鉴别特征。腹节第1~4节具亚中央脊。体呈浅橄榄绿
色，密布黑褐色小斑点，各脊均呈紫红色。腹节后缘呈黑褐色。

- 习性：栖息于潮间带低潮区至潮下带的沙质或泥沙质底。

排列方额虾蛄

Bigelowina phalangium (Fabricius, 1798)

- 节肢动物门 / Arthropoda
- 软甲纲 / Malacostraca
- 矮虾蛄科 / Nannosquillidae

- 别名：小斑马虾蛄。

- 识别特征：体长约80mm。体背甲壳光滑，无脊。体呈灰白色，具黑褐色宽横纹。横纹在头胸甲具3条，胸腹部每节各1条，均在各节中部。尾节后半部具黑色纵斑，尾肢外肢具黑色斑块，末端呈白色。

- 习性：栖息于潮间带低潮区至潮下带的沙质底，掘"U"字形洞穴居。

澳洲帚虫

Phoronis australis Haswell, 1883

- 帚虫动物门 / Phoronida
- 帚虫纲 / Phoronidea
- 帚虫科 / Phoronidae

- 别名：美丽帚虫。

- 识别特征：成体呈纤细蠕虫状，单体似倒置的笤帚，不分节，体躯前端具马蹄形或双螺旋形的触手冠。伸展时体长可达200mm，触手可达1000条。栖管呈半透明紫色，触手呈黑色。

- 习性：栖息于潮间带中、低潮区的泥沙质底，常围绕在蕨形角海葵和斑角海葵周围，营固着生活。

二色桌片参

Mensamaria intercedens (Lampert, 1885)

- 棘皮动物门 / Echinodermata
- 海参纲 / Holothuroidea
- 瓜参科 / Cucumariidae

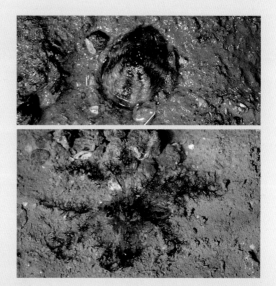

- 识别特征：体长30～120mm，直径10～30mm。体呈纺锤形，两端略细，稍弯曲。颜色鲜艳，体呈紫黑色。管足橙色，沿着身体排列成橙色的纵列条纹。触手枝状，基部分布黑色斑点，分枝尖端带粉红色或淡橙色。

- 习性：栖息于潮间带低潮区的泥沙底质。

可疑尾翼手参

Cercodemas anceps Selenka, 1867

- 棘皮动物门 / Echinodermata
- 海参纲 / Holothuroidea
- 瓜参科 / Cucumariidae

- 别名：可疑翼手参。

- 识别特征：体长40~120mm，直径10~30mm。体呈腊肠状，体壁粗糙坚硬。颜色鲜艳，体呈淡红色，身体两侧有不规则条纹，散落着浅黄色云斑。体背分布很多大小不等、排列不规则的瘤状疣足。触手枝状，呈紫红色，并有黄色小斑点。

- 习性：栖息于潮间带中、低潮区的泥沙底质。

模式辐瓜参

Actinocucumis typica Ludwig, 1875

- 棘皮动物门 / Echinodermata
- 海参纲 / Holothuroidea
- 瓜参科 / Cucumariidae

- 识别特征：体长50~100mm，直径10~25mm，体呈圆筒形，两端较细。体色暗红色或略带红色。腹面管足较背面的发达且密集。触手枝状，呈黑褐色。

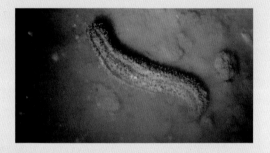

- 习性：栖息于潮间带中、低潮区的礁岩或泥沙质底。

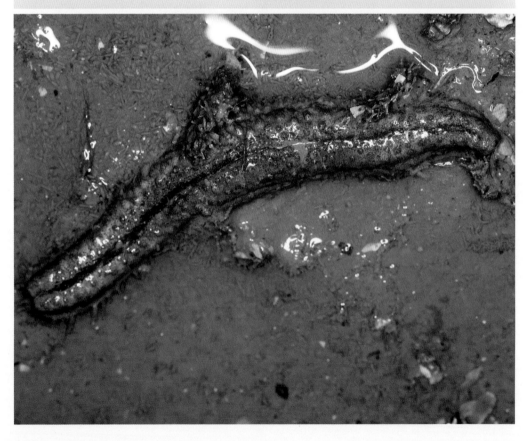

刘五店拟沙鸡子

Phyllophorella liuwutiensis Yang, 1937

- 棘皮动物门 / Echinodermata
- 海参纲 / Holothuroidea
- 沙鸡子科 / Phyllophoridae

- 别名：刘五店沙鸡子。

- 识别特征：体长90~200mm，直径 10~28mm，体呈细圆筒状。体壁柔软，略粗糙，呈灰褐色，分布紫色色斑。管足细小，遍布全身。触手枝状，灰白色。

- 习性：穴居于潮间带低潮区的泥沙质底。

针骨拟沙鸡子

Phyllophorella spiculata (Chang, 1935)

- 棘皮动物门 / Echinodermata
- 海参纲 / Holothuroidea
- 沙鸡子科 / Phyllophoridae

- 别名：针骨沙鸡子。

- 识别特征：体长40～90mm，直径 15～30mm。体呈黄瓜形，前端较粗 壮。体壁较薄，周缘有发达的棘状突 起，管足很多，遍布全身。触手枝 状，内有密集花纹。

- 习性：穴居于潮间带低潮区的泥沙 质底。

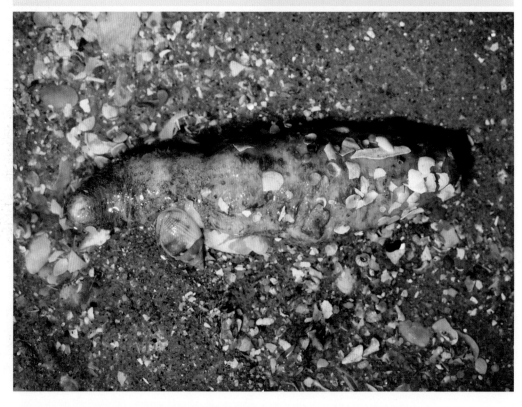

黑海参

Holothuria (*Halodeima*) *atra* Jaeger, 1833

- 棘皮动物门 / Echinodermata
- 海参纲 / Holothuroidea
- 海参科 / Holothuriidae

- 别名：黑狗参。

- 识别特征：体长约200mm。体呈圆筒状，前端略细。体呈黑褐色，或带褐色。背面疣足小，排列无规则。腹面管足较多。管足末端白色。体表常粘有细沙。

- 习性：栖息于潮间带低潮区至潮下带的泥沙质底。

海棒槌

Paracaudina chilensis (J. Müller, 1850)

- 棘皮动物门 / Echinodermata
- 海参纲 / Holothuroidea
- 尻参科 / Caudinidae

- 别名：海老鼠。

- 识别特征：体长约100mm。体呈纺锤形，后端逐渐延长成尾状。充分伸展时，尾长可达体长的1.5倍。生活时体呈肉色或带灰紫色。体壁光滑透明，能从体外透见其纵肌和内脏。触手指形，没有管足和肉刺。

- 习性：穴居于潮间带低潮区的沙质底，身体朝下，尾部朝向表面。

棘刺锚参

Protankyra bidentata (Woodward & Barrett, 1858)

- 棘皮动物门 / Echinodermata
- 海参纲 / Holothuroidea
- 锚参科 / Synaptidae

- 识别特征：体长约150mm，最大可达280mm，直径15~20mm，像只大蠕虫。体壁薄，半透明，透过体表可见明显的5条纵肌，收缩时具皱褶。触手指形。幼体通常为黄色，成体呈淡红色或赤紫色。

- 习性：穴居于潮间带中潮区的泥沙质底。遇到危险，会截断自己，再生能力强。

饰物蛇海星

Ophidiaster armatus Koehler, 1910

- 棘皮动物门 / Echinodermata
- 海星纲 / Asteroidea
- 蛇海星科 / Ophidiasteridae

- 识别特征：整体大小200~300mm。体盘很小，腕长可达150mm，腕细长、呈手指状，末端向上翘起。全身密布颗粒体。生活时背面呈褐色，体盘中央及腕上有大块暗褐色斑块，腹面颜色较淡。

- 习性：栖息于潮间带低潮区至潮下带的珊瑚礁与沙地交界区。

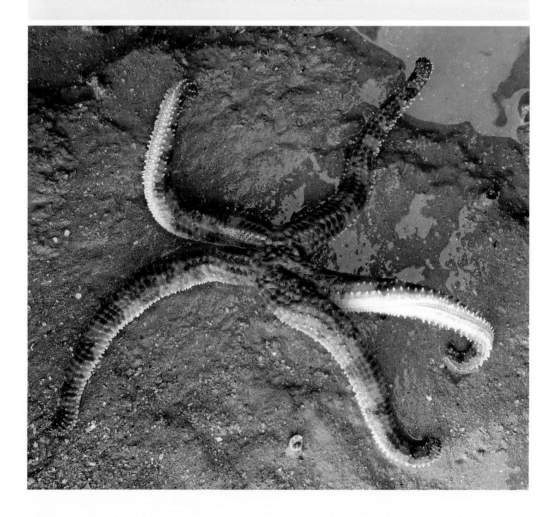

华普槭海星

Astropecten vappa Müller & Troschel, 1843

- 棘皮动物门 / Echinodermata
- 海星纲 / Asteroidea
- 槭海星科 / Astropectinidae

- 识别特征：辐径60~80mm。体呈扁平星形，通常具5条腕，腕长可达110mm，逐渐变细至尖端，末端略上翘。腕两侧分布粗壮扁平的梳齿状白色长刺。反口面呈浅褐色至棕色，口面为奶油色。

- 习性：栖息于潮间带中、低潮区的沙质或泥沙质底。主要以小型双壳类软体动物为食。

斑砂海星

Luidia maculata Müller & Troschel, 1842

- 棘皮动物门 / Echinodermata
- 海星纲 / Asteroidea
- 砂海星科 / Luidiidae

- **识别特征**：辐径可达250mm。有些个体呈均匀的深棕色或绿棕色，有些则是深棕色并带有橙棕色"人"字形斑纹，或浅棕色且带有深色斑纹。具7～9个腕，腕细长。体盘区小，身体几乎被腕足占据。腕上约4～6个斑块。

- **习性**：栖息于潮间带低潮区的泥沙质底。主要以海胆为食，也吃一些甲壳动物、海蛇尾和海参。

曾阳供图

细雕刻肋海胆

Temnopleurus toreumaticus (Leske, 1778)

- 棘皮动物门 / Echinodermata
- 海胆纲 / Echinoidea
- 刻肋海胆科 / Temnopleuridae

- 别名：刺海螺、海锅子。

- 识别特征：壳直径40～50mm。壳厚且坚固。反口面大棘短小，口面大棘较长，稍弯曲。壳呈黄褐色或灰绿色，大棘在灰绿色、黑绿色或浅黄色底色上，有3～4条红紫色或紫褐色横斑。

- 习性：栖息于潮间带中、低潮区泥沙底质。喜集群生活。常用贝壳碎片进行伪装。几乎每个个体的口器周围，都有一只蛇潜虫与之共生。

雷氏饼海胆

Peronella lesueuri (L. Agassiz, 1841)

- 棘皮动物门 / Echinodermata
- 海胆纲 / Echinoidea
- 饼干海胆科 / Laganidae

- **识别特征**：形状变化较大，有椭圆形、圆形和不规则多角形等，圆形最常见。反口面有狭长的瓣状图案。生活时体呈美丽的玫瑰红色，壳面密生绒毛短棘。死壳呈褐色或淡土黄色。

- **习性**：栖息于潮间带低潮区至浅海的沙质底。常半露于沙面或潜伏于沙内。

扁平蛛网海胆

Arachnoides placenta (Linnaeus, 1758)

- 棘皮动物门 / Echinodermata
- 海胆纲 / Echinoidea
- 盾海胆科 / Clypeasteridae

- 别名：海钱、沙币。

- 识别特征：壳直径约60mm。壳扁平而薄，形如钱币，近圆形。口面骨板的纹路犹如一张蜘蛛网。生活时体表覆盖细毛状棘刺，呈黑褐色或紫灰色。死壳呈灰白色。

- 习性：栖息于潮间带低潮区至浅海的沙质底。常半露于沙面或潜伏于沙内，取食碎屑。

曼氏孔盾海胆

Astriclypeus mannii Verrill, 1867

- 棘皮动物门 / Echinodermata
- 海胆纲 / Echinoidea
- 孔盾海胆科 / Astriclypeidae

- 识别特征：壳直径可达120mm。壳扁平而坚实，呈盘状，瓣状区域短而宽，末端开口。各步带均有1个长似钥匙状的透孔。生活时呈暗褐色或紫褐色。死壳呈淡灰色。

- 习性：栖息于潮间带低潮区至浅海的沙质底。常半露于沙面或潜伏于沙内。

吻壶海胆

Rhynobrissus pyramidalis A. Agassiz, 1872

- 棘皮动物门 / Echinodermata
- 海胆纲 / Echinoidea
- 壶海胆科 / Brissidae

- 识别特征：壳略呈楔形，很薄。反口面棘细短且略弯曲，壳后端棘较细长，口面棘长而弯曲，胸板上的棘排列成斜行。外形仿若一颗紫色的猴头菇。

- 习性：穴居于潮间带低潮区至浅海的沙质或泥沙质底。

辐蛇尾属一种
Ophiactis sp.

- 棘皮动物门 / Echinodermata
- 蛇尾纲 / Ophiuroidea
- 辐蛇尾科 / Ophiactidae

- 识别特征：盘直径10mm，腕长约60mm。盘较圆，辐楯大，呈梨形，边缘具清晰黑线。背腕板呈扁梯形，腹腕板呈扁珠形。背面呈灰绿色，腕上具深色横带。背腕板中部常间杂装饰黄棕色或白色色块。棘呈半透明灰色，布有黑褐色斑纹，基部白色。腹面呈黄粉色至黄白色。

- 习性：栖息于潮间带中、低潮区的沙质或泥沙质底。

中国哈特海鞘

Hartmeyeria chinensis Tokioka, 1967

- 脊索动物门 / Chordata
- 海鞘纲 / Ascidiacea
- 腕海鞘科 / Pyuridae

· 识别特征：体长15～23mm，体型迷你。体呈心形，尖端朝下，被囊密覆细沙。身体下方有1条长长的白色根茎埋于沙中，移动时在沙滩上拖出细长蜿蜒的痕迹。粉嫩短小的2个水管像小耳朵一样朝上立着，各具4个叶瓣，闭合时水管口呈"十"字形。它们常三五成群地在沙滩上彼此贴在一起。

· 习性：栖息于潮间带低潮区的沙质底。

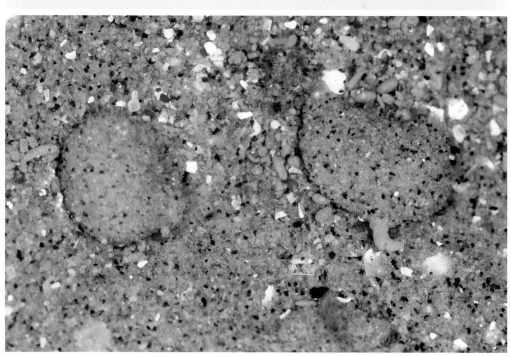

白氏文昌鱼

Branchiostoma belcheri (Gray, 1847)

- 脊索动物门 / Chordata
- 狭心纲 / Leptocardii
- 文昌鱼科 / Branchiostomatidae

- 别名：厦门文昌鱼、白氏鳃口文昌鱼、无头鱼、鳄鱼虫。

- 识别特征：体长39～49mm。体呈梭形，侧扁，两端尖，背部扁薄，腹部宽平，具2个腹褶。吻突尖直。口笠位于体前端腹面，边缘具36～50条触须。眼不发达，仅为1个黑色小斑。肛门左侧位。背鳍薄膜状，低而长。体半透明，具光泽，肌节和生殖腺清晰。吻突、口笠、各鳍和侧褶均透明。

- 习性：栖息于潮间带低潮区至潮下带的沙质底。国家重点保护野生动物。

日本文昌鱼

Branchiostoma japonicum (Willey, 1897)

- 脊索动物门 / Chordata
- 狭心纲 / Leptocardii
- 文昌鱼科 / Branchiostomatidae

- 别名：青岛文昌鱼、无头鱼、鳄鱼虫。

- 识别特征：平均体长约37mm。体呈梭形，侧扁，两端尖，背部扁薄，腹部宽平，具2个腹褶。吻突尖直。口笠位于体前端腹面，平均具42条触须。眼不发达，仅为1个黑色小斑。肛门左侧位。平均肌节总数67条。背鳍薄膜状，低而长。体半透明，具光泽，肌节和生殖腺清晰。吻突、口笠、各鳍和侧褶均透明。

- 习性：栖息于潮间带低潮区至潮下带的沙质底。国家重点保护野生动物。

纹缟虾虎鱼

Tridentiger trigonocephalus (Gill, 1859)

- 脊索动物门 / Chordata
- 辐鳍鱼纲 / Actinopterygii
- 虾虎鱼科 / Gobiidae

- 别名：纹缟虾虎。

- 识别特征：体长可达130mm。体延长，前部圆柱形，后部略侧扁。头宽大，头部无小须，吻前端圆突，口中等大，前位。胸鳍第1与第2鳍条间具缺刻，游离。体呈浅褐色，背部色深，体侧常具2条黑褐色纵带，头侧散具白色圆点，臀鳍具2条棕红色纵带，胸鳍基有1个黑斑，尾鳍具4~5条暗横纹。

- 习性：栖息于河口咸淡水水域及近岸浅水处，退潮后常可见于潮间带中、低潮区岩石间隙或海滩上残存的水洼中。

双带缟虾虎鱼

Tridentiger bifasciatus Steindachner, 1881

- 脊索动物门 / Chordata
- 辐鳍鱼纲 / Actinopterygii
- 虾虎鱼科 / Gobiidae

- 别名：双带缟虾虎。

- 识别特征：体长可达120mm。外形和
花纹与纹缟虾虎鱼很相似，但本种胸
鳍上方无游离鳍条和小突起。

- 习性：栖息于河口咸淡水水域及近岸
浅水处，退潮后常可见于潮间带中、低
潮区岩石间隙或海滩上残存的水洼中。

康氏衔虾虎鱼

Istigobius campbelli (Jordan & Snyder, 1901)

- 脊索动物门 / Chordata
- 辐鳍鱼纲 / Actinopterygii
- 虾虎鱼科 / Gobiidae

- 别名：凯氏衔虾虎鱼、凯氏细棘虾虎鱼、凯氏珠虾虎鱼。

- 识别特征：体长约100mm。体延长，眼中等大。头、体呈棕灰色，体侧散具3列不明显的暗浅纹。鳞片多具小白点。眼后缘至鳃盖具1条黑色纵带纹。背鳍具3~4纵行点列，第1背鳍无明显黑斑。尾鳍基底常具1个横向"V"形暗斑。

- 习性：栖息于潮间带低潮区至浅海的沙质底。

棘绿鳍鱼

Chelidonichthys spinosus (McClelland, 1844)

- 脊索动物门 / Chordata
- 辐鳍鱼纲 / Actinopterygii
- 鲂鮄科 / Triglidae

- **别名**：小眼绿鳍鱼、绿鳍鱼。

- **识别特征**：体长约400mm。体延长，稍侧扁，向后渐细。体被小圆鳞。体呈红色，具蓝褐色网纹。头近正方形，头背及两侧均被骨板。吻较长，吻角钝圆，口大，眼小。背鳍两侧各有1纵列棘楯板。胸鳍长大，下侧具3枚指状游离鳍条，胸鳍内侧面艳绿色，具浅斑点。

- **习性**：栖息于潮间带低潮区至浅海的泥质、泥沙质或贝壳沙质底。

红娘鱼属一种

Lepidotrigla sp.

- 脊索动物门 / Chordata
- 辐鳍鱼纲 / Actinopterygii
- 鲂鮄科 / Triglidae

· 识别特征：体长约200mm。体延长，稍侧扁，向后渐细。体被中等大栉鳞。头近长方形，头顶眼后缘有1条横沟。吻突中部凹入，吻角呈三角形。体呈红紫色。胸鳍内侧黄褐色，边缘紫色，腹鳍橙黄色，尾鳍浅紫色。

· 习性：栖息于潮间带低潮区至浅海的泥沙质底。

格纹中锯鯻

Mesopristes cancellatus (Cuvier, 1829)

- 脊索动物门 / Chordata
- 辐鳍鱼纲 / Actinopterygii
- 鯻科 / Terapontidae

- **别名**：格纹鯻、格纹岛鯻、斑吾、鸡仔鱼。

- **识别特征**：体长约300mm。体呈长椭圆形，侧扁。吻尖长，上颌较下颌长且突出，唇厚，上唇具肉质突。体呈灰褐色，体侧具斑纹，上半部横带色淡，与3条黑色纵带交叉，下半部仅1条纵带。

- **习性**：栖息于近海河口，可进入河流。

飞海蛾鱼

Pegasus volitans Linnaeus, 1758

- 脊索动物门 / Chordata
- 辐鳍鱼纲 / Actinopterygii
- 海蛾鱼科 / Pegasidae

- 识别特征：体长可达180mm。体纵扁，口小，吻端延长呈管状，鳞片特化为盾甲。体呈黄棕色至黑褐色，具数列暗色短横斑，腹面色浅。胸鳍宽大呈圆形。

- 习性：栖息于潮间带低潮区至浅海。游泳能力弱，常以宽大的游离鳍支撑鱼体停栖在泥沙质底。

斑纹条鳎

Zebrias zebrinus (Temminck & Schlegel, 1846)

- 脊索动物门 / Chordata
- 辐鳍鱼纲 / Actinopterygii
- 鳎科 / Soleidae

- 别名：带纹条鳎、花斑条鳎。

- 识别特征：体长约200mm。体呈长舌状。头短钝，眼小，两眼均位于头部右侧。体被小栉鳞，侧线鳞为埋入皮下的小圆鳞，眼间隔有鳞。背鳍、臀鳍完全与尾鳍连成一体，右侧胸鳍镰刀状，左侧胸鳍宽短。体右侧呈淡黄褐色，具11~12对黑褐色横带，尾鳍黑褐色，具数个弧形黄斑。

- 习性：栖息于潮间带低潮区至浅海的泥沙质底。

缨鳞条鳎

Zebrias crossolepis Zheng & Chang, 1965

- 脊索动物门 / Chordata
- 辐鳍鱼纲 / Actinopterygii
- 鳎科 / Soleidae

- 别名：缨鳞鳎沙。

- 识别特征：体长约220mm。体呈长舌状。两眼位于头部右侧，眼上缘无指状皮突。体被小栉鳞，侧线鳞偏少，眼间隔通常无鳞。背鳍、臀鳍只与尾前半部相连，左、右侧胸鳍均呈短膜状。体右侧呈淡黄褐色，具13对黑褐色横带。尾鳍后半部黑色，具数个黄色圆斑。

- 习性：栖息于潮间带低潮区至浅海的泥沙质底。

斑头舌鳎

Cynoglossus puncticeps (Richardson, 1846)

- 脊索动物门 / Chordata
- 辐鳍鱼纲 / Actinopterygii
- 舌鳎科 / Cynoglossidae

- 别名：黑斑鞋底鱼、龙利、挞沙、花舌。

- 识别特征：体长约170mm。体呈长舌状。头短钝，吻短，眼小而凹，具鳞。体两侧被小栉鳞。体左侧呈淡黄褐色，头、体具许多不规则的黑褐色横斑，奇鳍每2～6枚鳍条间即有1条黑褐色细纹。

- 习性：栖息于潮间带低潮区至浅海的泥沙质底，也可生活于淡水。

角木叶鲽

Pleuronichthys cornutus (Temminck & Schlegel, 1846)

- 脊索动物门 / Chordata
- 辐鳍鱼纲 / Actinopterygii
- 鲽科 / Pleuronectidae

- **别名**：皇帝鱼、比目鱼、半边鱼、溜仔、鼓眼。

- **识别特征**：体长约270mm。体呈长卵圆形，侧扁。眼间隔前、后棘角状，锐尖，吻甚短，口小，唇厚。体被小圆鳞。有眼体侧呈黄褐色到深褐色，布有许多大小不等、形状不一的黑褐色斑点。背鳍、臀鳍灰褐色，胸鳍、尾鳍色较深，略带黄边。

- **习性**：栖息于潮间带低潮区至浅海的泥沙质底。

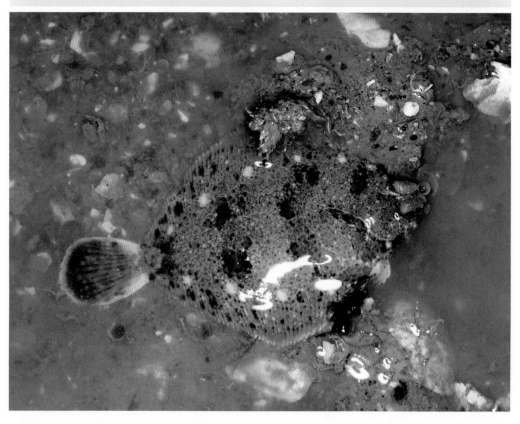

短线蚓鳗

Moringua abbreviata (Bleeker, 1863)

- 脊索动物门 / Chordata
- 辐鳍鱼纲 / Actinopterygii
- 蚓鳗科 / Moringuidae

- 别名：线蚓鳗、小鳍蚓鳗、鳗苗。

- 识别特征：体长约300mm。体极细长，呈细圆筒状，体长为体高的40~60倍。体呈淡黄色。胸鳍、背鳍、臀鳍均退化，背鳍、臀鳍、尾鳍相连，仅在尾端残留近似鳍条的构造。尾部显著短于躯干部。

- 习性：栖息于潮间带中、低潮区至潮下带的沙质或泥沙质底。

食蟹豆齿鳗

Pisodonophis cancrivorus (Richardson, 1848)

- 脊索动物门 / Chordata
- 辐鳍鱼纲 / Actinopterygii
- 蛇鳗科 / Ophichthidae

- 别名：食蟹豆齿蛇鳗、帆鳍鳗。

- 识别特征：体长可达1m。体延长，尾部稍侧扁。体呈褐色，奇鳍边缘黑色。头较尖，呈钝锥形，吻短，口大，后鼻孔前、后具肉质小突起。胸鳍发达，背鳍起始于胸鳍中部上方，背鳍、尾鳍在近尾端隆起。

- 习性：栖息于潮间带低潮线附近至浅海，常进入河口或潟湖，偶尔上溯到淡水水域。

灰海鳗

Muraenesox cinereus (Forsskål, 1775)

- 脊索动物门 / Chordata
- 辐鳍鱼纲 / Actinopterygii
- 海鳗科 / Muraenesocidae

- 别名：海鳗、狼牙鳝。

- 识别特征：体长可达2.2m。体呈圆柱形，粗壮。吻较尖，前鼻孔短管状，位于吻前端。体呈灰褐色，腹部灰白色。

- 习性：栖息于浅海的泥沙质底，幼鱼可分布到潮间带低潮区。生性凶猛。

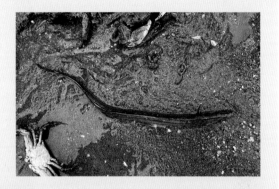

线纹鳗鲇

Plotosus lineatus (Thunberg, 1787)

- 脊索动物门 / Chordata
- 辐鳍鱼纲 / Actinopterygii
- 鳗鲇科 / Plotosidae

- 别名：鳗鲇、短须鳗鲇、沙毛、海塘虱、鳗鲇。

- 识别特征：体长可达300mm。体延长，头部扁平，尾渐细。吻钝，眼小，口较小，下位，口须4对。体呈棕黑色，腹面白色，体侧中间具2条黄色纵带。第1背鳍和胸鳍各具1枚硬棘，第2背鳍与臀鳍、尾鳍连续。

- 习性：常群栖于河口海域、礁石区、开放性沿海。遇危险时常群游成球，被称为"鲇球"。第1背鳍和胸鳍的硬棘基部具毒腺，被刺后剧痛。

侧带天竺鲷

Ostorhinchus pleuron (Fraser, 2005)

- 脊索动物门 / Chordata
- 辐鳍鱼纲 / Actinopterygii
- 天竺鲷科 / Apogonidae

- 别名：侧身天竺鲷、大目侧仔。

- 识别特征：体长可达110mm。体呈长椭圆形，侧扁。体较高，口略小，上颌骨达瞳孔后缘下方。口颌与鳃盖上半部黑色。体背呈暗褐色，腹侧银黄色，体侧具2条棕黑色纵带。

- 习性：栖息于河川下游或河口，为广盐性鱼类，成群行动。

星点东方鲀

Takifugu niphobles (Jordan & Snyder, 1901)

- 脊索动物门 / Chordata
- 辐鳍鱼纲 / Actinopterygii
- 鲀科 / Tetraodontidae

- 别名：黑点多纪鲀、星点多纪鲀、星点河鲀。

- 识别特征：体长可达150mm。体呈亚圆柱形，具细弱皮刺，且背部和腹部刺区不相连。体背呈绿褐色或红褐色，具许多小斑点。体下侧纵行皮褶呈浅黄色，腹部乳白色。各鳍浅黄色，背鳍基部具1个大黑斑，尾鳍缘橙黄色。

- 习性：栖息于河口或潮间带低潮区至浅海的岩礁、沙质或泥沙质底。

丝背细鳞鲀

Stephanolepis cirrhifer (Temminck & Schlegel, 1850)

- 脊索动物门 / Chordata
- 辐鳍鱼纲 / Actinopterygii
- 单角鲀科 / Monacanthidae

- 别名：丝鳍单角鲀、冠鳞单棘鲀、剥皮鱼、鹿角鱼、曳丝单棘鲀。

- 识别特征：体长可达300mm。体呈椭圆形，侧扁。体被细鳞，基板上鳞棘基部愈合成柄状，尾柄无倒棘。第1背鳍第1鳍棘始于眼后半部上方，棘后、侧缘各具1列倒棘，前缘有粒状突起。第2背鳍延长，雄鱼第2枚鳍条呈丝状。腹鳍鳍棘1枚，可活动。体呈黄褐色，体侧具6~8条纵行的断续黑色斑纹。

- 习性：栖息于潮间带低潮区至浅海的沙质或泥沙质底，集群活动。

斑尾柱颌针鱼

Strongylura strongylura (van Hasselt, 1823)

- 脊索动物门 / Chordata
- 辐鳍鱼纲 / Actinopterygii
- 颌针鱼科 / Belonidae

- 别名：尾斑圆颌针鱼、圆尾鹤鱵、青旗。

- 识别特征：体长约450mm。体呈近圆柱状，稍侧扁。上、下颌延长，呈喙状。尾鳍后缘截形，背鳍、臀鳍鳍条数较少，背鳍、臀鳍基底和鳃盖均被鳞。体背呈青绿色，腹侧色浅，体侧中央具1条纵带。各鳍淡黄色，尾鳍具1个黑斑。

- 习性：栖息于近海或河口附近。

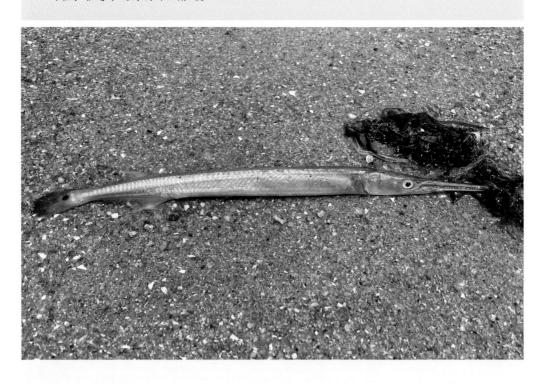

鳄形圆颌针鱼

Tylosurus crocodilus (Péron & Lesueur, 1821)

- 脊索动物门 / Chordata
- 辐鳍鱼纲 / Actinopterygii
- 颌针鱼科 / Belonidae

- 别名：鳄形叉尾圆颌针鱼、大圆颌针鱼、鳄形叉尾鹤鱵。

- 识别特征：体长可达1.3m。体呈近圆柱状。上颌平直，两颌间无缝隙。背鳍、腹鳍对位，尾鳍双凹形或叉形。体背呈灰黑色，腹侧银白色，背鳍、尾鳍色深，胸鳍、腹鳍、臀鳍色浅。

- 习性：栖息于沿海表层水域。具趋光性。

印度棘赤刀鱼

Acanthocepola indica (Day, 1888)

- 脊索动物门 / Chordata
- 辐鳍鱼纲 / Actinopterygii
- 赤刀鱼科 / Cepolidae

- 识别特征：体长约350mm。体延长，呈带状，甚侧扁。口大，斜裂，前鳃盖骨后缘具5枚锐棘。体被小圆鳞。体呈浅红色，体侧具许多橙黄色的细长横带，背鳍前部有不明显的黑斑。

- 习性：栖息于潮间带低潮线附近至浅海，底栖生活。

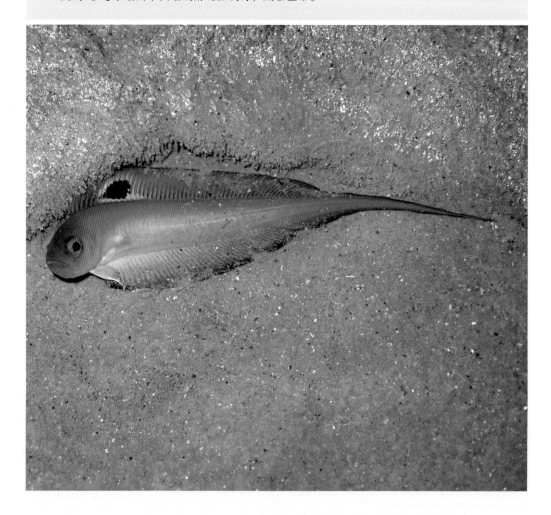

中国花鲈

Lateolabrax maculatus (McClelland, 1844)

- 脊索动物门 / Chordata
- 辐鳍鱼纲 / Actinopterygii
- 花鲈科 / Lateolabracidae

- 别名：鲈鱼。

- 识别特征：体长约350mm。体延长，侧扁。口大，倾斜，下颌长于上颌。侧线完全。背鳍2个，稍分离。体背呈青灰色，散布黑色斑点，腹部银白色。

- 习性：栖息于近海和河口水域，也进入淡水水域。

莫桑比克罗非鱼

Oreochromis mossambicus (Peters, 1852)

- 脊索动物门 / Chordata
- 辐鳍鱼纲 / Actinopterygii
- 慈鲷科 / Cichlidae

- 别名：爪哇罗非鱼、罗非鱼、吴郭鱼、福寿鱼。

- 识别特征：体长约300mm。体呈长椭圆形，高而侧扁。头中等大，短而高。吻圆钝，突出。眼中等大，侧位。口较大，前位，斜裂，唇发达。体被大圆鳞，侧线平直，中断为2条。体呈灰褐色，鳞片边缘暗色。生殖期体色鲜艳。

- 习性：广温性底层鱼类，在淡水和海水中均可生长繁殖。可见于潮间带低潮区。外来入侵种。

鳄鲬

Cociella crocodilus (Cuvier, 1829)

- 脊索动物门 / Chordata
- 辐鳍鱼纲 / Actinopterygii
- 鲬科 / Platycephalidae

- 别名：正鳄鲬、鳄形牛尾鱼。

- 识别特征：体长约400mm。体延长，平扁。头长，棱棘显著，头侧具2条纵棱，眼中等大，上侧位，口大，前位。体被栉鳞，侧线鳞有小管。背鳍2个，分离，臀鳍与第2背鳍同形，对位。体呈褐色，体背具许多小黑点和4~5条宽大褐色带。

- 习性：栖息于潮间带低潮区至浅海的泥沙质底。

弯角鲻

Callionymus curvicornis Valenciennes, 1837

- 脊索动物门 / Chordata
- 辐鳍鱼纲 / Actinopterygii
- 鲻科 / Callionymidae

- 别名：李氏鲻、李氏斜棘鲻。

- 识别特征：体长约170mm。体细长，扁平。吻尖长，鳃孔背位。第1背鳍鳍棘无丝状延长，尾鳍长，上、下叶不对称。体呈黄褐色，第1背鳍第3鳍棘膜具带白边的大黑斑，尾鳍中上部散布暗点，下部黑色。有些个体眼下方具带金属光泽的黄色和天蓝色花纹。

- 习性：栖息于潮间带低潮区至浅海的沙质或泥沙质底。

斑鰶

Konosirus punctatus (Temminck & Schlegel, 1846)

- 脊索动物门 / Chordata
- 辐鳍鱼纲 / Actinopterygii
- 鲱科 / Clupeidae

- 别名：窝斑鰶、扁屏仔、油鱼、海鲫仔。

- 识别特征：体长可达265mm。体呈长椭圆形，侧扁。吻稍钝，口小，近前位。体被圆鳞，腹部棱鳞锯齿状，胸鳍、腹鳍基部具短腋鳞，无侧线。背鳍有丝状鳍条。头、体背缘呈青绿色，体侧、腹部银白色，鳃盖后上方1个大黑斑，体侧上方有8～9行绿色小点。

- 习性：栖息于近海内湾水域，集群洄游，可达河口。

鹿斑斜口鲾

Secutor ruconius (Hamilton, 1822)

- 脊索动物门 / Chordata
- 辐鳍鱼纲 / Actinopterygii
- 鲾科 / Leiognathidae

- 别名：鹿斑仰口鲾、仰口鲾、鹿斑鲾、金钱仔。

- 识别特征：体长约60mm。体呈卵圆形，侧扁，腹部轮廓突出，眼上缘具1个明显的鼻后棘。背鳍、臀鳍鳍棘弱，均以第2鳍棘最长。体呈灰褐色，腹侧银白色，体背侧具9～11条褐色横带。眼眶至颏部具1条黑线纹，沿背鳍基底有黑色。

- 习性：栖息于潮间带低潮区至浅海的泥沙质底。

少鳞鱚

Sillago japonica Temminck & Schlegel, 1843

- 脊索动物门 / Chordata
- 辐鳍鱼纲 / Actinopterygii
- 鱚科 / Sillaginidae

- 别名：青沙鲛、日本沙鲛、青沙、沙肠仔。

- 识别特征：体长约200mm。体延长，略呈圆柱状。吻尖长，颊部鳞片2列。口小，上颌较突出。侧线上鳞少，仅3～4行。体背呈淡黄色，腹侧银白色，胸鳍、腹鳍的起始处为无色透明。

- 习性：栖息于潮间带低潮区至浅海的沙质底。

赤魟

Hemitrygon akajei (Müller & Henle, 1841)

- 脊索动物门 / Chordata
- 软骨鱼纲 / Chondrichthyes
- 魟科 / Dasyatidae

- 别名：赤土魟、红魟、黄貂鱼。

- 识别特征：体长可达1m。体盘呈亚圆形，尾细长如鞭，为体盘长的2~2.7倍。体背呈赤褐色，大个体的颜色更深，体盘边缘色浅，喷水孔后缘附近和尾柄两侧赤黄色。体盘腹面边缘赤黄色，中央色浅。尾刺后背中线上具低皮褶。

- 习性：栖息于浅海泥质底，幼鱼可分布到潮间带低潮线附近。

- 友情提示：触碰有中毒风险。

INTERTIDAL FAUNA IN SOUTHEASTERN OF CHINA

东南潮间带生物图鉴 下

刘毅 钟丹丹 郭翔 /编著

主要拍摄作者 | 刘毅 钟丹丹 郭翔 张继灵

海峡出版发行集团 | 海峡书局
THE STRAITS PUBLISHING & DISHLISHING GROUP

礁石潮间带地形复杂、环境多变、生物多样。礁石的间隙、碎石的底部，是许多潮间带小生灵们的藏身之所，在不同的季节还能观察到不一样的生物类群。

高潮区以及更高的浪花飞溅区是滨螺们的乐土，它们是一种极度特化的海贝，不仅能直面烈日的暴晒，甚至还能忍耐数十天完全没有水的生活，这种更加接近陆贝的生活习性，让滨螺们在远离海水的高潮区"如鱼得水"。

在滨螺们的周围，还生活着一群移动速度与它们有着巨大反差的动物——海蟑螂。海蟑螂和我们常见的蟑螂虽然名字上很接近，但二者从分类学上说其实差得远。海蟑螂极其胆小，能在你看到它的数秒内迅速躲藏至礁石的另一面。

更低一点的礁石上，生活着密密麻麻的藤壶。这些形似小火山、固着在岩石上"动弹不得"的动物，却是海蟑螂和螃蟹们的远亲，它们在潮水拍打过来的时候会伸出蔓足抓取食物。

条纹隔贻贝、青蚶、覆瓦小蛇螺、鸟爪拟帽贝、渔舟蜑螺、日本花棘石鳖等软体动物也是礁石潮间带中比较容易发现的生物，它们有的固着在礁石上或礁石的缝隙中，有的长时间吸附在礁石上，让我们有充裕的时间慢慢观察。

春暖花开的时节，马尾藻、石莼等藻类在礁石潮间带上大爆发，带来了一场热闹的嘉年华。五彩斑斓的海蛞蝓们在潮间带中称得上是最亮眼的明星，这些软乎乎的家伙暴露在水面上时一般难以观察到它的全貌，但是在潮池中就能完整地展现它们的高颜值。

与此同时，各种海葵也像花儿一样在潮池中争奇斗艳，纵条矶海葵、亚洲侧花海葵、等指海葵……但海葵通过释放刺丝囊蜇伤敌人来保护自己，我们最好不要随意触摸。

有一类软体动物个头虽小，却专门以"凶猛"的海葵为食，它们就是梯螺。梯螺的壳构造特别精巧，如同一个精心打造的艺术品，在历史上也曾是收藏界的明珠。它们在春季繁殖，大量出现在潮间带的海葵周围。在春天一定不要错过观察这一类潮间带小精灵的机会，要想观察梯螺，有一个捷径是在海葵周围仔细寻找。往往在不同种类的海葵身边，就能找到不同的梯螺，比如高潮带的纵条矶海葵附近可以寻找稻泽亚历山大梯螺的踪迹。

礁石潮间带同时也是寻找螃蟹们的好去处。翻开石头，经常会有钝齿蟳、锐齿蟳、善泳蟳、日本蟳等梭子蟹科的物种张牙舞爪地向你示威，一旦找到机会就逃之夭夭。而细纹爱洁蟹、菜花银杏蟹、厦门近爱洁蟹、雷氏鳞斑蟹等扇蟹科的物种，虽然动作迟钝，移动缓慢，但可不是好惹的，因为它们很可能具有毒性。与此同时，有些只有六条步足的"螃蟹"也混迹于礁石之中，虽然看起来与螃蟹非常相似，但却不是"掉了两条腿"的螃蟹，它们有着自己的名字——瓷蟹。礁石缝中常见的鳞鸭岩瓷蟹、红褐岩瓷蟹、拉氏岩瓷蟹、日本岩瓷蟹等都是身手矫健而又极其胆小的小动物，一旦被敌人捉住，它们的大螯或步足会迅速脱落，采取"金蝉脱壳"的计策逃离现场。我们在潮间带观察时可要注意保护它们，千万不要被"碰瓷"哦。

五彩缤纷的珊瑚们一定是潮间带不可或缺的景致。像枝条一样的桂山希氏柳珊瑚、细鞭柳珊瑚、滑鞭柳珊瑚等摩肩接踵地立在礁石上，宛若一片海上牧场；而点缀在礁石间的多棘软珊瑚、圆筒星珊瑚则如同一朵朵绽开的花儿，共同展现出一幅美丽的画卷。在这些软珊瑚上仔细寻找，还有可能找到另一类迷人的小精灵，它们的名字叫梭螺。梭螺不仅有着美丽的贝壳，更有着令人惊艳的软体，它们的外套膜上有着斑斑点点的花纹，能够完全包覆贝壳，与软珊瑚融为一体。桂山希氏柳珊瑚上有武装尖梭螺和玫瑰履螺的踪迹；而豹纹凹梭螺则喜欢寄生于橙色的滑鞭柳珊瑚；最容易被发现的是短喙骗梭螺，花哨的外套膜让它在柳珊瑚上是那么的格格不入；还有小菅得米梭螺和昆士兰尖梭螺，前者的外套膜能绝妙地模仿多棘软珊瑚的水螅体，后者的贝壳和软体部分与其寄生的细鞭柳珊瑚简直是毫无色差。

礁石潮间带低潮区是各种鱼虾的乐土。褐菖鲉、云斑海猪鱼、黑斑活额虾、红条鞭腕虾等物种在这里十分活跃，不过它们的警惕程度非常高，随时会以迅雷不及掩耳之势从你的面前逃走，所以对它们的观察需要有点耐心和运气。

柑橘荔枝海绵

Tethya aurantium (Pallas, 1766)

- 多孔动物门 / Porifera
- 寻常海绵纲 / Demospongiae
- 荔枝海绵科 / Tethyidae

- 识别特征：潮间带常见的一种小型海绵，直径30～40mm。球形的表面布满尖锐突起的骨针，外形看起来十分像荔枝。它通常呈橘色，也有红色、黄色或白色。体表常分布多个出水孔。

- 习性：栖息于潮间带低潮区的礁石背阴处。繁殖季节体表常生有从母体上分裂出的无性生殖芽。

面包软海绵

Halichondria (*Halichondria*) *panicea* (Pallas, 1766)

- 多孔动物门 / Porifera
- 寻常海绵纲 / Demospongiae
- 软海绵科 / Halichondriidae

- 识别特征：形态变化大，体壁犹如质地松软的面包屑。当完全暴露在海浪冲击环境中时，会长成一片扁平的"地毯"，形似火山眼的出水孔变得十分低矮。在轻柔的水域中，海绵体往往会一簇簇高高立起，出水孔变得非常大且长。通常呈橙色或浅黄色，但若暴露在强光环境中，会因共生藻类而呈现深灰绿色。

- 习性：栖息于潮间带低潮区的礁石上。

登哈托格原皮海绵
Protosuberites denhartogi van Soest & de Kluijver, 2003

- 多孔动物门 / Porifera
- 寻常海绵纲 / Demospongiae
- 皮海绵科 / Suberitidae

- 识别特征：具有黄色或橘色的外表，很薄，看上去像一层绒毛。通常严严实实地包裹着藤壶，像是给藤壶套了件绒毛外衣。

- 习性：栖息于潮间带中、低潮区的礁石上，或见于巨石底部。

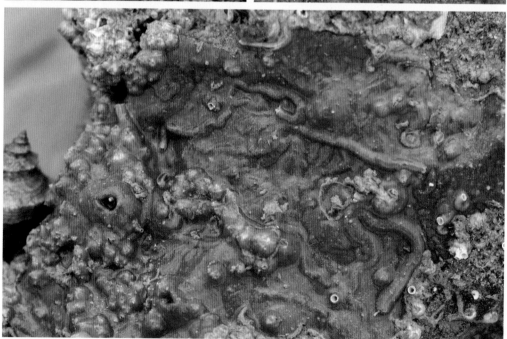

澳洲砂皮海绵

Chondrilla australiensis Carter, 1873

- 多孔动物门 / Porifera
- 寻常海绵纲 / Demospongiae
- 砂皮海绵科 / Chondrillidae

- 别名：融化巧克力海绵。

- 识别特征：大面积覆盖在礁石上，表面闪亮且光滑，从棕色到赭色不等，从侧面看又可以是奶油色，样子真像是融化了的巧克力。

- 习性：栖息于潮间带中、低潮区的礁石上。

等格蜂海绵

Haliclona (*Reniera*) *cinerea* (Grant, 1826)

- 多孔动物门 / Porifera
- 寻常海绵纲 / Demospongiae
- 指海绵科 / Chalinidae

- 识别特征：颜色呈浅灰色至深紫色，整体颜色均匀。形状因生长环境而异，从薄的结壳斑块到光滑的圆形裂片，再到高大的烟囱状，各种形状均可见。体壁呈现松散的编织外观，非常柔软且富有弹性。最独特的是撕裂时会出现黏液纤维。

- 习性：栖息于潮间带低潮区的礁石上。

蜂海绵属一种

Haliclona sp.

- 多孔动物门 / Porifera
- 寻常海绵纲 / Demospongiae
- 指海绵科 / Chalinidae

· 识别特征：形状像低矮的灌木丛，呈灰绿色。体壁呈现松散的编织外观，出水孔在枝干顶端，朝上张开。

· 习性：栖息于潮间带低潮区的礁石上。

蜂海绵属一种

Haliclona sp.

- 多孔动物门 / Porifera
- 寻常海绵纲 / Demospongiae
- 指海绵科 / Chalinidae

- 识别特征：优雅而柔软的分枝海绵，立于礁石之上。颜色呈黄棕色或玫瑰色。高度可达30cm。枝干或扁平，或呈叶片状。表面呈天鹅绒般的质感。出水孔不大，不规则地排列于枝干周缘。

- 习性：栖息于潮间带低潮区的礁石上。

弯曲管指海绵

Amphimedon flexa (Pulitzer-Finali, 1982)

- 多孔动物门 / Porifera
- 寻常海绵纲 / Demospongiae
- 似雪海绵科 / Niphatidae

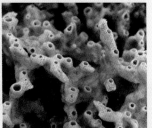

· 识别特征：分枝茂密，常互相缠绕成一团，或者在礁石开枝散叶般扩散式生长。出水孔很明显，圆而密集，沿着分枝呈链条式排列。体壁呈松散的编织外观。通常呈浅棕黄色。

· 习性：栖息于潮间带低潮区的礁石上。

角骨海绵属一种

Spongia sp.

- 多孔动物门 / Porifera
- 寻常海绵纲 / Demospongiae
- 角骨海绵科 / Spongiidae

- 识别特征：通体黑色，浑身布满疙瘩，像一根根脆皮巧克力棒。

- 习性：栖息于潮间带低潮区的礁石上。

黄外肋水母

Ectopleura crocca (Agassiz, 1862)

- 刺胞动物门 / Cnidaria
- 水螅纲 / Hydrozoa
- 筒螅水母科 / Tubulariidae

- 别名：中胚花筒螅。

- 识别特征：优雅而美丽，像一簇盛开的淡粉色花朵，串珠般的生殖体有如精致的花蕊，穗边般的触手则构成了飘逸的"花瓣"，如梦似幻地在细长的螅茎上摇摆。

- 习性：栖息于潮间带低潮区至潮下带的礁岩底，常附生于柳珊瑚上。

双列笔螅水母

Pennaria disticha Goldfuss, 1820

- 刺胞动物门 / Cnidaria
- 水螅纲 / Hydrozoa
- 海笔螅水母科 / Pennariidae

- 识别特征：像丛生的蕨类植物，具深棕色至黑色的螅茎，分枝稀疏。每一分枝上都挂着小灯笼般的粉色水螅体。

- 习性：栖息于潮间带低潮区至潮下带的礁岩底，常附生于绳索、渔网等物体上。

- 友情提示：触碰有中毒风险。

佳大喙螅

Macrorhynchia whiteleggei (Bale, 1888)

- 刺胞动物门 / Cnidaria
- 水螅纲 / Hydrozoa
- 美羽螅科 / Aglaopheniidae

- 别名：佳美羽螅、白羽俏水螅。

- 识别特征：丛生于有柳珊瑚的礁岩环境，像蕨类植物般繁茂生长。白色的螅枝轻盈如羽毛，螅茎呈褐色或暗褐色，看上去十分柔软，优雅地卷曲。有时候还能看到黄色的生殖鞘，像植物的果实遍布于守护枝上。

- 习性：栖息于潮间带低潮区至潮下带的礁石下或缝隙中。

- 友情提示：触碰有中毒风险。

411

黑荚果螅

Lytocarpia nigra (Nutting, 1906)

- 刺胞动物门 / Cnidaria
- 水螅纲 / Hydrozoa
- 美羽螅科 / Aglaopheniidae

- 识别特征：像黑色的羽毛，丛生于礁石区，螅枝细密，螅茎呈黑色或墨绿色。分枝末端优雅地卷曲。

- 习性：栖息于潮间带低潮区至潮下带的礁石下、缝隙中或柳珊瑚上。

- 友情提示：触碰有中毒风险。

细小多管水母

Aequorea parva Browne, 1905

- 刺胞动物门 / Cnidaria
- 水螅纲 / Hydrozoa
- 多管水母科 / Aequoreidae

- 识别特征：体呈钟形，薄而透明，伞边缘分布着细线般的触手，收缩时呈波浪状。看起来像透明的果冻。

- 习性：栖息于潮间带低潮区至浅海。春夏季常在沿岸活动，捕食浮游生物。

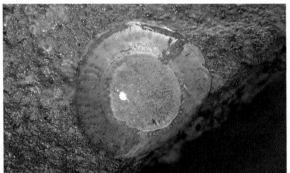

桂山希氏柳珊瑚

Hicksonella guishanensis Zou & Chen, 1984

- 刺胞动物门 / Cnidaria
- 珊瑚虫纲 / Anthozoa
- 柳珊瑚科 / Gorgoniidae

- 识别特征：珊瑚体由疏松的细长分枝组成，生活群体为白色。珊瑚虫具8个小触手。骨片白色，形态多样，短而小。

- 习性：分布于潮间带低潮区至潮下带的海浪冲刷处，固着于岩石、砾石或贝壳等物体上。

细鞭柳珊瑚

Ellisella gracilis (Wright & Studer, 1889)

- 刺胞动物门 / Cnidaria
- 珊瑚虫纲 / Anthozoa
- 鞭柳珊瑚科 / Ellisellidae

- 识别特征：珊瑚体呈树丛形。分枝较多且细长，通常为二歧分枝。生活群体呈紫红色至紫色。

- 习性：分布于潮间带低潮线附近至潮下带水流较强的礁石或砾石上。

滑鞭柳珊瑚

Ellisella laevis (Verrill, 1865)

- 刺胞动物门 / Cnidaria
- 珊瑚虫纲 / Anthozoa
- 鞭柳珊瑚科 / Ellisellidae

- 识别特征：珊瑚体呈稀疏扇形。分枝少，通常只有3~5根一级分枝，细长而光滑。生活群体呈白色、黄色或橙色。

- 习性：分布于潮间带低潮线附近至潮下带水流较强的礁石或砾石上。

直立真丛柳珊瑚

Euplexaura erecta Kükenthal, 1908

- 刺胞动物门 / Cnidaria
- 珊瑚虫纲 / Anthozoa
- 丛柳珊瑚科 / Plexauridae

- 别名：直立真纲柳珊瑚。

- 识别特征：珊瑚体呈扇形或树丛形。分枝依序由主干分出，交点近直角，但随机弯曲，与原主枝平行并向上延伸。分枝近圆形，近末端稍膨大，呈圆弧状。生活群体常呈鲜红色或紫色。

- 习性：分布于潮间带低潮线附近至潮下带的珊瑚礁区、软珊瑚缝隙、礁石或砾石上。

紧绒柳珊瑚

Villogorgia compressa Hiles, 1899

- 刺胞动物门 / Cnidaria
- 珊瑚虫纲 / Anthozoa
- 丛柳珊瑚科 / Plexauridae

- 识别特征：珊瑚体呈扇形或树丛形。分枝多而紧凑，表面具明显的密密麻麻的孔洞，稍凸起。生活群体呈橙黄色或黄白色，表面似绒质。

- 习性：分布于潮间带低潮线附近至潮下带水流较强的礁石或砾石上。

美丽扇柳珊瑚

Melithaea formosa (Nutting, 1911)

- 刺胞动物门 / Cnidaria
- 珊瑚虫纲 / Anthozoa
- 扇柳珊瑚科 / Melithaeidae

- 别名：美丽柏柳珊瑚、美丽红扇珊瑚。

- 识别特征：珊瑚体为低矮的分枝形，通常由数个扇形平面构成，高度通常在20cm以内。分枝为二叉分生，且大致分布在同一平面上，分枝的节间基本等长。分枝相当柔软，表面具纵向排列的呈小念珠状的珊瑚虫萼部锥形突起。生活群体呈红色或橙红色，珊瑚虫萼部呈黄色。

- 习性：分布于潮间带低潮线附近至水深约25m的礁石边缘。

网状软柳珊瑚

Annella reticulata (Ellis & Solander, 1786)

- 刺胞动物门 / Cnidaria
- 珊瑚虫纲 / Anthozoa
- 软柳珊瑚科 / Subergorgiidae

- 识别特征：珊瑚群体呈扇形，分枝在同一平面上，相连成网状。中轴具有光滑、分枝相连成网状的骨针。萼鞘稍低，当珊瑚虫缩回时，其共肉组织表面呈点状或圆顶状。生活群体呈黄色或橙黄色。

- 习性：分布于潮间带低潮线附近至潮下带水流较强的礁石或砾石上。

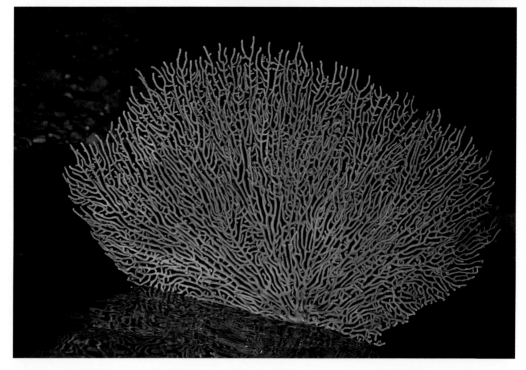

巨大多棘软珊瑚

Dendronephthya gigantea (Verrill, 1864)

- 刺胞动物门 / Cnidaria
- 珊瑚虫纲 / Anthozoa
- 棘软珊瑚科 / Nephtheidae

- 别名：大棘穗软珊瑚。

- 识别特征：珊瑚体呈团集形，柱部短，从主干分出许多分枝，基部分枝略呈叶状，分枝末端呈圆形，由成簇的珊瑚虫构成，几乎完全覆盖群体表面。生活群体颜色多变，珊瑚虫及分枝通常为红色或橙红色，有些为橙黄色或黄色，柱部为黄色、橙色或红色。

- 习性：分布于潮间带低潮线附近至潮下带的礁石侧面或斜坡上。

尖刺多棘软珊瑚

Dendronephthya mucronata (Pütter, 1900)

- 刺胞动物门 / Cnidaria
- 珊瑚虫纲 / Anthozoa
- 棘软珊瑚科 / Nephtheidae

- 别名：尖刺棘穗软珊瑚。

- 识别特征：珊瑚体呈厚实的团集形，稍侧扁，柱部粗短，分出2~4枝主干，再分出数个短的小分枝，近基部的分枝呈叶状，分枝顶端有成簇分布的珊瑚虫。生活群体多呈白色、淡红色或红色，高度可达50cm。

- 习性：分布于潮间带低潮线附近至潮下带的礁石侧面或斜坡上。

柯氏多棘软珊瑚

Dendronephthya koellikeri Kükenthal, 1905

- 刺胞动物门 / Cnidaria
- 珊瑚虫纲 / Anthozoa
- 棘软珊瑚科 / Nephtheidae

- 别名：柯氏棘穗软珊瑚。

- 识别特征：珊瑚体呈厚实的团集形，柱部短而宽，分枝从主干表面密集长出，几乎完全覆盖主干，珊瑚虫成簇密集分布于分枝顶端，外观呈圆弧形。生活群体颜色多变，通常呈黄色、乳白色、粉红色或红色，高度可达50cm。

- 习性：分布于潮间带低潮线附近至浅海的礁石侧面或斜坡上。

苍白多棘软珊瑚

Dendronephthya pallida Henderson, 1909

- 刺胞动物门 / Cnidaria
- 珊瑚虫纲 / Anthozoa
- 棘软珊瑚科 / Nephtheidae

- 别名：苍白棘穗软珊瑚。

- 识别特征：珊瑚体呈西兰花形，柱部短，外观相当密实，表面粗糙颗粒状，并呈现一些沟和脊，末端分枝多而密集，且长度大致相等，群体外观呈弧形。珊瑚虫为淡黄色，分枝和主干为白色或淡黄色。

- 习性：分布于潮间带低潮线附近至潮下带的礁石侧面或斜坡上。

红多棘软珊瑚

Dendronephthya rubra (May, 1899)

- 刺胞动物门 / Cnidaria
- 珊瑚虫纲 / Anthozoa
- 棘软珊瑚科 / Nephtheidae

- 别名：红棘穗软珊瑚、红色编笠软珊瑚。

- 识别特征：珊瑚体呈西兰花形，主干短，分枝多为两叉，珊瑚虫成丛分布于分枝外围，群体外观稍扁平。珊瑚虫为白色，其他部位皆为红色，形成鲜明对比。

- 习性：分布于潮间带低潮线附近至潮下带的礁石侧面或斜坡上。

窦氏管软珊瑚

Siphonogorgia dofleini Kükenthal, 1906

- 刺胞动物门 / Cnidaria
- 珊瑚虫纲 / Anthozoa
- 巢软珊瑚科 / Nidaliidae

- 别名：紫红管柳珊瑚。

- 识别特征：珊瑚体为分枝形，呈小灌丛状，末端多分枝，主干和分枝相当坚硬，表面具厚的纺锤形骨针，共肉组织内部由中空管道构成，无中轴骨骼。生活群体通常呈紫红色。

- 习性：分布于潮间带低潮线附近至潮下带，通常生长于水质较清澈的礁石壁或洞穴开口附近。

灿烂管软珊瑚

Siphonogorgia splendens Kükenthal, 1906

- 刺胞动物门 / Cnidaria
- 珊瑚虫纲 / Anthozoa
- 巢软珊瑚科 / Nidaliidae

- 别名：灿烂管柳珊瑚。

- 识别特征：珊瑚体为分枝形，呈小灌丛状，主干较大且光滑，主干与分枝相当坚硬，分枝多在末端，表面具厚的纺锤形骨针，共肉组织内部由中空管道构成，无中轴骨骼。生活群体多为淡黄色，珊瑚虫萼部和冠部为橙红色。

- 习性：分布于潮间带低潮线附近至潮下带，通常生长于水质较清澈的礁石壁或洞穴开口附近。

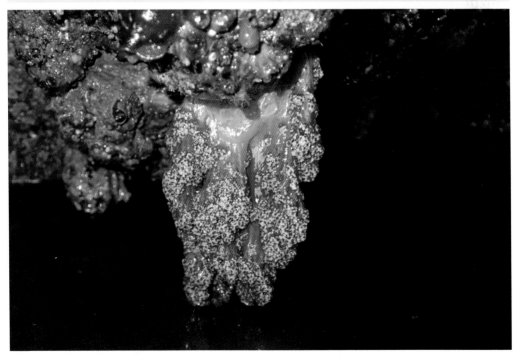

可变管软珊瑚

Siphonogorgia variabilis (Hickson, 1903)

- 刺胞动物门 / Cnidaria
- 珊瑚虫纲 / Anthozoa
- 巢软珊瑚科 / Nidaliidae

- 别名：变异管柳珊瑚。

- 识别特征：珊瑚体为分枝形，呈小灌丛状，末端多分枝，主干和分枝相当坚硬，表面具厚的纺锤形骨针，共肉组织内部由中空管道构成，无中轴骨骼。生活群体颜色多变，黄橙色和橙红色较常见。

- 习性：分布于潮间带低潮线附近至潮下带，通常生长于水质较清澈的礁石壁或洞穴开口附近。

太平洋侧花海葵

Anthopleura nigrescens (Verrill, 1928)

- 刺胞动物门 / Cnidaria
- 珊瑚虫纲 / Anthozoa
- 海葵科 / Actiniidae

- 识别特征：体呈圆筒形。柱体高10～30mm，基部直径12～25mm。柱体呈浅绿色，纵列布满规则的疣突，通过疣突黏附外来颗粒。口盘宽阔，呈淡红色或锈色，有白色和浅褐色相间的放射图纹。触手较粗，泛蓝紫色。

- 习性：栖息于潮间带中潮区的礁石上或石缝中。

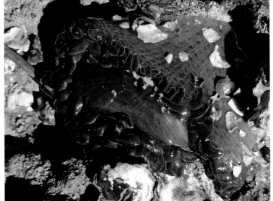

亚洲侧花海葵

Anthopleura asiatica Uchida & Muramatsu, 1958

- 刺胞动物门 / Cnidaria
- 珊瑚虫纲 / Anthozoa
- 海葵科 / Actiniidae

- 识别特征：体高10～15mm，直径8～10mm。基部呈圆形，浅褐色，足盘周围有红褐色线。柱体呈圆筒形，壁上有约48条由红色小点组成的纵列。触手纤细，呈灰褐色，触手向口面上无斑点，颜色均匀。口盘宽阔，呈圆形，灰褐色。

- 习性：群息于潮间带中、高潮区的礁岩水坑中，营固着生活。

日本侧花海葵

Anthopleura japonica Verrill, 1899

- 刺胞动物门 / Cnidaria
- 珊瑚虫纲 / Anthozoa
- 海葵科 / Actiniidae

- 识别特征：体高 40~70mm，直径 40~60mm。体呈圆筒形，浅黄褐色至褐色，体壁上的疣突排列规则，疣突颜色较体色浅。触手纤细，呈浅褐色、深褐色或红褐色，口盘和触手通常具有白色斑点。

- 习性：群息于潮间带中、高潮区的岩石上或石缝间。

汉氏侧花海葵

Anthopleura handi Dunn, 1978

- 刺胞动物门 / Cnidaria
- 珊瑚虫纲 / Anthozoa
- 海葵科 / Actiniidae

- 识别特征：体呈圆柱形。柱体高度和直径均约10mm。基部发达，具肌肉。柱体呈灰色，上部疣突大而明显，边缘球近白色。触手细长，半透明，具纵向黑线，散布白色斑点，部分个体触手基本呈红色。口盘圆形，口黄色，口周有1圈黑白相间的放射纹。

- 习性：栖息于潮间带中、高潮区的礁石上或石缝中，是少数几种不具虫黄藻的侧花海葵之一。

叉侧花海葵

Anthopleura dixoniana (Haddon & Shackleton, 1893)

- 刺胞动物门 / Cnidaria
- 珊瑚虫纲 / Anthozoa
- 海葵科 / Actiniidae

· 识别特征：体型较小，柱体分布疣突。触手透明，呈黄褐色，短而细，分布白色斑点和横纹。口盘略呈黑褐色，且具黄褐色放射纹。

· 习性：栖息于潮间带中潮区的礁石上或石缝中，喜群居。

等指海葵

Actinia equina (Linnaeus, 1758)

- 刺胞动物门 / Cnidaria
- 珊瑚虫纲 / Anthozoa
- 海葵科 / Actiniidae

- 识别特征：体型较小，柱体短而宽，高与宽几乎相等，体壁上有结节。最明显的特征是全身鲜红色至深红色。口盘圆形，呈淡紫色、红色或红褐色，间杂有浅灰色斑点，口周为奶油色，围口区以外为浅红色环。触手中等长度，颜色呈粉红色至暗红色。

- 习性：栖息于潮间带中、低潮区的岩石缝隙、大石块表面或底部，所附着的岩石颜色多为与之相近的红褐色。

洞球海葵

Spheractis cheungae England, 1992

- 刺胞动物门 / Cnidaria
- 珊瑚虫纲 / Anthozoa
- 海葵科 / Actiniidae

- 别名：石小海葵、鬼眼海葵、斑节海葵。

- 识别特征：柱体近圆柱形，从边缘到下部紧密覆盖大而圆的囊泡，无边缘球。口盘圆形，分布墨绿色和白色相间的辐射纹，口呈红褐色，隆起于口盘中央。触手光滑，底色为红色，遍布白色斑纹。

- 习性：栖息于潮间带中、低潮区的礁石底。常在积水的潮池里群居。

美丽固边海葵

Exaiptasia cf. *diaphana* (Rapp, 1829)

- 刺胞动物门 / Cnidaria
- 珊瑚虫纲 / Anthozoa
- 固边海葵科 / Aiptasiidae

- 识别特征：柱体细长、光滑，半透明，呈浅棕色，分布纵向白色细纹，上部深棕色，散布黄色斑点，斑点数量因个体而异。口盘深棕色，散布白斑，口呈灰白色。触手长而纤细，呈浅棕色，半透明，上有白色斑点。

- 习性：栖息于潮间带中潮区的礁石底或石缝中，喜群居。

纵条矶海葵

Diadumenc lineata (Verrill, 1869)

- 刺胞动物门 / Cnidaria
- 珊瑚虫纲 / Anthozoa
- 矶海葵科 / Diadumenidae

· 别名：纵条全丛海葵、石奶、西瓜海葵、金钱海葵。

· 识别特征：体型小，柱体光滑，半透明，规则分布颜色不一（橄榄绿、橙色、黄色）的纵向条纹。触手呈奶油黄色，展开似一朵菊花。

· 习性：栖息于潮间带中、高潮区的礁石上，有时也会附着在贝壳上。

线形海葵属一种

Nemanthus sp.

- 刺胞动物门 / Cnidaria
- 珊瑚虫纲 / Anthozoa
- 线形海葵科 / Nemanthidae

- 识别特征：体型小，柱体光滑，散布斑点，像披着一身豹纹装。具伪装色，颜色会根据附着物的颜色而变化：当附着在橙色的柳珊瑚上时，呈橙色；当附着在浅灰色的海绵上时，呈灰白色。触手白色，纤细。

- 习性：常附着于潮间带低潮区的柳珊瑚、蜂海绵等物体上，喜群居。

绒毡列指海葵

Stichodactyla tapetum (Hemprich & Ehrenberg in Ehrenberg, 1834)

- 刺胞动物门 / Cnidaria
- 珊瑚虫纲 / Anthozoa
- 列指海葵科 / Stichodactylidae

- 别名：绒毡大海葵。

- 识别特征：体扁平，柱体光滑，口盘不分
叶，口延长。足盘发达，直径30~40mm，
柱体高约20mm，口盘直径30~55mm。触手
短小，不到1mm，排列紧密，簇拥在一起似
玉米上的颗粒。柱体红色，触手绿色。

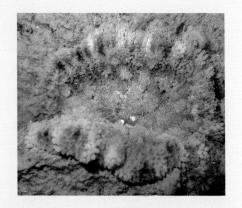

- 习性：常附着于潮间带低潮区至潮下带的
礁石或珊瑚礁底。用发达的足盘固着于礁
石或珊瑚礁上。

南湾雪花珊瑚
Carijoa nanwanensis Dai & Chin, 2019

- 刺胞动物门 / Cnidaria
- 珊瑚虫纲 / Anthozoa
- 羽珊瑚科 / Clavulariidae

- 识别特征：珊瑚体呈分枝状，主分枝单轴型，于侧边衍生珊瑚虫，通常不形成次生分枝，同一基底常有数个分枝聚集成丛。各分枝均为中空圆柱形。珊瑚虫白色，呈细管状，长2～3mm，触手白色，两侧具羽枝10～12对。生活时珊瑚体呈橙黄色至灰黄色。

- 习性：栖息于潮间带低潮区至潮下带的礁石底。

黑星珊瑚

Oulastrea crispata (Lamarck, 1816)

- 刺胞动物门 / Cnidaria
- 珊瑚虫纲 / Anthozoa
- 黑星珊瑚科 / Oulastreidae

- 识别特征：群体呈表覆形。珊瑚杯圆形或椭圆形，大小一致且排列紧密。隔片长短交错，具明显的篱片。生活时呈棕褐色至黑褐色，口盘绿色、灰绿色或灰蓝色，隔片顶端呈白色。

- 习性：栖息于潮间带低潮区至潮下带的礁石底。

佩罗同星珊瑚

Plesiastrea peroni Milne Edwards & Haime, 1857

- 刺胞动物门 / Cnidaria
- 珊瑚虫纲 / Anthozoa
- 同星珊瑚科 / Plesiastreidae

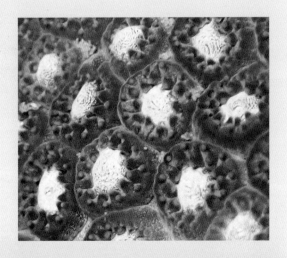

- 识别特征：群体呈浑圆团块状或扁平皮壳状。珊瑚杯圆形，亚多角形或融合形排列。围栅瓣发育良好。生活时呈棕色，口盘乳白色。

- 习性：栖息于潮间带低潮区至潮下带的礁石或珊瑚礁底。无性生殖方式为外触手芽。

盘星珊瑚属一种

Dipsastraea sp.

- 刺胞动物门 / Cnidaria
- 珊瑚虫纲 / Anthozoa
- 裸肋珊瑚科 / Merulinidae

- 识别特征：群体团块状、扁平状或圆顶半球状。珊瑚杯单口道中心，融合形排列，稍突出，珊瑚杯之间有沟槽，杯壁明显。生活时呈淡绿色。

- 习性：栖息于潮间带低潮区至潮下带的礁石或珊瑚礁底。无性生殖方式为外触手芽。

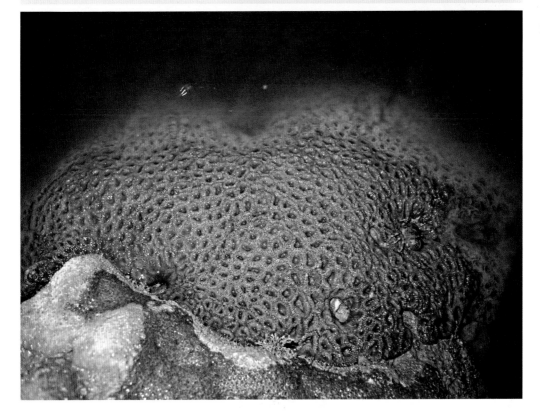

盾形陀螺珊瑚

Duncanopsammia peltata (Esper, 1790)

- 刺胞动物门 / Cnidaria
- 珊瑚虫纲 / Anthozoa
- 木珊瑚科 / Dendrophylliidae

- 识别特征：群体皮壳状至叶状，常呈盾牌形，基部通常具一附着柄。群体表面凹凸不平，边缘有皱褶。珊瑚杯圆形，直径3～5mm，仅分布于上表面。生活时呈灰褐色或棕色。

- 习性：栖息于潮间带低潮区至潮下带的礁石或珊瑚礁底。

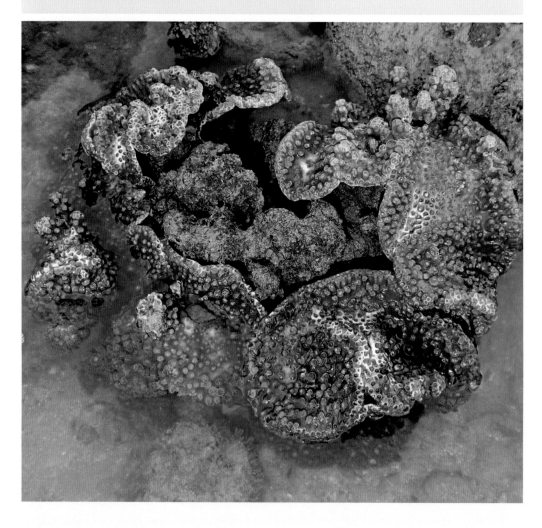

圆筒星珊瑚

Australopsammia cf. *aurea* (Quoy & Gaimard, 1833)

- 刺胞动物门 / Cnidaria
- 珊瑚虫纲 / Anthozoa
- 木珊瑚科 / Dendrophylliidae

- 别名：圆管星珊瑚、太阳花。

- 识别特征：群体呈表覆形或短树枝状。珊瑚体扁平，排列紧密，呈圆盘形，并突出呈管状。珊瑚杯呈椭圆形，直径8~10mm，体壁多孔。生活时呈金黄色至橙黄色。

- 习性：栖息于潮间带低潮区至潮下带的礁石底。

筒星珊瑚属一种

Tubastraea sp.

- 刺胞动物门 / Cnidaria
- 珊瑚虫纲 / Anthozoa
- 木珊瑚科 / Dendrophylliidae

- 识别特征：群体呈表覆形或短树枝状，珊瑚杯数量通常较少，呈椭圆形，直径6~8mm，体壁多孔。生活时呈金黄色。

- 习性：栖息于潮间带低潮区至潮下带的礁石底。

齿珊瑚属多种

Oulangia spp.

- 刺胞动物门 / Cnidaria
- 珊瑚虫纲 / Anthozoa
- 根珊瑚科 / Rhizangiidae

- 识别特征：珊瑚杯呈圆形或椭圆形，通常独立个体分布。隔片长短交错，具明显的篱片。生活时呈棕黑色至黑褐色，隔片白色。

- 习性：栖息于潮间带低潮区至潮下带的礁石底。基部常附着苔藓虫或钙质藻类。

东方伊涡虫

Imogine orientalis Bock, 1913

- 扁形动物门 / Platyhelminthes
- 有杆亚门 / Rhabditophora
- 柄涡科 / Stylochidae

- 别名：蚝蛭、东方食蚝扁虫、东方柄涡虫。

- 识别特征：体长约50mm。体呈椭圆叶片状，扁平，柔脆易破裂。具1对圆锥状触角，其上具20~25个小眼点。口位于体中央腹面。体背呈棕褐色，密布褐色斑点，腹面黄白色。

- 习性：栖息于潮间带中、低潮区的礁石区，是牡蛎的头号杀手。受惊扰时会匍行，并分泌许多黏液。

布氏球突涡虫

Thysanozoon brocchii (Risso, 1818)

- 扁形动物门 / Platyhelminthes
- 有杆亚门 / Rhabditophora
- 伪角科 / Pseudocerotidae

- 识别特征：体长约20mm。体背底色呈半透明的浅棕色，中央颜色略深，散布许多大小不一的深棕色球状疣突，少数疣突末端白色。拟触角耳状深棕色，末端白色。

- 习性：栖息于潮间带低潮区至潮下带的岩礁或珊瑚礁区，通常爬行，也擅于游泳。

球突涡虫属一种

Thysanozoon sp.

- 扁形动物门 / Platyhelminthes
- 有杆亚门 / Rhabditophora
- 伪角科 / Pseudocerotidae

- 识别特征：体长约20mm。颜色变化大，通常体背底色呈浅棕色，散布许多大小不一的深棕色锥状疣突。拟触角耳状，深棕色，末端白色。

- 习性：栖息于潮间带低潮区至潮下带的岩礁或珊瑚礁区，通常爬行，也擅于游泳。

网纹平角涡虫

Planocera reticulata (Stimpson, 1855)

- 扁形动物门 / Platyhelminthes
- 有杆亚门 / Rhabditophora
- 平角科 / Planoceridae

- **别名**：网平角涡虫、平角涡虫、网
纹平涡虫。

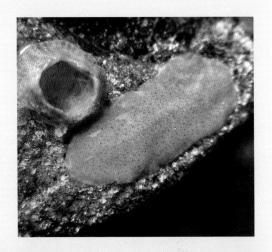

- **识别特征**：体长约25mm。体扁平，
呈卵圆形，前端宽，后端稍窄。体前
方具1对细圆锥形触角，不明显，其
基部两侧聚集很多眼点，还有脑眼点
2丛。体呈灰褐色，具许多深色的色
素颗粒，常结成网状，腹面颜色浅。

- **习性**：栖息于潮间带中、低潮区的
礁岩或砾石下。雌雄同体，异体受
精。再生能力强。

莫顿额孔纽虫

Prosadenoporus mortoni (Gibson, 1990)

- 纽形动物门 / Nemertea
- 针纽纲 / Hoplonemertea
- 笑纽科 / Prosorhochmidae

- 别名：莫顿潘纽虫、马顿氏潘丁纽虫。

- 识别特征：体长约100mm。体细长，呈圆柱状，略扁平。头端圆，略呈双叶状，吻孔位于前端。头部具2对眼点，1对横头沟和1对水平纵头沟。尾端钝圆。体背边缘区呈浅黄色，中央区呈蓝绿色，色素在背中线集中成1条深蓝绿色纵线，自前端延伸至尾端。

- 习性：栖息于潮间带中、低潮区的礁石缝隙或粗沙底质的石块下。

额孔纽虫属一种

Prosadenoporus sp.

- 纽形动物门 / Nemertea
- 针纽纲 / Hoplonemertea
- 笑纽科 / Prosorhochmidae

- 识别特征：体长约80mm。体细长，呈圆柱状。头端圆，略呈双叶状，吻孔位于前端，具眼点。尾端钝圆。体呈黄褐色，色素在背中线集中成1条深褐色的较粗的纵线，自前端延伸至尾端，有些地方稍模糊，纵线周围色素斑浅。

- 习性：栖息于潮间带中、低潮区的礁石缝隙或粗沙底质的石块下。

中国似纵沟纽虫

Quasilineus sinicus Gibson, 1990

- 纽形动物门 / Nemertea
- 帽幼纲 / Pilidiophora
- 纵沟科 / Lineidae

- 别名：中华平裂纽虫。

- 识别特征：体长约180mm。体呈圆柱形，略扁平。头端钝圆，两侧具1对水平头裂，尾端稍尖，无尾须。体背呈灰绿色或土黄色，具3条纵行黑褐色带，色带在头部由1条横带联结，但尾端不相连。头端背面黑色横带之前具2团橘黄色色斑。腹面灰白色。

- 习性：栖息于潮间带中、低潮区的石块下、多贝壳的砾石间、岩礁缝或泥沙质底。

短无沟纽虫

Baseodiscus curtus (Hubrecht, 1879)

- 纽形动物门 / Nemertea
- 帽幼纲 / Pilidiophora
- 壮体科 / Valenciniidae

- 别名：短无头沟纽虫。

- 识别特征：体长约200mm。体呈厚扁带状，头端圆，两侧具1对水平头裂，具1对眼点，尾端尖。体背基底色呈浅黄褐色，布满粗细不一的红褐色波纹状色带，边缘呈黄白色。腹面黄白色。

- 习性：栖息于潮间带中、低潮区的礁石或牡蛎礁间。

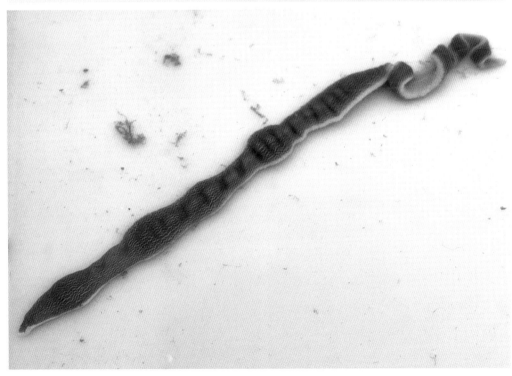

日本光缨虫

Sabellastarte japonica (Marenzeller, 1884)

- 环节动物门 / Annelida
- 多毛纲 / Polychaeta
- 缨鳃虫科 / Sabellidae

- 别名：印度光缨虫。

- 识别特征：体长约120mm，鳃冠长约10mm。体呈圆柱形，鳃冠漏斗状。鳃丝长约80mm，具黄色或紫褐色斑带。

- 习性：栖息于潮间带低潮区至潮下带的礁石区。生活在硬膜质虫管中，其上附有泥沙。

光缨虫属一种

Sabellastarte sp.

- 环节动物门 / Annelida
- 多毛纲 / Polychaeta
- 缨鳃虫科 / Sabellidae

- 识别特征：体长约80mm，鳃
冠长约10mm。体呈圆柱形，鳃
冠漏斗状。鳃丝长约50mm，呈
白色、黄色、橙色或浅棕色。

- 习性：栖息于潮间带低潮区
至潮下带的礁石区。生活在硬
膜质虫管中，其上附有泥沙。

斑鳍缨虫

Branchiomma cingulatum (Grube, 1870)

- 环节动物门 / Annelida
- 多毛纲 / Polychaeta
- 缨鳃虫科 / Sabellidae

- 识别特征：体长约60mm，鳃冠长约20mm。体呈圆柱形，尾部圆锥形，体表呈粉红色，具大小不规则的紫色和棕褐色色斑。鳃冠鳃叶背面愈合，排为2个半圆形，具22～38对鳃丝。鳃丝具8～10对等长的长须状外突起，其间具8～9对复眼，复眼附近常具宽窄不等的黄色色斑。

- 习性：栖息于潮间带中、低潮区至潮下带的礁石区或泥沙质底。生活在硬膜质虫管中，其上附有很多泥沙。

克氏旋鳃虫

Spirobranchus kraussii (Baird, 1864)

- 环节动物门 / Annelida
- 多毛纲 / Polychaeta
- 龙介虫科 / Serpulidae

- 识别特征：体长约10mm。鳃冠的鳃叶呈2个圆形，各具12~18根鳃丝，其上具蓝灰色相间的色斑。壳盖具扁圆形或稍凹的钙质板。虫管灰白色或浅蓝白色，管壁薄，具2条纵脊和很多细横纹。

- 习性：栖息于潮间带中、低潮区至潮下带，固着于石块、珊瑚、浮标等物体上，虫管常聚集成块。为污损生物群落中的主要成员之一。

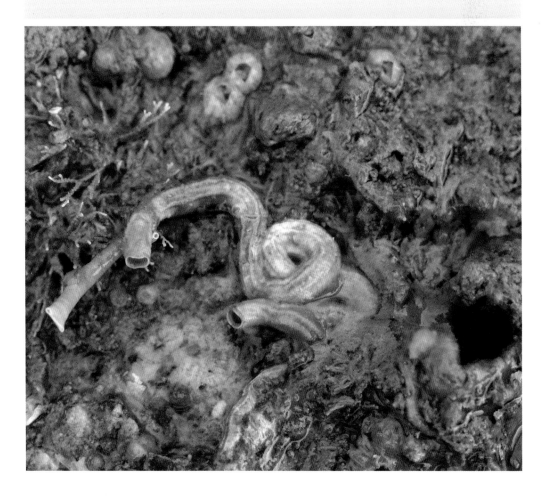

迪氏线管虫

Salmacina dysteri (Huxley, 1855)

- 环节动物门 / Annelida
- 多毛纲 / Polychaeta
- 龙介虫科 / Serpulidae

- 识别特征：体长约5mm。鳃冠两叶，各具4根放射状鳃丝。鳃丝末端皆膨大，似匙状或抹刀状。胸区具7~9个刚节，第1刚节具基部膨大的叶片状领刚毛和简单的刺毛状领刚毛。

- 习性：栖息于潮间带中、低潮区的礁石区或砾石区。生活在较硬的白色虫管中，虫管纤细且弯曲，无壳盖，常聚集成块。

华美盘管虫

Hydroides cf. *elegans* (Haswell, 1883)

- 环节动物门 / Annelida
- 多毛纲 / Polychaeta
- 龙介虫科 / Serpulidae

- 识别特征：体长约10mm。鳃冠无色斑，呈2个半圆形鳃叶，鳃叶上各具8～19根鳃丝，鳃丝白色间杂粉红色，非常漂亮。具壳盖。

- 习性：栖息于潮间带低潮区至潮下带的礁石区、砾石区、船底、死珊瑚礁或泥沙质底。生活在圆柱形的白色虫管中，管口近圆形。

覆瓦哈鳞虫

Harmothoe imbricata (Linnaeus, 1767)

- 环节动物门 / Annelida
- 多毛纲 / Polychaeta
- 多鳞虫科 / Polynoidae

- 识别特征：体长约35mm。口前叶哈鳞虫型。鳞片15对，呈肾形或椭圆形，具锥形结节和稀疏的缘穗，颜色依栖息环境的不同而有差异，多呈褐色或棕色。触手、触角、触须和背须均具稀疏排列的丝状乳突。背刚毛稍粗于腹刚毛，具侧锯齿。

- 习性：栖息于潮间带低潮区至潮下带的礁石区、砾石下、贝壳内或泥沙质底。

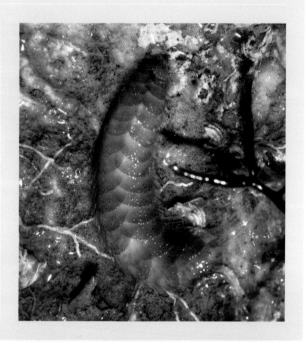

哈鳞虫属一种

Harmothoe sp.

- 环节动物门 / Annelida
- 多毛纲 / Polychaeta
- 多鳞虫科 / Polynoidae

- 识别特征：体长约 30mm。口前叶哈鳞虫型，具额角。鳞片15对，褐色或黑褐色，具近40个体节。背刚毛稍粗于腹刚毛，具侧锯齿。腹叶上方的腹刚毛双齿，下方的多单齿或无齿。

- 习性：栖息于潮间带低潮区至潮下带的礁石区或砾石下。

中华海结虫

Leocrates chinensis Kinberg, 1866

- 环节动物门 / Annelida
- 多毛纲 / Polychaeta
- 海女虫科 / Hesionidae

- 别名：海结虫。

- 识别特征：体长约40mm。体呈短圆柱状，后端圆锥形。体呈浅红褐色，具金属光泽，半透明。口前叶近四边形，具2对眼、1对触角、3个触手和8对触须。翻吻圆柱状，两侧各具1个球状乳突。毛状背刚毛双侧和单侧均具锯齿。

- 习性：栖息于潮间带中、低潮区至潮下带的礁石区、砾石下或泥沙质底。

欧努菲虫属一种

Onuphis sp.

- 环节动物门 / Annelida
- 多毛纲 / Polychaeta
- 欧努菲虫科 / Onuphidae

- 识别特征：头部具5个触手且基节明显长于口前叶，尤以内侧触手最长，后伸可达第7刚节，具16环轮。围口节具1对触须。前部疣足具长须状背须、腹须和1个尖叶状后刚叶。须状腹须位于第1~6刚节。鳃始于第1刚节至第30刚节，6个鳃丝呈梳状。

- 习性：栖息于潮间带中、低潮区礁石或石块下的沙质或泥沙质底。生活于埋在底质内或附着在石块下表面的栖管中，栖管表面附着细沙和其他碎屑。

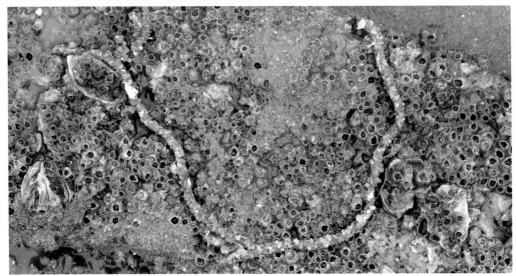

日本花棘石鳖

Liolophura japonica (Lischke, 1873)

- 软体动物门 / Mollusca
- 多板纲 / Polyplacophora
- 石鳖科 / Chitonidae

- 别名：大驼石鳖、驼背仔。

- 识别特征：体长约50mm。体呈长卵圆形，具8枚灰褐色壳板，表面具环状生长纹，并散布颗粒状小突起，但常被腐蚀或被其他物体覆盖。环带宽且肥厚，密布细小颗粒状的黑白相间的石灰质棘突。

- 习性：栖息于潮间带中、低潮区的礁石上或岩缝中。

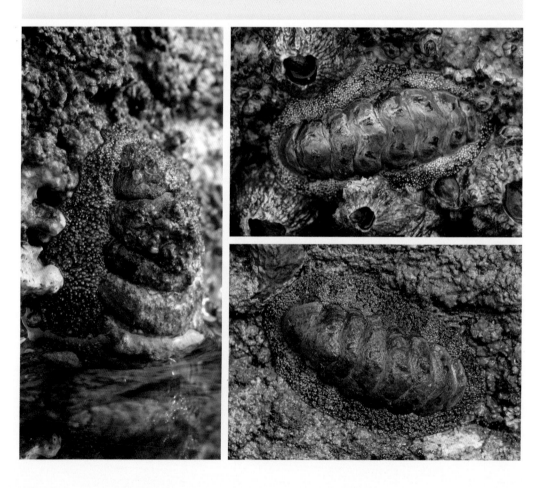

平濑锦石鳖

Onithochiton hirasei Pilsbry, 1901

- 软体动物门 / Mollusca
- 多板纲 / Polyplacophora
- 石鳖科 / Chitonidae

- 别名：锦石鳖。

- 识别特征：体长约40mm。体呈长卵圆形。体表土黄色至红褐色，布有褐色、紫褐色、灰色的斑纹。壳板8枚，表面具颗粒状刻纹和环形生长纹。环带扁而宽，边缘具一圈玫红色色带。

- 习性：栖息于潮间带中、低潮区附生钙藻的礁石上，体色与生境融为一体。

花斑锉石鳖

Ischnochiton comptus (A. Gould, 1859)

- 软体动物门 / Mollusca
- 多板纲 / Polyplacophora
- 锉石鳖科 / Ischnochitonidae

- 别名：薄石鳖。

- 识别特征：体长约20mm。
体呈长卵圆形。体表青灰色或
黄褐色。壳板8枚，其上具细
密刻纹。环带土黄色或黄褐
色，具规律间断的深褐色斑
纹，表面密布颗粒状棘突。

- 习性：栖息于潮间带低潮区
至潮下带的礁石底。

朝鲜鳞带石鳖

Lepidozona coreanica (Reeve, 1847)

- 软体动物门 / Mollusca
- 多板纲 / Polyplacophora
- 锉石鳖科 / Ischnochitonidae

- 别名：锉石鳖。

- 识别特征：体长约20mm。体呈长卵圆形，具8枚壳板，覆瓦状排列。壳板表面深褐色，具不规则斑点，头板密布带颗粒状突起的粗糙放射肋，其他壳板两侧具颗粒状放射肋，中间具规则排列的细纵肋。环带较窄，土黄色或黄褐色，间杂深褐色斑纹，表面密布小鳞片。

- 习性：栖息于潮间带低潮区的礁石间或石块下。

红条毛肤石鳖

Acanthochitona rubrolineata (Lischke, 1873)

- 软体动物门 / Mollusca
- 多板纲 / Polyplacophora
- 毛肤石鳖科 / Acanthochitonidae

- 识别特征：体长约30mm。体呈长卵圆形，具8枚壳板。壳板较小，表面暗绿色，间杂3条浅黄色纵带，具粒状突起和不规则雕刻。环带宽，深绿色，其上布有密集的颗粒状棘突和18簇毛状针束。

- 习性：常栖息于潮间带中、低潮区，吸附于附生牡蛎、藤壶的礁石缝隙中。

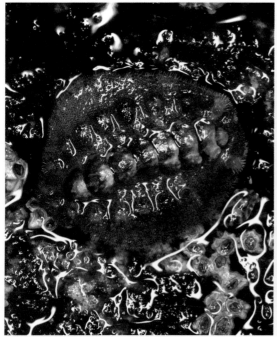

日本宽板石鳖

Placiphorella japonica (Dall, 1925)

- 软体动物门 / Mollusca
- 多板纲 / Polyplacophora
- 鬃毛石鳖科 / Mopaliidae

- 识别特征：体长约40mm。体呈长卵圆形，具8枚壳板。壳板宽短，具细密生长纹。体色因生境而有变化，背面常密生藻类等附着物，难以观察全貌。环带前部宽大，在取食时常呈抬起状态迎接潮水，下方淡黄色，具淡红色斑块，软体表面密布不规则棘刺。

- 习性：栖息于潮间带低潮区，吸附于藻类密布的礁石上，与周边环境融为一体。

嫁蝛

Cellana toreuma (Reeve, 1854)

- 软体动物门 / Mollusca
- 腹足纲 / Gastropoda
- 花帽贝科 / Nacellidae

- 别名：花笠螺、花吊篮螺。

- 识别特征：壳长约35mm。壳低平，呈卵圆形，形似斗笠。壳面黄褐色与青灰色相间，具细密放射肋。壳内面银灰色，具珍珠光泽，中间呈浅褐色，能透出壳面花纹。

- 习性：栖息于潮间带高潮区的礁石上。

星状帽贝

Scutellastra flexuosa (Quoy & Gaimard, 1834)

- 软体动物门 / Mollusca
- 腹足纲 / Gastropoda
- 帽贝科 / Patellidae

· 别名：星笠螺、齿状帽贝、曲星芒贝。

· 识别特征：壳长约40mm。壳扁平，呈放射状的多角星形。壳面黄褐色，间杂紫色斑纹。自壳顶向四周分布多条放射肋，放射肋在壳缘突出，形成凹凸不平的锯齿状。壳内面白色，具光泽。

· 习性：栖息于潮间带低潮区至潮下带的礁石上，常被附生物覆盖。

鸟爪拟帽贝

Patelloida saccharina (Linnaeus, 1758)

- 软体动物门 / Mollusca
- 腹足纲 / Gastropoda
- 笠贝科 / Lottiidae

- 别名：鸡爪拟帽贝、鹅足青螺。

- 识别特征：壳长约20mm。壳扁平，呈多边形。壳面呈黑褐色，具约7条呈爪状的灰白色粗壮放射肋，粗肋间有细肋，壳顶周围灰白色。壳内面中央呈黑褐色，其余颜色与壳面对应位置颜色一致。

- 习性：常成群栖息于潮间带高潮区的礁石上。

史氏背尖贝

Nipponacmea schrenckii (Lischke, 1868)

- 软体动物门 / Mollusca
- 腹足纲 / Gastropoda
- 笠贝科 / Lottiidae

- 别名：花青螺。

- 识别特征：壳长约25mm。壳低平，呈椭圆形，形似斗笠，具密集放射肋和环状生长纹，交错形成小颗粒状。壳面颜色以土黄色与深褐色为主，斑纹呈放射状，互相交错，最外圈颜色较深。壳内面蓝灰色，中央常具褐色不规则斑块，边缘颜色较深，形成环带。

- 习性：栖息于潮间带高潮区的礁石上。

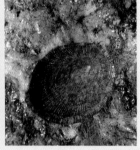

鼠眼孔蜮

Diodora mus (Reeve, 1850)

- 软体动物门 / Mollusca
- 腹足纲 / Gastropoda
- 钥孔蜮科 / Fissurellidae

- **别名**：鼠眼透孔螺、黑斑透孔螺。

- **识别特征**：壳长约15mm。壳长椭圆形，呈漏斗状，壳顶高，中央具1个小孔。壳面灰白色，具放射状黑褐色色带。壳表具细密放射肋，与同心生长纹形成网格状雕刻纹，壳内面白色。软体部分黄白色。

- **习性**：栖息于潮间带中、低潮区的礁石底或石缝间。

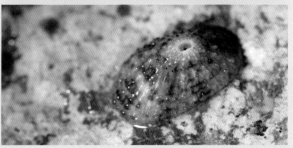

西宝孔蝛

Diodora sieboldii Reeve, 1850

- 软体动物门 / Mollusca
- 腹足纲 / Gastropoda
- 钥孔蝛科 / Fissurellidae

- 别名：西宝透孔螺、西宝裂螺。

- 识别特征：壳长约12mm。壳长椭圆形，呈漏斗状，壳顶与鼠眼孔蝛相比较为低平，中央具1个小孔。壳面褐色，具粗细相间的放射肋，以后部3条最粗，呈鸟爪状，粗肋间具网格状雕刻纹。壳内面白色。软体部分土黄色。

- 习性：栖息于潮间带中、低潮区的礁石底或石缝间。

中华楯蜮

Scutus sinensis (Blainville, 1825)

- 软体动物门 / Mollusca
- 腹足纲 / Gastropoda
- 钥孔蜮科 / Fissurellidae

- 别名：中华鸭嘴螺。

- 识别特征：壳长约35mm。壳扁平，呈长椭圆形，前端中间具1处凹陷。壳面白色，常因杂质附着而呈土黄色，具细密环状生长纹。壳内面白色。软体部分灰色，间杂黑色斑纹，半包覆于贝壳上。

- 习性：栖息于潮间带中、低潮区的礁石底或石缝间。

粗糙真蹄螺

Euchelus scaber (Linnaeus, 1758)

- 软体动物门 / Mollusca
- 腹足纲 / Gastropoda
- 唇齿螺科 / Chilodontaidae

- 别名：粗糙唇齿螺。

- 识别特征：壳长约20mm，壳呈半球形。壳面灰白色，散布黑褐色斑点。壳面粗糙，具数条粗细不一的横向肋，肋上密布弱鳞片状突起，各螺层间形成1条深沟。壳口近圆形，轴唇具一小齿，脐孔小而深。厣角质，黄褐色。

- 习性：栖息于潮间带中、低潮区的礁石底或其他贝壳上。

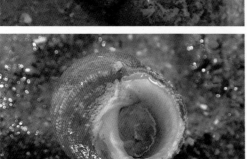

扭单齿螺

Monodonta perplexa Pilsbry, 1889

- 软体动物门 / Mollusca
- 腹足纲 / Gastropoda
- 马蹄螺科 / Trochidae

- 别名：扭钟螺。

- 识别特征：壳长约15mm。壳呈近卵圆形，缝合线浅。壳面黑色，较光滑，布有细螺肋，间杂灰绿色斑点。壳内面具珍珠光泽，轴唇具一齿，无脐孔。厣角质，圆形。

- 习性：栖息于潮间带高潮区的礁石底。

齿隐螺

Clanculus denticulatus (Gray, 1826)

- 软体动物门 / Mollusca
- 腹足纲 / Gastropoda
- 马蹄螺科 / Trochidae

· 识别特征：壳长约12mm。壳呈圆锥形，螺旋部低，缝合线明显。壳面黑色，具多条规则的横向螺肋，其上密布颗粒状突起。壳内面具珍珠光泽，脐孔深。厣角质，圆形。

· 习性：栖息于潮间带低潮区的礁石底。

镶珠隐螺

Clanculus margaritarius (Philippi, 1846)

- 软体动物门 / Mollusca
- 腹足纲 / Gastropoda
- 马蹄螺科 / Trochidae

- 识别特征：壳长约15mm。壳呈圆锥形，螺旋部高，缝合线浅。壳面褐色，具多条规则的横向螺肋，肋上密布颗粒状突起，间杂规律的黑色斑点。壳顶呈玫红色。壳内面白色，具珍珠光泽。外唇中部具一钝齿，轴唇具一齿，脐孔深。厣角质，圆形。

- 习性：栖息于潮间带低潮线附近至潮下带的礁石底。

单一丽口螺

Tristichotrochus unicus (Dunker, 1860)

- 软体动物门 / Mollusca
- 腹足纲 / Gastropoda
- 丽口螺科 / Calliostomatidae

- 别名：单一三线马蹄螺。

- 识别特征：壳长约20mm。壳呈圆锥形，缝合线较浅。壳面呈黄褐色，布有深褐色斑纹，具规则的细密横向螺肋。壳内面具珍珠光泽，无脐孔。厣角质，圆形。

- 习性：栖息于潮间带低潮区至潮下带大型礁石的侧方或下方。

希望丽口螺

Calliostoma spesa J.-L. Zhang, P. Wei & S.-P. Zhang, 2018

- 软体动物门 / Mollusca
- 腹足纲 / Gastropoda
- 丽口螺科 / Calliostomatidae

- 识别特征：壳长约8mm。壳呈圆锥形，螺旋部高，缝合线浅。壳面呈红褐色，布有深褐色斑纹，杂有金黄色和紫色色带，非常漂亮。壳面具规则的横向细密螺肋。壳内面具珍珠光泽，无脐孔。厣角质，圆形。

- 习性：栖息于潮间带低潮线附近至潮下带大型礁石的侧方或下方。

黑凹螺

Tegula nigerrima (Gmelin, 1791)

- 软体动物门 / Mollusca
- 腹足纲 / Gastropoda
- 扭柱螺科 / Tegulidae

- 别名：脐孔黑塔格螺、纽西兰黑钟螺。

- 识别特征：壳长约30mm。壳呈圆锥形，缝合线明显。壳面黑色，螺肋细密。壳内面灰白色，具珍珠光泽，轴唇具一小齿，脐孔深。厣角质，圆形。

- 习性：栖息于潮间带中、低潮区的礁石底。

锈凹螺

Tegula rustica (Gmelin, 1791)

- 软体动物门 / Mollusca
- 腹足纲 / Gastropoda
- 扭柱螺科 / Tegulidae

- 别名：粗瘤黑钟螺。

- 识别特征：壳长约30mm。壳呈圆锥形，缝合线明显。壳面灰褐色，具粗的斜行螺肋。壳内面白色，具珍珠光泽，轴唇具一小齿，脐孔深。厣角质，圆形。

- 习性：栖息于潮间带中、低潮区的礁石底。

银口凹螺

Tegula rugata (A. Gould, 1861)

- 软体动物门 / Mollusca
- 腹足纲 / Gastropoda
- 扭柱螺科 / Tegulidae

- 识别特征：壳长约50mm。壳呈低圆锥形，缝合线明显。壳面黑色，具明显的斜行粗螺肋。底部稍平，壳内面具珍珠光泽，轴唇具一小齿，脐部呈绿色，无脐孔。厣角质，圆形。

- 习性：栖息于潮间带低潮区至浅海的礁石底。

塔形扭柱螺

Tectus pyramis (Born, 1778)

- 软体动物门 / Mollusca
- 腹足纲 / Gastropoda
- 扭柱螺科 / Tegulidae

- 别名：塔形马蹄螺、白面螺。

- 识别特征：壳长约55mm。壳呈圆锥形，缝合线明显，缝合线上方具规则的粗疣状突起。壳面呈淡褐色，具淡紫色或绿色的斜向斑纹。底部平，呈白色，具细的同心螺纹。螺轴呈耳状，无脐孔。厣角质，圆形。

- 习性：栖息于潮间带低潮区至浅海的礁石或珊瑚礁底。

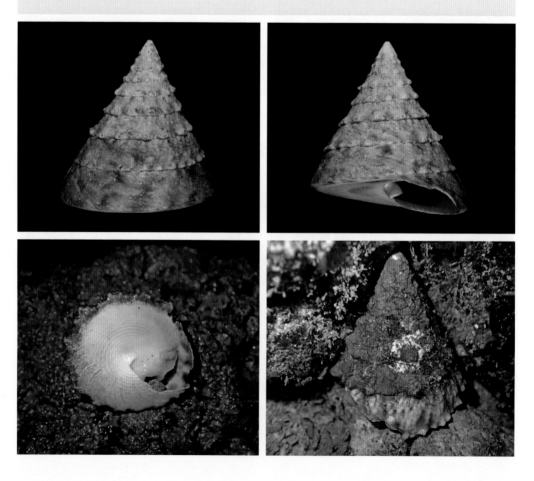

紫底星螺

Astralium haematragum (Menke, 1829)

- 软体动物门 / Mollusca
- 腹足纲 / Gastropoda
- 蝾螺科 / Turbinidae

- 别名：红底星螺。

- 识别特征：壳长约25mm。壳呈圆锥形，缝合线浅，近缝合线处具发达的角状突起。壳面灰白色，略带紫红色。壳内具珍珠光泽。底部平，呈紫红色，具小鳞片组成的同心肋。厣石灰质，常呈紫红色。

- 习性：栖息于潮间带低潮区至浅海附生钙藻的礁石间。

角蝾螺

Turbo cornutus Lightfoot, 1786

- 软体动物门 / Mollusca
- 腹足纲 / Gastropoda
- 蝾螺科 / Turbinidae

- 别名：中华蝾螺、火螺。

- 识别特征：壳长约70mm。壳呈圆锥形，大而厚重。螺塔中等，缝合线明显。壳面黑褐色，表面具多条规则的横向螺肋，螺肋上具鳞片状棘，不同个体的棘突差别较大。壳内具珍珠光泽。无脐孔，厣角质，圆形。

- 习性：栖息于潮间带低潮区至潮下带的礁石底。

渔舟蜑螺

Nerita albicilla Linnaeus, 1758

- 软体动物门 / Mollusca
- 腹足纲 / Gastropoda
- 蜑螺科 / Neritidae

- 别名：畚箕螺。

- 识别特征：壳长约25mm。壳呈半球形，螺旋部缩于体螺层后部。壳面灰白色与黑色相间，部分个体壳面带橙色，螺肋宽而低平。壳口白色，外唇具不明显的肋状齿，内唇具大小不等的颗粒状突起。厣石灰质，呈半圆形。

- 习性：常栖息于潮间带中、高潮区的礁石底或石缝中。

波部塔光螺

Apicalia habei Warén, 1981

- 软体动物门 / Mollusca
- 腹足纲 / Gastropoda
- 光螺科 / Eulimidae

- 别名：波部瓷螺。

- 识别特征：壳长约12mm。壳呈水滴形，各螺层较膨胀，缝合线明显。壳面光滑，呈白色。软体部分乳白色，外套膜边缘呈橙黄色。

- 习性：栖息于潮间带低潮区至潮下带的礁石底，寄生于尖棘筛海盘车的口面。

环纹细粒螺

Stosicia annulata (Dunker, 1860)

- 软体动物门 / Mollusca
- 腹足纲 / Gastropoda
- 集比螺科 / Zebinidae

- 识别特征：壳长约8mm。壳呈长锥形。壳面白色或黄白色，半透明。外被浅黄色或黄褐色壳皮。壳面自壳顶至壳口具规则突出的环形螺肋，肋间沟宽。壳口卵圆形。

- 习性：栖息于潮间带低潮线附近的礁石底。

短滨螺
Littorina brevicula (Philippi, 1844)

- 软体动物门 / Mollusca
- 腹足纲 / Gastropoda
- 滨螺科 / Littorinidae

- 别名：香波螺。

- 识别特征：壳长约10mm。壳呈近卵圆形，螺旋部高，缝合线浅。壳面深褐色至黄绿色。表面具粗细不均匀的横向螺肋。无脐孔。厣角质，圆形。

- 习性：常成群栖息于潮间带高潮区的礁石上。

小结节滨螺

Echinolittorina radiata (Souleyet, 1852)

- 软体动物门 / Mollusca
- 腹足纲 / Gastropoda
- 滨螺科 / Littorinidae

- 识别特征：壳长约13mm。壳呈近卵形。壳面青灰色或土黄色，布有粗细相间的横肋，其上具颗粒状雕刻纹。壳口卵圆形，壳内面褐色，具土黄色色带。无脐孔。厣角质。

- 习性：常成群栖息于潮间带高潮线附近的礁石上。

粒结节滨螺

Echinolittorina millegrana (Philippi, 1848)

- 软体动物门 / Mollusca
- 腹足纲 / Gastropoda
- 滨螺科 / Littorinidae

- 识别特征：壳长约12mm。壳呈近卵形。壳面青灰色或黄色，布有粗细相间的横肋。壳口卵圆形。无脐孔。厣角质。

- 习性：栖息于潮间带高潮线附近的礁石上。

覆瓦小蛇螺

Thylacodes adamsii (Mörch, 1859)

- 软体动物门 / Mollusca
- 腹足纲 / Gastropoda
- 蛇螺科 / Vermetidae

- 别名：覆瓦布袋蛇螺。

- 识别特征：壳长约45mm。壳盘旋，呈卧蛇状，仅壳口处稍游离。壳面灰黄色或黑褐色。壳面粗糙，具粗细相间的螺肋，肋上有小鳞片。壳口呈圆形。

- 习性：栖息于潮间带中、高潮区，固着于礁石上。

紧卷蛇螺

Petaloconchus renisectus P. P. Carpenter, 1857

- 软体动物门 / Mollusca
- 腹足纲 / Gastropoda
- 蛇螺科 / Vermetidae

- 识别特征：壳长约25mm。壳呈不规则盘旋管状，通常以逆时针方向盘卷，黑褐色，粗糙，具纵向和横向的细螺肋。厣角质，圆形。

- 习性：栖息于潮间带中、低潮区，常成群交织固着于礁石上。

亚洲阿文绶贝

Mauritia arabica asiatica Schilder & Schilder, 1939

- 软体动物门 / Mollusca
- 腹足纲 / Gastropoda
- 宝贝科 / Cypraeidae

- 别名：亚洲宝螺、阿文绶贝。

- 识别特征：壳长约70mm。壳呈长卵圆形，表面平滑，具釉质光泽。壳面淡褐色，具不规则深褐色花纹。壳口狭长，内、外唇具细齿。软体部分灰褐色，外套膜密布尖刺状突起，常外翻包覆于大部分贝壳上，可全部缩入壳中。

- 习性：栖息于潮间带低潮区至潮下带的礁石底。

细紫端宝贝

Purpuradusta gracilis (Gaskoin, 1849)

- 软体动物门 / Mollusca
- 腹足纲 / Gastropoda
- 宝贝科 / Cypraeidae

- 别名：小眼宝螺、细符紫端贝。

- 识别特征：壳长约12mm。壳呈卵圆形，表面平滑，具釉质光泽。壳面淡灰色，具不规则的褐色花纹和斑点。壳口狭长，内、外唇具细齿。软体部分红褐色，外套膜带白色指状疣突，常外翻包覆于整个贝壳上，并可全部缩入壳中。

- 习性：栖息于潮间带低潮区至潮下带的礁石底。

黍斑眼球贝

Naria miliaris (Gmelin, 1791)

- 软体动物门 / Mollusca
- 腹足纲 / Gastropoda
- 宝贝科 / Cypraeidae

- 别名：初雪宝螺。

- 识别特征：壳长约30mm。壳呈卵圆形，表面平滑，具釉质光泽。壳面黄褐色，密布不规则白色斑点，犹如雪花纷纷。壳口狭长，两端稍突出，内、外唇具细齿。软体部分常外翻包覆于整个贝壳上，可全部缩入壳中。

- 习性：栖息于潮间带低潮区至潮下带的礁石底。

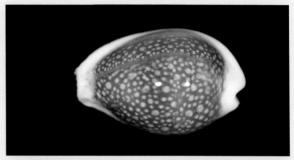

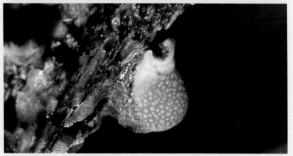

拟枣贝

Erronea errones (Linnaeus, 1758)

- 软体动物门 / Mollusca
- 腹足纲 / Gastropoda
- 宝贝科 / Cypraeidae

- 别名：爱龙宝螺。

- 识别特征：壳长约20mm。壳呈长卵圆形，表面平滑，具釉质光泽。壳面灰色，密布黄褐色斑点。壳口狭长，唇口及贝壳两端为淡黄色，内、外唇具短齿。软体部分灰黑色，外套膜密布黄白色斑纹、指状细突起和树枝状大突起，常外翻包覆于整个贝壳上，并可全部缩入壳中。

- 习性：栖息于潮间带低潮区至潮下带的礁石底。

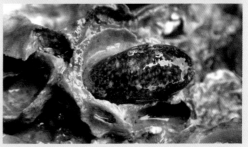

美丽尖梭螺

Cuspivolva formosa (G. B. Sowerby II, 1848)

- 软体动物门 / Mollusca
- 腹足纲 / Gastropoda
- 梭螺科 / Ovulidae

- 别名：菖蒲海兔螺、矛梭螺、台湾海兔螺。

- 识别特征：壳长约12mm。壳呈长卵圆形，两头突出，表面平滑，具极细的横向雕刻纹。壳面白色，带橙色或淡紫色斑纹，两端有橘色斑块。壳口狭长，外唇有小齿。软体部分白色，外套膜带黑色大斑点，常外翻包覆于整个贝壳上，并可全部缩入壳中。

- 习性：栖息于潮间带低潮区至潮下带的礁石底，寄生于柳珊瑚上。

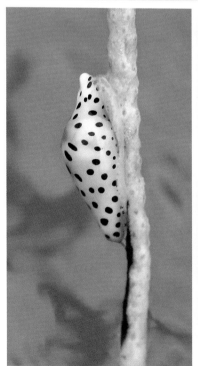

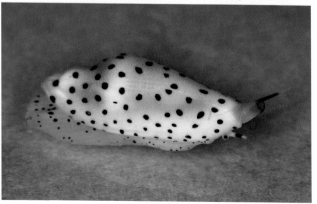

武装尖梭螺

Cuspivolva bellica (C. N. Cate, 1973)

- 软体动物门 / Mollusca
- 腹足纲 / Gastropoda
- 梭螺科 / Ovulidae

- 识别特征：壳长约8mm。壳呈长卵圆形，肩部膨圆，两头突出，表面平滑，具极细的横向雕刻纹。壳面淡黄色，两端有橘色斑块。壳口狭长，外唇有小齿。软体部分白色，外套膜带黑色小斑点和白色疣突，常外翻包覆于整个贝壳上，并可全部缩入壳中。

- 习性：栖息于潮间带低潮区至潮下带的礁石底，寄生于柳珊瑚上。

短喙骗梭螺

Phenacovolva brevirostris (Schumacher, 1817)

- 软体动物门 / Mollusca
- 腹足纲 / Gastropoda
- 梭螺科 / Ovulidae

- 别名：短菱角螺。

- 识别特征：壳长约20mm。壳呈纺锤形，壳表具浅而细的雕刻纹。壳面呈橙色或白色，壳背中部具有1条横向白色带。壳口狭长，外唇厚而光滑，内侧有细齿。软体部分颜色与所寄生的柳珊瑚颜色相似，外套膜布有黑色大斑点和黄色或橙黄色疣突。

- 习性：栖息于潮间带低潮区至潮下带的礁石底，寄生于柳珊瑚上。

神圣骗梭螺

Phenacovolva cf. *nectarea* Iredale, 1930

- 软体动物门 / Mollusca
- 腹足纲 / Gastropoda
- 梭螺科 / Ovulidae

- 别名：良雄菱角螺。

- 识别特征：壳长约30mm。壳呈纺锤形，表面光滑。壳面呈白色，中部布有极淡的斑纹。壳口狭长，外唇厚而光滑，内侧具极浅的齿痕。软体部分白色，外套膜布有褐色斑点和黄色疣突。

- 习性：栖息于潮间带低潮区至潮下带的礁石底，寄生于柳珊瑚上。

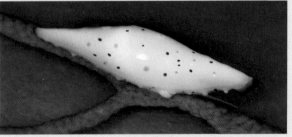

玫瑰履螺

Sandalia triticea (Lamarck, 1810)

- 软体动物门 / Mollusca
- 腹足纲 / Gastropoda
- 梭螺科 / Ovulidae

- 别名：玫瑰海兔螺。

- 识别特征：壳长约10mm。壳呈长卵圆形，两头突出，表面平滑具光泽。壳面白色、淡粉色或红褐色。壳口狭长，外唇有小齿。软体部分颜色与寄主颜色有关，通常为白色或红褐色，外套膜密布深褐色斑点，常外翻包覆于整个贝壳上，并可全部缩入壳中。

- 习性：栖息于潮间带低潮区至潮下带的礁石底，寄生于柳珊瑚上。

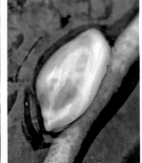

昆士兰尖梭螺

Cuspivolva queenslandica (C. N. Cate, 1974)

- 软体动物门 / Mollusca
- 腹足纲 / Gastropoda
- 梭螺科 / Ovulidae

- 别名：桶形小舟梭螺、广东小舟梭螺。

- 识别特征：壳长约6mm。壳呈长椭圆形，表面平滑有光泽，具极细的横向雕刻纹。壳面深紫色。壳口狭长，部分个体外唇为白色。软体部分深紫色，外套膜具白色大圆斑、小斑点和网纹。

- 习性：栖息于潮间带低潮区至潮下带的礁石底，寄生于细鞭柳珊瑚上。

细纹凹梭螺

Crenavolva striatula (G. B. Sowerby I, 1828)

- 软体动物门 / Mollusca
- 腹足纲 / Gastropoda
- 梭螺科 / Ovulidae

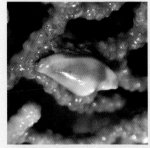

- 识别特征：壳长约10mm。壳呈近菱形，两端较平，表面平滑有光泽，具极细的雕刻纹。壳面白色与橙色、淡褐色相间。壳口狭长，外唇有小齿。软体部分白色，外套膜缀有褐色疣状突起，常外翻包覆于整个贝壳上，并可全部缩入壳中。

- 习性：栖息于潮间带低潮区至潮下带的礁石底，寄生于柳珊瑚上。

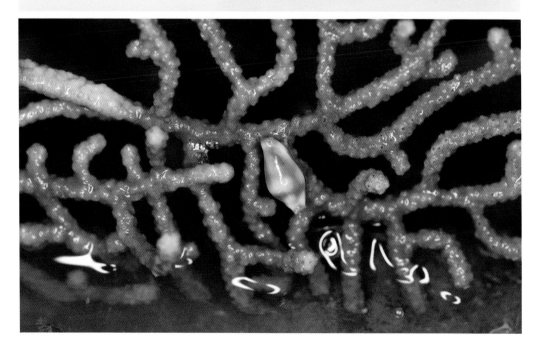

豹纹凹梭螺

Crenavolva leopardus Fehse, 2002

- 软体动物门 / Mollusca
- 腹足纲 / Gastropoda
- 梭螺科 / Ovulidae

- 别名：小蜥海兔螺。

- 识别特征：壳长约10mm。壳呈近菱形，两端较平，表面平滑有光泽，具极细的雕刻纹。壳面颜色与寄主颜色相似，常呈白色、橙色或淡紫色。壳口狭长，外唇有小齿。软体部分白色、橙色或深紫色，外套膜缀有暗褐色小斑点和白色疣突，常外翻包覆于整个贝壳上，并可全部缩入壳中。

- 习性：栖息于潮间带低潮区至潮下带的礁石底，寄生于柳珊瑚上。

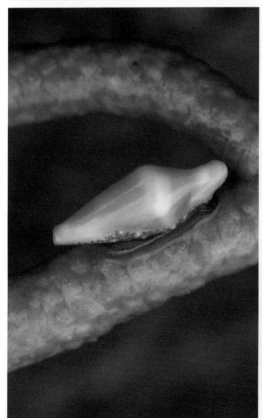
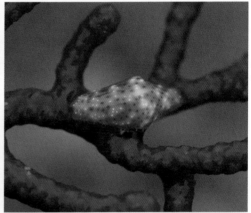
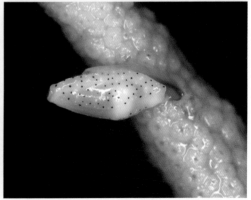

斑得米梭螺

Diminovula punctata (Duclos, 1828)

- 软体动物门 / Mollusca
- 腹足纲 / Gastropoda
- 梭螺科 / Ovulidae

- 别名：芝麻海兔螺、斑拟鼻螺。

- 识别特征：壳长约10mm。壳呈卵圆形，两头突出，表面平滑具光泽，有细的雕刻纹，有些个体雕刻纹不明显。壳面乳白色、黄色或粉红色，具3条横向的红褐色色带，色带上形成6个大斑点状的深色块。壳口狭长，内唇具小齿。软体部分浅黄色或浅紫色，外套膜布有紫褐色或褐色大斑纹和白色或浅黄色大疣突，大斑纹具深色描边。

- 习性：栖息于潮间带低潮区至潮下带的礁石底，寄生于软珊瑚上。

小菅得米梭螺

Diminovula kosugei (C. N. Cate, 1973)

- 软体动物门 / Mollusca
- 腹足纲 / Gastropoda
- 梭螺科 / Ovulidae

- 识别特征：壳长约15mm。壳呈卵圆形，两头突出，表面光滑具光泽。壳面呈粉红色、浅黄色或淡紫色，具3条横向的淡紫色或粉色色带。壳口狭长，内唇具小齿。软体部分白色或浅黄色，外套膜布有紫色或粉色大斑纹和白色或黄色疣突。

- 习性：栖息于潮间带低潮区至潮下带的礁石底，寄生于软珊瑚上。

硬结原爱神螺

Hespererato scabriuscula (Gray, 1832)

- 软体动物门 / Mollusca
- 腹足纲 / Gastropoda
- 爱神螺科 / Eratoidae

- 别名：硬结金星爱神螺。

- 识别特征：壳长约6mm。壳呈卵圆形，缝合线不明显。壳面光滑，具陶瓷光泽，呈浅灰色，在缝合线及体螺层中部具横向白色色带。壳口狭长，外唇增厚，其内侧具细密小齿。无厣。

- 习性：栖息于潮间带低潮线附近至潮下带的礁石间。

圆肋嵌线螺

Linatella caudata (Gmelin, 1791)

- 软体动物门 / Mollusca
- 腹足纲 / Gastropoda
- 嵌线螺科 / Cymatiidae

- 别名：鹑法螺、环沟嵌线螺。

- 识别特征：壳长约65mm。壳呈近梨形，缝合线深，呈沟状。壳面黄褐色，间杂白色斑纹，被黄褐色壳皮和壳毛。壳面密布横向强肋，肋间沟明显，螺层中部具1条突出强肋，其上有结节状小突起。壳口卵圆形，外唇边缘具钝齿状突起，内侧具沟状横肋，无脐孔。厣角质，卵圆形。

- 习性：栖息于潮间带低潮线附近至浅海的泥沙质、泥质底或礁石底。

粒蝌蚪螺

Gyrineum natator (Röding, 1798)

- 软体动物门 / Mollusca
- 腹足纲 / Gastropoda
- 嵌线螺科 / Cymatiidae

- 别名：美珠翼法螺、粒神螺。

- 识别特征：壳长约40mm。壳呈扁纺锤形，螺旋部高，呈三角形，缝合线深。壳面黄褐色至深褐色，具规则横向排列的瘤状突起，两侧具纵肿肋，被黄褐色带绒毛壳皮。壳口椭圆形，无脐孔。厣角质，椭圆形。

- 习性：栖息于潮间带中、低潮区至潮下带的礁石上。

白法螺

Charonia lampas (Linnaeus, 1758)

- 软体动物门 / Mollusca
- 腹足纲 / Gastropoda
- 法螺科 / Charoniidae

- 识别特征：壳长约150mm。壳似号角，螺旋部高，缝合线浅，各螺层肩角上具瘤状突起。壳面白色，布有不规则的黄色斑纹，外被黄褐色壳皮。壳口大，呈卵圆形，内面白色，外唇内侧具数个短凹槽，凹槽间的突起呈黄褐色。厣角质，厚实。

- 习性：栖息于潮间带低潮区至浅海的礁石间。

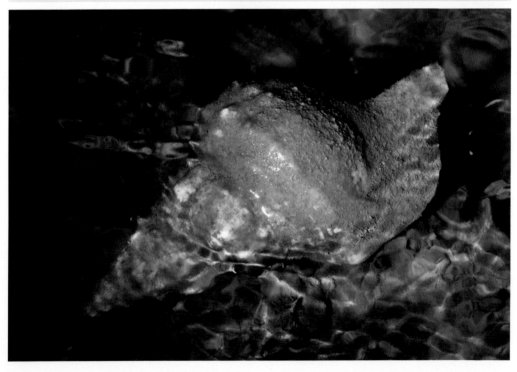

平轴螺

Planaxis sulcatus (Born, 1778)

- 软体动物门 / Mollusca
- 腹足纲 / Gastropoda
- 平轴螺科 / Planaxidae

- 识别特征：壳长约20mm。壳呈圆锥形，螺旋部高而尖，具排列整齐的宽平横肋。壳面呈黑褐色，具数条不规则的黄白色带，2种颜色交错形成断续斑块。壳口半圆形，外唇内侧黑色，轴唇白色，无脐孔。厣角质，紫褐色。

- 习性：栖息于潮间带中、高潮区的礁石上。

疣滩栖螺
Batillaria sordida (Gmelin, 1791)

- 软体动物门 / Mollusca
- 腹足纲 / Gastropoda
- 滩栖螺科 / Batillariidae

- 别名：黑瘤海蜷、结节滩栖螺、沙螺。

- 识别特征：壳长约30mm。壳呈长圆锥形。壳面粗糙，呈灰褐色，具众多细密横向肋和黑褐色疣状突起。壳口近卵圆形，轴唇瓷白色，无脐孔，厣角质，圆形，具螺旋纹。

- 习性：栖息于潮间带中、高潮区，常在岩石或砾石周围群栖。

迷乱环肋螺

Gyroscala commutata (Monterosato, 1877)

- 软体动物门 / Mollusca
- 腹足纲 / Gastropoda
- 梯螺科 / Epitoniidae

- 别名：小圆梯螺。

- 识别特征：壳长约20mm。壳呈长圆锥形，螺旋部高，缝合线明显。壳面白色，布有浅褐色斑纹，缝合线下方具1条褐色色带。壳面具规则片状肋。壳口圆形。厣角质，呈膜状。

- 习性：栖息于潮间带中、低潮区的礁石间或沙质底。

小梯螺

Epitonium scalare minor Grabau & S. G. King, 1929

- 软体动物门 / Mollusca
- 腹足纲 / Gastropoda
- 梯螺科 / Epitoniidae

- 识别特征：壳长约15mm。壳呈圆锥形，缝合线深。壳面白色，具规则排列的发达龙骨状纵肋。壳口卵圆形，外唇厚。厣角质，黑褐色。

- 习性：栖息于礁石潮间带低潮区的礁石或砾石间。

稻泽亚历山大梯螺

Alexania inazawai (Kuroda, 1943)

- 软体动物门 / Mollusca
- 腹足纲 / Gastropoda
- 梯螺科 / Epitoniidae

- 别名：稻泽梯螺。

- 识别特征：壳长约5mm。壳呈近卵圆形，缝合线明显。壳面光滑，呈褐色，具细密生长纹。壳口圆形，无脐孔。厣角质，呈膜状。

- 习性：栖息于潮间带高潮区的礁石间，在纵条矶海葵周围生活。

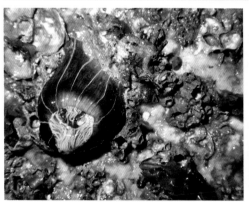

红螺

Rapana bezoar (Linnaeus, 1767)

- 软体动物门 / Mollusca
- 腹足纲 / Gastropoda
- 骨螺科 / Muricidae

- 别名：小皱岩螺。

- 识别特征：壳长约65mm。壳略呈球形。壳面黄褐色。壳质坚厚，体螺层膨大。壳面密生细而稍凸出的螺肋，并耸起一些皱褶状鳞片，肩角上布有短棘。壳口卵圆形，内面淡黄色或红黄色，具宽大假脐。唇角质。

- 习性：常栖息于潮间带中、低潮区至浅海的礁石或泥沙质底。

黄唇狸螺

Lataxiena lutescena S.-P. Zhang & S.-Q. Zhang, 2015

- 软体动物门 / Mollusca
- 腹足纲 / Gastropoda
- 骨螺科 / Muricidae

- 别名：淡黄狸螺。

- 识别特征：壳长约30mm。壳呈纺锤形。壳面深褐色，体螺层横肋强弱交替，与纵肿肋交汇，在缝合线下方形成肩部。壳口卵圆形，内面淡黄色，具假脐。厣角质。

- 习性：栖息于潮间带中、低潮区的礁石间。

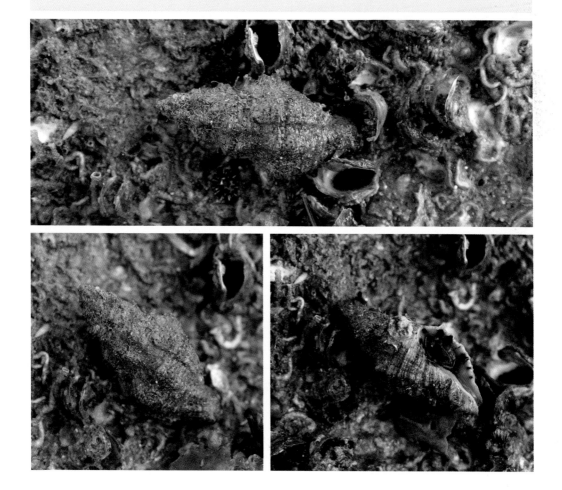

纹狸螺

Lataxiena fimbriata (Hinds, 1844)

- 软体动物门 / Mollusca
- 腹足纲 / Gastropoda
- 骨螺科 / Muricidae

- 别名：花篮骨螺。

- 识别特征：壳长约40mm。壳呈纺锤形，壳面黄褐色，具横向的深褐色色带，发达的纵肋与横肋交汇形成结节，并有密集的波浪状纵向褶皱。壳口卵圆形，水管沟长，具假脐。唇角质。

- 习性：栖息于潮间带中、低潮区的礁石间。

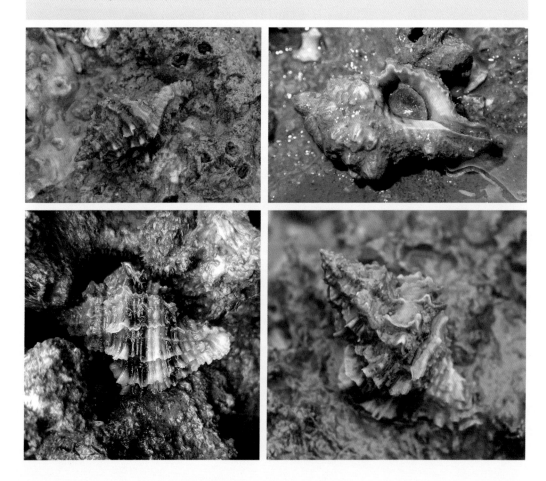

锈狸螺

Lataxiena blosvillei (Deshayes, 1832)

- 软体动物门 / Mollusca
- 腹足纲 / Gastropoda
- 骨螺科 / Muricidae

- 识别特征：壳长约45mm。壳呈纺锤形。壳面黄褐色或灰白色，具纵肋和细密横肋，在缝合线下方形成肩部突起。壳口近卵圆形，水管沟长，无脐孔。厣角质。

- 习性：栖息于潮间带中、低潮区的礁石间。

爱尔螺

Ergalatax contracta (Reeve, 1846)

- 软体动物门 / Mollusca
- 腹足纲 / Gastropoda
- 骨螺科 / Muricidae

- 别名：粗肋结螺、压缩结螺、粗肋爱尔螺。

- 识别特征：壳长约20mm。壳呈长菱形。壳面
橙色或灰白色，夹杂深褐色斑纹，具纵肿肋和
细密横肋。壳口长卵圆形。厣角质。

- 习性：栖息于潮间带中、低潮区的礁石间。

亚洲棘螺

Chicoreus asianus Kuroda, 1942

- 软体动物门 / Mollusca
- 腹足纲 / Gastropoda
- 骨螺科 / Muricidae

- 别名：亚洲千手螺。

- 识别特征：壳长约70mm。壳呈纺锤形，缝合线明显。壳表螺肋细密，具3条纵肿肋，其上有许多具褶皱的棘刺。壳面淡黄色至黄褐色，具横向的深褐色斑纹。壳口卵圆形。厣角质。

- 习性：栖息于潮间带低潮区至浅海的礁石或泥沙质底。

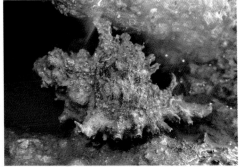

多皱荔枝螺

Indothais sacellum (Gmelin, 1791)

- 软体动物门 / Mollusca
- 腹足纲 / Gastropoda
- 骨螺科 / Muricidae

- 别名：多皱印荔枝螺。

- 识别特征：壳长约30mm。壳呈菱形，缝合线浅。壳面土黄色至红褐色，具数条横向肋，螺层中部肋最为发达，形成尖角，壳面和肋上密布鳞片状棘刺。壳口卵圆形，内面白色。厣角质。

- 习性：栖息于潮间带中、低潮区至浅海的礁石间。

爪哇荔枝螺

Indothais javanica (Philippi, 1848)

- 软体动物门 / Mollusca
- 腹足纲 / Gastropoda
- 骨螺科 / Muricidae

- 别名：爪哇岩螺、爪哇印荔枝螺。

- 识别特征：长约30mm。壳呈菱形。壳面黄褐色，具褐色斑块或条纹。壳表螺肋细密，螺旋部各螺层中部和体螺层上部扩张形成肩部，其上具1条稍粗的螺肋。壳口梨形，内面黄褐色，外唇缘具小缺刻。厣角质。

- 习性：栖息于潮间带中、低潮区的礁石间或具砾石的泥沙质底。

可变荔枝螺

Indothais lacera (Born, 1778)

- 软体动物门 / Mollusca
- 腹足纲 / Gastropoda
- 骨螺科 / Muricidae

- 别名：棱角岩螺、细腰岩螺、可变波螺、可变印荔枝螺。

- 识别特征：壳长约45mm。壳呈菱形。壳面黄褐色，密布细螺肋和生长纹，缝合线明显，体螺层与次体层之间的缝合线快延至末端时加深呈沟状，各螺层中部凸出而形成1条龙骨状肩部，肩角具1列明显的角状突起，体螺层上部有龙骨突起2条。壳口卵圆形，具较大的假脐。厣角质。

- 习性：栖息于潮间带中、低潮区至潮下带的礁石间。

马来荔枝螺

Indothais malayensis (K. S. Tan & Sigurdsson, 1996)

- 软体动物门 / Mollusca
- 腹足纲 / Gastropoda
- 骨螺科 / Muricidae

- 别名：马来印荔枝螺。

- 识别特征：壳长约35mm。壳呈菱形。
  壳面黄褐色，具褐色斑块或条纹。壳表
  螺肋细密，螺旋部各螺层中部和体螺层
  上部扩张形成肩部，其上具1条较粗且
  上翘的螺肋。壳口梨形，内面黄白色或
  黄褐色。厣角质，黄棕色。

- 习性：栖息于潮间带中、低潮区的礁
  石上。

瘤荔枝螺

Reishia bronni (Dunker, 1860)

- 软体动物门 / Mollusca
- 腹足纲 / Gastropoda
- 骨螺科 / Muricidae

- 别名：瘤岩螺、瘤瑞荔枝螺。

- 识别特征：壳长约40mm。壳呈纺锤形，缝合线明显。壳面土黄色，带紫褐色的纵向条状斑纹。壳面粗糙，具细密横肋，在体螺层有4条、其他螺层具2条带瘤状突起的强横肋。壳口卵圆形，内面黄色，无脐孔。厣角质。

- 习性：栖息于潮间带中、低潮区的礁石间。

黄口荔枝螺

Reishia luteostoma (Holten, 1803)

- 软体动物门 / Mollusca
- 腹足纲 / Gastropoda
- 骨螺科 / Muricidae

- 别名：黄口瑞荔枝螺、黄口岩螺、苦螺。

- 识别特征：壳长约40mm。壳呈纺锤形，缝合线明显。壳面土黄色，带紫褐色纵向条状斑纹，具细密横肋，在体螺层具4条、其他螺层具1条强横肋，其上有结节状突起。壳口卵圆形，内面黄色，无脐孔。厣角质。

- 习性：栖息于潮间带中、低潮区至浅海的礁石间。

蟾蜍紫螺

Purpura bufo Lamarck, 1822

- 软体动物门 / Mollusca
- 腹足纲 / Gastropoda
- 骨螺科 / Muricidae

- 别名：蟾蜍荔枝螺、台湾岩螺。

- 识别特征：壳长约55mm。壳呈卵圆形，螺塔低，体螺层宽大。壳面具横向细螺肋。体螺层上具4条强横肋，其上规则分布瘤状结节。壳面呈紫褐色，布有黄白色斑纹。壳口大，呈卵圆形，内面淡黄色，外唇内缘呈紫褐色，无脐孔。厣角质，深褐色。

- 习性：栖息于潮间带中、低潮区至浅海的礁石间。

珠母小核果螺

Drupella margariticola (Broderip, 1833)

- 软体动物门 / Mollusca
- 腹足纲 / Gastropoda
- 骨螺科 / Muricidae

- 别名：珠母爱尔螺、珠母核果螺、棱结螺。

- 识别特征：壳长约30mm。壳呈菱形。壳面呈黑褐色、黄褐色或灰褐色，布有明显纵肋和细密横肋，肋上具细密鳞片状结构，各螺层具1条强壮横肋，形成肩角。壳口长卵圆形，外唇内缘淡紫色，具小齿。厣角质。

- 习性：栖息于潮间带中、低潮区至潮下带的礁石或珊瑚礁间。

粒核果螺

Tenguella granulata (Duclos, 1832)

- 软体动物门 / Mollusca
- 腹足纲 / Gastropoda
- 骨螺科 / Muricidae

- 别名：粒结螺、粒腾螺。

- 识别特征：壳长约20mm。壳呈纺锤形，缝合线不明显。壳面灰褐色，具规则排列的黑褐色瘤状结节。壳口狭长，外唇厚实，内侧具4~5个灰白色齿，无脐孔。厣角质。

- 习性：栖息于潮间带低潮区至潮下带的礁岩或珊瑚礁底。

镶珠核果螺

Tenguella musiva (Kiener, 1835)

- 软体动物门 / Mollusca
- 腹足纲 / Gastropoda
- 骨螺科 / Muricidae

- 别名：镶珠结螺、镶珠腾螺。

- 识别特征：壳长约20mm。壳呈纺锤形。壳面淡黄褐色，具规则排列的黑色和褐色相间的圆珠状结节，通常黑珠较低平，褐珠凸出。壳口近半圆形，内面黄色或淡蓝紫色，外唇内缘具4~5个小齿。

- 习性：栖息于潮间带低潮区至潮下带的礁岩或珊瑚礁底。

丽小笔螺

Mitrella albuginosa (Reeve, 1859)

- 软体动物门 / Mollusca
- 腹足纲 / Gastropoda
- 核螺科 / Columbellidae

- **别名：**丽核螺、白小笔螺。

- **识别特征：**壳长约15mm。壳呈长圆锥形，螺旋部呈尖锥形。壳面光滑，土黄色至黄褐色，具褐色或深褐色的火焰状花纹，体螺层常具1条横向浅色色带。壳口长卵圆形，外唇内缘具小齿。厣角质，黄褐色。

- **习性：**常成群栖息于潮间带中、低潮区的礁石间或泥沙质底。

双带小笔螺

Mitrella bicincta (A. Gould, 1860)

- 软体动物门 / Mollusca
- 腹足纲 / Gastropoda
- 核螺科 / Columbellidae

- 别名：花带麦螺。

- 识别特征：壳长约15mm。壳呈长圆锥形。壳面光滑，在体螺层靠近水管沟处具数条浅细螺纹。壳面呈土黄色，具密密麻麻的褐色纵向斑纹，斑纹多变。壳口长卵圆形，无脐孔。厣角质。

- 习性：栖息于潮间带中、低潮区的礁石间。

布尔小笔螺

Mitrella burchardti (Dunker, 1877)

- 软体动物门 / Mollusca
- 腹足纲 / Gastropoda
- 核螺科 / Columbellidae

- 别名：布尔小核螺

- 识别特征：壳长约15mm。壳呈纺锤形，螺旋部呈圆锥形。壳面光滑，土黄色，密布不规则的褐色纵向波纹状或网状斑纹。壳口长卵圆形，内面淡紫色，具数条放射状肋纹，无脐孔。厣角质。

- 习性：栖息于潮间带中、低潮区的礁石间或泥沙质底。

杂色牙螺

Euplica scripta (Lamarck, 1822)

- 软体动物门 / Mollusca
- 腹足纲 / Gastropoda
- 核螺科 / Columbellidae

- 别名：花麦螺、斑鸠牙螺。

- 识别特征：壳长约15mm。壳呈菱形，螺旋部呈圆锥形。壳面光滑，黄色或灰白色，花纹变化大，具密集的褐色或紫褐色小斑点或波纹，有时形成螺带。壳口狭长，外唇增厚，内缘中凸，具1列细齿，轴唇上具小齿。

- 习性：栖息于潮间带中、低潮区的礁石间。

甲虫螺

Cantharus cecillei Philippi, 1844

- 软体动物门 / Mollusca
- 腹足纲 / Gastropoda
- 土产螺科 / Pisaniidae

- 别名：塞西雷皮亚螺、塞西雷峨螺。

- 识别特征：壳长约35mm。壳呈纺锤形，缝合线明显，具瘤状纵肋与细密横肋。壳面呈黄褐色，具断续的深褐色色带，被灰褐色壳皮和壳毛。壳口卵圆形，内面呈白色。厣角质。

- 习性：栖息于潮间带中、低潮区至潮下带的礁石、砾石或泥沙质底。

环唇齿螺

Engina armillata (Reeve, 1846)

- 软体动物门 / Mollusca
- 腹足纲 / Gastropoda
- 土产螺科 / Pisaniidae

- 识别特征：壳长约10mm。壳呈纺锤形，缝合线浅。壳面深褐色，间杂浅色螺带。壳面密布由纵向粗肋与横向细肋交错形成的瘤状突起。壳口小。厣角质。

- 习性：栖息于潮间带低潮区至潮下带的礁石底。

褐线蛾螺

Japeuthria cingulata (Reeve, 1846)

- 软体动物门 / Mollusca
- 腹足纲 / Gastropoda
- 蛾螺科 / Buccinidae

- 识别特征：壳长约35mm。壳呈纺锤形，螺旋部高，缝合线浅。壳面土黄色，具深褐色螺带。壳面雕刻细密螺旋肋。壳口卵圆形，靥角质。

- 习性：栖息于潮间带中、低潮区的礁石缝或砾石底。

中国笔螺

Isara chinensis (Gray, 1834)

- 软体动物门 / Mollusca
- 腹足纲 / Gastropoda
- 笔螺科 / Mitridae

- 别名：中华笔螺、中华箭笔螺。

- 识别特征：壳长约50mm。壳呈长纺锤形，螺旋部高，缝合线明显。壳面呈黄褐色，被黑褐色壳皮。壳面较光滑，仅螺旋部和体螺层基部具螺肋。壳口狭长，内面淡褐色，轴唇具3~4个肋状齿。无厣。

- 习性：栖息于潮间带中、低潮区的礁石间。

白带三角口螺

Scalptia scalariformis (Lamarck, 1822)

- 软体动物门 / Mollusca
- 腹足纲 / Gastropoda
- 衲螺科 / Cancellariidae

- 别名：折纹核螺。

- 识别特征：壳长约20mm。壳呈近纺锤形，螺旋部高，螺层间形成明显阶梯状肩部。壳面黄褐色，具粗细不一的白色或褐色横向色带。壳面具强而稀疏的纵向螺肋。壳口呈圆三角形，唇口白色，内面深褐色。无厣。

- 习性：栖息于潮间带中、低潮区至浅海的砾石或泥沙质底。壳面常覆盖泥沙，与周围环境融为一体。

小塔螺科一种

Pyrgulina pupaeformis (Souverbie, 1865)

- 软体动物门 / Mollusca
- 腹足纲 / Gastropoda
- 小塔螺科 / Pyramidellidae

- 识别特征：壳长约8mm。壳呈长锥形，螺旋部高，螺层有7层，略呈阶梯状。壳面白色，具规则细密的纵肋和弱的横肋。

- 习性：栖息于潮间带中、低潮区的礁石底，常附着于黄唇狸螺上。

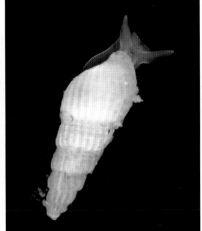

日本石磺海牛

Homoiodoris japonica Bergh, 1882

- 软体动物门 / Mollusca
- 腹足纲 / Gastropoda
- 仿海牛科 / Dorididae

- 识别特征：成体长约40mm。体扁，呈卵圆形。体表土黄色，遍布瘤突，看上去很像石磺，但其体背后端具鳃，鳃枝大而浓密，略呈淡灰紫色，围肛。嗅角土黄色，柄部透明乳白色。腹足橘黄色。

- 习性：栖息于潮间带中、低潮区的礁岩底。以海绵为食。常在石壁上产卵，卵囊群呈橘色旋转带状。

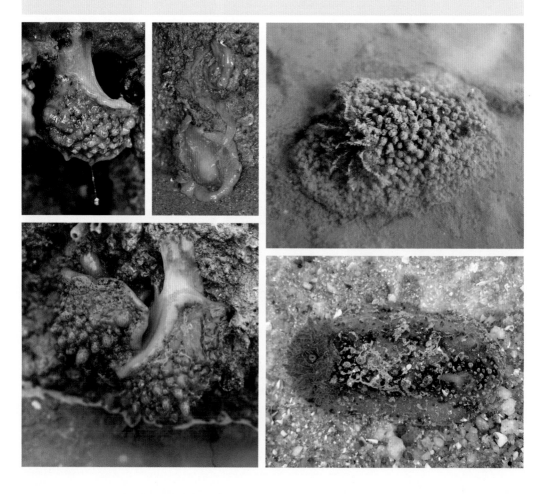

仿海牛属一种

Doris sp.

- 软体动物门 / Mollusca
- 腹足纲 / Gastropoda
- 仿海牛科 / Dorididae

- 识别特征：成体长约40mm。体扁，呈卵圆形。体表棕黄色，散布紫色斑纹，布满大小瘤突。鳃位于体背后端，鳃枝大而浓密，呈紫灰色，围肛。嗅角颜色跟体色接近，具鳞片纹。腹足棕黄色。

- 习性：栖息于潮间带低潮区的礁岩底。

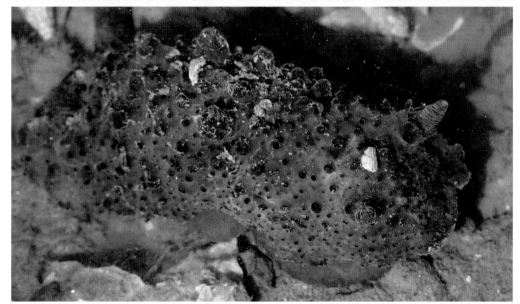

皮片鳃属一种

Dermatobranchus cf. *striatellus* Baba, 1949

- 软体动物门 / Mollusca
- 腹足纲 / Gastropoda
- 片鳃科 / Arminidae

- 别名：皮鳃海牛。

- 识别特征：成体长12～15mm。体呈舌片状。体背分布黑白相间的纵向条纹，条纹相对较宽。外套膜白色。嗅角光滑，似火柴棒，基部白色，顶端橘红色。

- 习性：栖息于潮间带低潮区的礁岩下或岩石缝中。通常附着在雪花珊瑚上。

端点皮片鳃

Dermatobranchus cf. *primus* Baba, 1976

- 软体动物门 / Mollusca
- 腹足纲 / Gastropoda
- 片鳃科 / Arminidae

- 别名：端点皮鳃海牛。

- 识别特征：成体长约10mm。体呈舌片状。体背浅灰色，分布纵向条纹，其间还散落咖啡色圆斑。嗅角似火柴棒，红棕色，夹杂黑色纵线纹。

- 习性：栖息于潮间带低潮区有珊瑚分布的礁岩底。以珊瑚触手为食。

柳珊瑚上有2个竹荪状的卵囊群

隆线多彩海牛

Goniobranchus tumuliferus (Collingwood, 1881)

- 软体动物门 / Mollusca
- 腹足纲 / Gastropoda
- 多彩海牛科 / Chromodorididae

- 别名：小丘多彩海牛。

- 识别特征：成体长约22mm。体呈卵圆形。体表光滑，呈灰白色，散布大小不均的褐色斑块，体周缘围绕1圈亮黄色宽线纹。鳃位于体背后部，羽枝浅黄色。嗅角基部透明，往上淡黄色。腹足灰白色。

- 习性：栖息于潮间带低潮区的礁岩底。喜食海绵。

蓝斑高海牛

Hypselodoris placida (Baba, 1949)

- 软体动物门 / Mollusca
- 腹足纲 / Gastropoda
- 多彩海牛科 / Chromodorididae

- 别名：蓝斑高泽海牛。

- 识别特征：成体长约15mm。体呈灰白色至淡蓝色，分布许多大小不均的深蓝色斑点，体周缘具橙色镶边。嗅角柄灰白色，顶端橘色。腮位于体背后端，具7条羽枝，羽枝边缘呈橘黄色，尖端白色。

- 习性：栖息于潮间带低潮区的礁岩底。以海绵为食。

屋脊鬃毛海牛

Plocamopherus tilesii Bergh, 1877

- 软体动物门 / Mollusca
- 腹足纲 / Gastropoda
- 多角海牛科 / Polyceridae

- 别名：屋脊多角海牛。

- 识别特征：成体长40~60mm。体形较长。体表光滑，半透明，散布黑色和橘黄色的大圆斑。口幕宽大，边缘黄色。头部前缘有多个短枝突起。体缘环绕至尾足相连，具短细枝突起。鳃位于体背中部，枝状斜立。嗅角顶端红色。腹足灰白色，尾足渐缩。

- 习性：栖息于潮间带低潮区的礁岩底。多以苔藓虫为食。

锡兰鬈毛海牛

Plocamopherus ceylonicus (Kelaart, 1858)

- 软体动物门 / Mollusca
- 腹足纲 / Gastropoda
- 多角海牛科 / Polyceridae

- 别名：锡兰多角海牛。

- 识别特征：成体长约50mm。体形较长。体表散布不规则的橙黄色斑点和黑褐色渲染斑纹。头部半圆，前缘和身体周缘都有短枝突起。鳃位于体背中部，立体枝状，鳃叶两侧具球状瘤突。嗅角直立，分布黑褐色斑纹。腹足灰白色，尾足略缩。

- 习性：栖息于潮间带低潮区的礁岩底。多以苔藓虫为食。

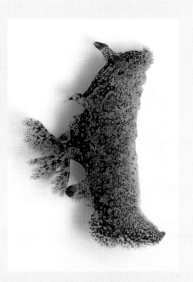

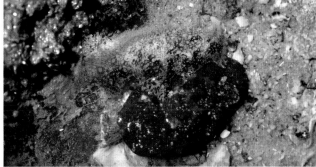

多枝鬈发海牛

Kaloplocamus ramosus (Cantraine, 1835)

- 软体动物门 / Mollusca
- 腹足纲 / Gastropoda
- 多角海牛科 / Polyceridae

- 识别特征：成体长约25mm。体形狭长。橘红色且略透明的体表上，散布白色和橙色斑点及橘色云斑。体周缘有1圈枝状突起。鳃位于体背中后部，展开如茂盛的枝叶。嗅角像火柴棒，基部略透明，顶部橘色。

- 习性：栖息于潮间带低潮区的礁岩底。多以苔藓虫为食。

桔黄裸海牛

Gymnodoris citrina (Bergh, 1877)

- 软体动物门 / Mollusca
- 腹足纲 / Gastropoda
- 多角海牛科 / Polyceridae

- 识别特征：成体长约25mm。体形狭长。体表光滑，半透明，能明显看到内脏。体呈白色至乳黄色，散布黄色小突起。背部中央有个近圆形、似花朵的鳃。嗅角黄色带点灰。

- 习性：栖息于潮间带低潮区的礁岩底。性凶猛，以同类或其他软体动物为食。

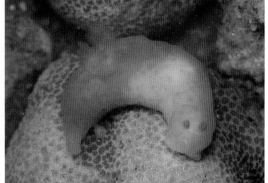

无饰裸海牛

Gymnodoris inornata (Bergh, 1880)

- 软体动物门 / Mollusca
- 腹足纲 / Gastropoda
- 多角海牛科 / Polyceridae

- 识别特征：成体长约40mm。体形狭长。体表光滑，呈橘黄色至橘红色。背部中央的鳃跟体色接近，如一朵微开的花苞。嗅角短锥形，柄部透明。

- 习性：栖息于潮间带低潮区的礁岩底。性凶猛，以同类或其他软体动物为食。

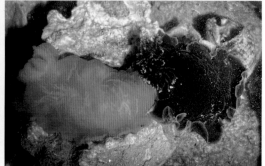

多角海牛属一种

Polycera cf. *nimbsi* Pola, Miguel-González & Paz-Sedano, 2023

- 软体动物门 / Mollusca
- 腹足纲 / Gastropoda
- 多角海牛科 / Polyceridae

- 识别特征：成体长约20mm。身形狭长。体表呈棕绿色至棕褐色，散布疣突与白色细斑点。头圆形，嗅角鳃缘前方黑色，后方橘色。鳃丛呈半透明的棕绿色，鳃羽缘黑色。背部中央具1条纵脊至尾足。足前端蓝黑色，两侧短角状。尾足略尖，末端具黑色或橘褐色三角斑。

- 习性：栖息于潮间带低潮区至潮下带的礁岩底或海藻丛中。

红枝鳃海牛

Dendrodoris fumata (Rüppell & Leuckart, 1830)

- 软体动物门 / Mollusca
- 腹足纲 / Gastropoda
- 枝鳃海牛科 / Dendrodorididae

- 别名：烟色枝鳃海牛。

- 识别特征：成体长约50mm。体呈长卵圆形。体色多变，橘色最常见。体背光滑，散布不规则的黑色斑块，体周缘如花边褶皱般外翻。鳃位于体背后端，鳃枝大而浓密，散落黑色斑块。嗅角橘色，顶部微白。腹足橘色。

- 习性：栖息于潮间带中、低潮区的礁岩底。常生活于有海鞘、海绵的环境中。

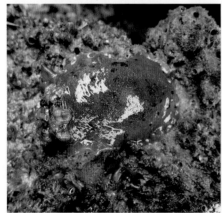

树状枝鳃海牛

Dendrodoris arborescens (Collingwood, 1881)

- 软体动物门 / Mollusca
- 腹足纲 / Gastropoda
- 枝鳃海牛科 / Dendrodorididae

- 识别特征：成体长约50mm。体呈长卵圆形。体表深黑色，体背光滑无斑点，强光下，会呈现宝蓝色。体周缘有像橘色花边的皱褶。鳃位于体背后方，立体围肛，鳃枝大而浓密，星星点点落满白色斑点。嗅角黑色，顶端橘色。腹足灰橘色，尾足长于体。

- 习性：栖息于潮间带中、低潮区的礁岩底。常聚群出现，产卵于岩壁上，卵囊群多呈黄色旋转带状。

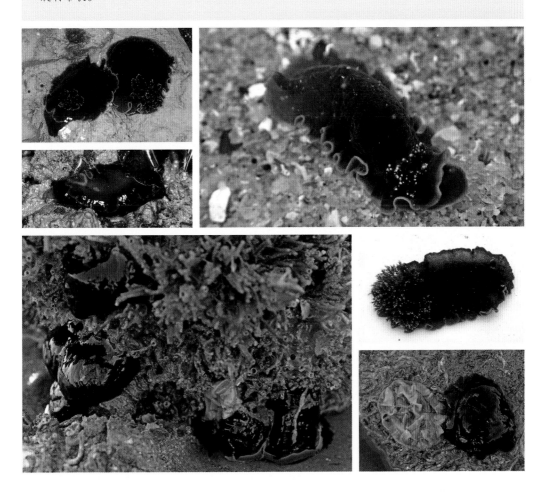

小枝鳃海牛

Doriopsilla miniata (Alder & Hancock, 1864)

- 软体动物门 / Mollusca
- 腹足纲 / Gastropoda
- 枝鳃海牛科 / Dendrodorididae

- 识别特征：成体长约25mm。体呈卵圆形。体表橘色，密布细小颗粒状疣突，并散布不规则的白色网纹。橘色的鳃位于体背后端，鳃枝短小，呈羽枝状。嗅角橘色，腹足淡橘色。

- 习性：栖息于潮间带中、低潮区的礁岩底。常在岩壁上产卵，卵囊群呈橘黄色花边旋转带状。

小枝鳃海牛属一种

Doriopsilla sp.

- 软体动物门 / Mollusca
- 腹足纲 / Gastropoda
- 枝鳃海牛科 / Dendrodorididae

- 识别特征：成体长约25mm。体呈长卵圆形。体表淡橘黄色，密布细小颗粒状疣突，但疣突较小枝鳃海牛弱，并散布不规则的白色网纹。鳃丛淡橘黄色。嗅角淡橘黄色，腹足淡橘黄色。

- 习性：栖息于潮间带中、低潮区的礁岩底。

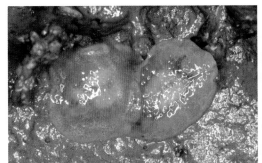 

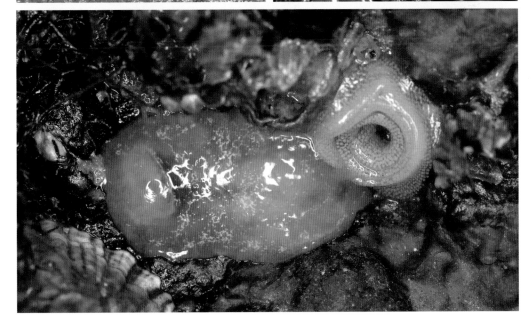

日本车轮海牛

Actinocyclus papillatus (Bergh, 1878)

- 软体动物门 / Mollusca
- 腹足纲 / Gastropoda
- 车轮海牛科 / Actinocyclidae

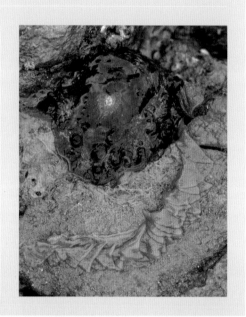

- 别名：乳突辐环海牛。

- 识别特征：成体长约80mm。体型大。体背呈棕黄色，纵脊、横脊均有2列疣突排列其上，疣突略泛紫。鳃位于体背后方，羽枝微内弯，围肛。嗅角淡紫色，小圆锥形。腹足棕色，略泛紫。

- 习性：栖息于潮间带低潮区的礁岩底。产卵于岩壁上，卵囊群呈花边旋转带状，较宽，颜色多样，有墨绿色、粉色或浅蓝色。

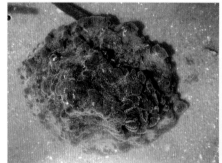

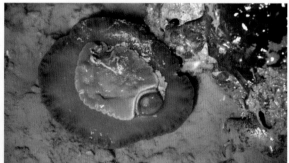

车轮海牛属一种

Actinocyclus sp.

- 软体动物门 / Mollusca
- 腹足纲 / Gastropoda
- 车轮海牛科 / Actinocyclidae

- 识别特征：成体长约40mm。体呈卵圆形。体表灰黄色至黄褐色。体背隆起具一定高度，分布大小不一的疣突，疣突顶部圆凹形，中央深紫色，边缘浅黄褐色，疣突数量较日本车轮海牛少。鳃丛位于体背后方，羽枝微内弯，灰褐色，密布白色细小斑点。

- 习性：栖息于潮间带低潮区的礁岩底。以海绵为食。

海绵球片海牛

Atagema spongiosa (Kelaart, 1858)

- 软体动物门 / Mollusca
- 腹足纲 / Gastropoda
- 盘海牛科 / Discodorididae

- 别名：海绵盘海牛、网窝枝鳃海牛。

- 识别特征：成体长约80mm。体扁，呈长卵圆形。棕黄色的粗糙体表上，有深黑色的凹坑，似海绵，中央能明显看到1条棱脊。鳃位于体背棱脊末端，呈淡黄灰紫色，羽枝短，似绒毛。嗅角短，呈鳃叶状。腹足灰紫色，散布荧光细斑点。

- 习性：栖息于潮间带低潮区至潮下带的礁岩底。多以海绵为食。

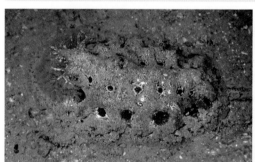

被球片海牛

Atagema intecta (Kelaart, 1858)

- 软体动物门 / Mollusca
- 腹足纲 / Gastropoda
- 盘海牛科 / Discodorididae

- **别名**：被球盘海牛、纵斑盘海牛。

- **识别特征**：成体长约25mm。体扁，呈卵圆形。体表呈灰褐色至紫黑色，密布圆形瘤突和细棘，细棘尖端呈白色。背部中央具1处明显的略宽纵向结节，棱脊具黄白线纹。口触手短角状。嗅角柄淡灰紫色，嗅角鞘短，圆管形，密布细棘，鳃叶深褐紫色。鳃丛呈灰褐紫色。腹足淡灰紫色至黄褐色。

- **习性**：栖息于潮间带中、低潮区的礁岩底。以海绵为食。

武装盘海牛

Carminodoris armata Baba, 1993

- 软体动物门 / Mollusca
- 腹足纲 / Gastropoda
- 盘海牛科 / Discodorididae

- 识别特征：成体长约50mm。体呈卵圆形。体表棕褐色，布满大小不均的水珠状瘤突。鳃位于体背中后部，鳃羽枝短小，散布深褐色斑点。嗅角短，中部具深褐色环绕射带，顶端透亮。

- 习性：栖息于潮间带中、低潮区的礁岩底。喜食海绵。

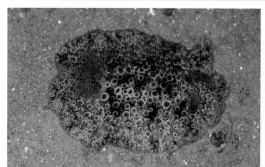
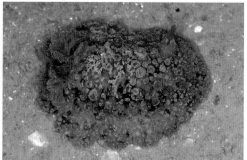

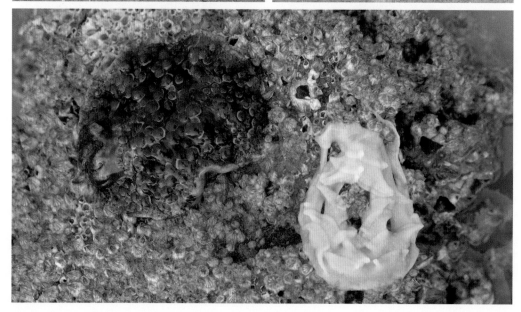

东方叉棘海牛

Rostanga orientalis Rudman & Avern, 1989

- 软体动物门 / Mollusca
- 腹足纲 / Gastropoda
- 盘海牛科 / Discodorididae

- 识别特征：成体长约25mm。体呈卵圆形。橘色体背上，散布着细微白点和褐色云斑。鳃位于体背后侧，鳃叶短小，呈圆筒形，像朵小花苞。嗅角短，基部透明，往上褐色。

- 习性：栖息于潮间带低潮区的礁岩底。喜食海绵。常将卵产于岩壁上，卵囊群呈橘色旋转带状。

围鳃海牛

Jorunna cf. *tomentosa* (Cuvier, 1804)

- 软体动物门 / Mollusca
- 腹足纲 / Gastropoda
- 盘海牛科 / Discodorididae

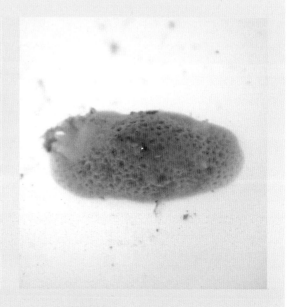

- 别名：壶形海牛。

- 识别特征：成体长约25mm。体呈卵圆形。体表淡黄色至沙褐色，密布圆孔状的细而短的棘突，看上去像披着层天鹅绒。嗅角短小，呈锥形，基部呈半透明白色。鳃位于体背后方，鳃羽枝短，可收入囊中。

- 习性：栖息于潮间带低潮区的礁岩底。以海绵为食。

盘海牛科一种

Paradoris cf. *dubia* (Bergh, 1904)

- 软体动物门 / Mollusca
- 腹足纲 / Gastropoda
- 盘海牛科 / Discodorididae

- 识别特征：成体长约40mm。体扁，呈卵圆形。体表灰白紫色，密布黄白色疣突和淡棕褐色云斑，疣突周围装饰有黑色斑点，背部还散布黑褐色斑块和斑点。嗅角短，棕褐色。鳃丛较短，展开呈6瓣花形，淡棕褐色，末端黄白色。

- 习性：栖息于潮间带低潮区的礁岩底。以海绵为食。

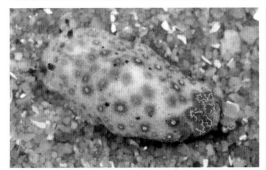

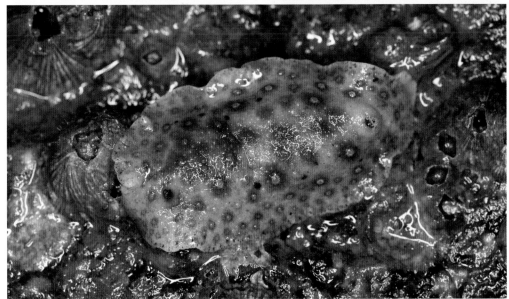

白斑马蹄鳃

Sakuraeolis enosimensis (Baba, 1930)

- 软体动物门 / Mollusca
- 腹足纲 / Gastropoda
- 多列鳃科 / Facelinidae

- 别名：白点灰翼海牛。

- 识别特征：成体长约25mm。体细长。体表透明，呈灰白色，体背排列生长着许多角突，落满白色斑点，宛如披着一身蓑衣。口触手细长，呈白色。橘色的嗅角十分光滑，顶端白色。

- 习性：栖息于潮间带低潮区有水螅虫分布的礁岩底。以水螅虫为食。

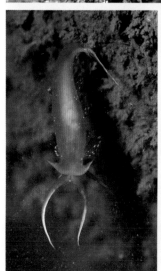

多列鳃科一种

Phidiana militaris (Alder & Hancock, 1864)

- 软体动物门 / Mollusca
- 腹足纲 / Gastropoda
- 多列鳃科 / Facelinidae

- **别名**：军舰翼蓑海蛞蝓。

- **识别特征**：成体长约30mm。体细长。体表透明，披着一身华丽"蓑衣"。短角突橘色打底，黑色镶边，顶端白色；长角突黑色底，橘色镶边，向上渐变成浅黄色。有橘色的线条从体周缘延伸至口触手。口触手中部以上为浅黄色，有1条橘色纵线从口幕延伸至体背前端。

- **习性**：栖息于潮间带低潮区有水螅虫分布的礁岩底。以水螅虫为食。

江松晟供图

隅海牛科一种

Pelagella cf. *felis* (Baba, 1949)

- 软体动物门 / Mollusca
- 腹足纲 / Gastropoda
- 隅海牛科 / Goniodorididae

- 识别特征：成体长约22mm。体表略透明，呈白色。头前缘至外套膜周缘扁平外翻且呈波浪状，周缘隐约可见橘黄色斑纹。体背中央有1条纵向棱脊延伸至尾足。鳃叶像树枝般散开，呈圆盘状，散布粉色斑点。嗅角紫灰色。

- 习性：栖息于潮间带低潮区的礁岩底。以海鞘为食。

灰白隅海牛和它的海鞘"食堂"

缘边海天牛

Elysia marginata (Pease, 1871)

- 软体动物门 / Mollusca
- 腹足纲 / Gastropoda
- 海天牛科 / Plakobranchidae

- 别名：边缘平鳃海蛞蝓。

- 识别特征：成体长约60mm。体细长，侧足发达，外展呈翼状。体呈淡灰绿色，侧足灰绿色，近边缘具橙色色带，最外侧为黑色色带，周身密布黑色斑点。嗅角管状，末端具橙色斑，上面具白点，最外缘黑色。

- 习性：栖息于潮间带低潮区至潮下带的礁岩底。以藻类为食。

日本海兔

Aplysia japonica G. B. Sowerby I, 1869

- 软体动物门 / Mollusca
- 腹足纲 / Gastropoda
- 海兔科 / Aplysiidae

- 识别特征：成体长约35mm。体呈红褐色，散布白色斑点。外套膜与口触手边缘呈红色，内缘有1条黑色宽纹。背部具1枚较明显的退化的红褐色薄壳，包覆于体内。侧足发达，向体背延伸，可包覆体背。嗅角小，呈锥形卷耳状，顶端黑色，顶点红色。受干扰时会分泌紫色墨汁。

- 习性：栖息于潮间带低潮区有石莼分布的礁岩底。以藻类为食。卵囊群呈黄色面条状。

杂斑海兔

Aplysia juliana Quoy & Gaimard, 1832

- 软体动物门 / Mollusca
- 腹足纲 / Gastropoda
- 海兔科 / Aplysiidae

- 别名：染斑海兔。

- 识别特征：成体长约120mm。体型庞大。体呈浅棕色至深棕色，散布细小白色斑点和黑色细纹。外套膜发达，与侧足连成一片，可反折包覆于体背。嗅角呈管耳状，与身体同色。颈部略长。受干扰时会喷出墨汁。

- 习性：栖息于潮间带中、低潮区有石莼分布的礁岩底。以藻类为食。卵囊群呈黄色面条状。

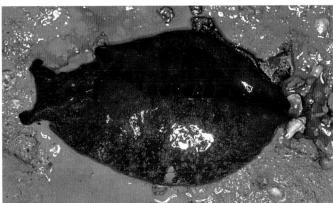

黑斑海兔

Aplysia kurodai Baba, 1937

- 软体动物门 / Mollusca
- 腹足纲 / Gastropoda
- 海兔科 / Aplysiidae

- 别名：黑田海兔。

- 识别特征：成体长约100mm。体型庞大。体色多为深棕色，全身布满白色斑点和云斑。背部具1枚退化的软质薄壳，包覆于体内。外套膜发达，与侧足连成一片形成波浪状，可反折包覆于体背，侧足内缘具有深浅交错的色斑。嗅角管耳状。受干扰时会喷出紫色墨汁。

- 习性：栖息于潮间带中、低潮区的礁岩底。以藻类为食。卵囊群呈黄色面条状。

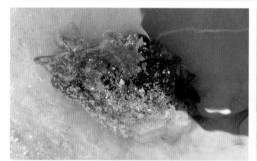

眼斑海兔

Aplysia oculifera A. Adams & Reeve, 1850

- 软体动物门 / Mollusca
- 腹足纲 / Gastropoda
- 海兔科 / Aplysiidae

- 识别特征：成体不足100mm。体呈绿色至深棕色，浑身布满黑色眼点和分散的白色斑点。背部具1枚较明显的退化的薄壳，包覆于体内。侧足发达，向体背延伸。嗅角较小，呈管耳状。口触手半圆形，向上反卷。受干扰时会喷出紫色墨汁。

- 习性：栖息于潮间带低潮区有石莼分布的礁岩底。以藻类为食。可通过倒立拍打的方式游动。

蛛形菊花螺

Siphonaria sirius Pilsbry, 1894

- 软体动物门 / Mollusca
- 腹足纲 / Gastropoda
- 菊花螺科 / Siphonariidae

- 别名：菊松螺、星状菊花螺。

- 识别特征：壳长约20mm。壳低平，呈不规则笠形。壳面黑褐色，通常具6条白色粗放射肋，肋间有若干细肋。壳内面黑褐色，放射肋及顶部对应位置呈白色。

- 习性：栖息于潮间带中、高潮区的礁石上。

布纹蚶

Barbatia decussata (G. B. Sowerby I, 1833)

- 软体动物门 / Mollusca
- 双壳纲 / Bivalvia
- 蚶科 / Arcidae

- 别名：布纹魁蛤、胡魁蛤。

- 识别特征：壳长约45mm。壳呈近长方形，稍侧扁。壳顶低平，位于前端1/3处。壳前缘短圆，后端长，略呈截形，背缘与腹缘平行，腹缘微内陷。壳面呈白色，被棕褐色毛发状壳皮，放射肋与生长线细密，交织成布目状。壳内面白色。铰合齿前、后侧齿大而稀，中间齿细小。

- 习性：栖息于潮间带低潮区至浅海的礁石或砾石缝隙。

双纹须蚶

Mesocibota bistrigata (Dunker, 1866)

- 软体动物门 / Mollusca
- 双壳纲 / Bivalvia
- 蚶科 / Arcidae

- 识别特征：壳长约20mm。壳呈近长方形。壳顶突出而宽，中央微下陷。壳后端斜截形，腹缘与背缘平行。壳表具约27条放射肋，中、前部的肋上有纵浅沟，同心线与放射肋相交成结节。

- 习性：栖息于潮间带低潮区至浅海的礁石或砾石缝隙。

帚形须蚶

Barbatia cometa (Reeve, 1844)

- 软体动物门 / Mollusca
- 双壳纲 / Bivalvia
- 蚶科 / Arcidae

- 识别特征：壳长约25mm。壳呈梯形，侧扁。壳顶低，位于前端约1/4处。壳表被淡褐色壳皮，常呈毛束状。壳表放射肋与生长线相交形成结节，在后背区的放射肋更强壮，结节也更突出。

- 习性：栖息于潮间带低潮区至浅海的礁石或砾石缝隙。

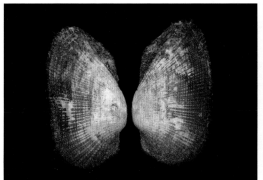
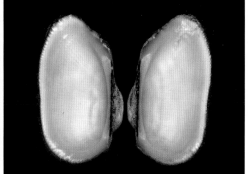

橄榄蚶

Estellacar olivacea (Reeve, 1844)

- 软体动物门 / Mollusca
- 双壳纲 / Bivalvia
- 细饰蚶科 / Noetiidae

- 别名：黑蚬、珠蚶。

- 识别特征：壳长约20mm。壳呈卵圆形。壳质较厚，两壳较膨胀。壳顶钝，较突出，位于背部近中央处。前端圆，后端略尖。内缘无齿状缺刻。壳面呈白色，具橄榄色壳皮。

- 习性：栖息于潮间带中、低潮区到潮下带，常分布在砾石下。

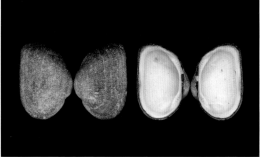

翡翠股贻贝

Perna viridis (Linnaeus, 1758)

- 软体动物门 / Mollusca
- 双壳纲 / Bivalvia
- 贻贝科 / Mytilidae

- 别名：淡菜、绿壳菜蛤、翡翠贻贝。

- 识别特征：壳长约100mm。壳呈楔形，壳顶尖，位于贝壳的最前端。腹缘直或略弯，壳面前端具隆起肋。壳面呈翠绿色，前半部常呈绿褐色，生长纹细密，壳内面呈白色。铰合齿左壳2个，右壳1个。足丝发达。

- 习性：栖息于潮间带中潮区至潮下带，以足丝附着于岩礁或其他固体如浮筒、船底等表面，喜群栖。

厚壳贻贝

Mytilus unguiculatus Valenciennes, 1858

- 软体动物门 / Mollusca
- 双壳纲 / Bivalvia
- 贻贝科 / Mytilidae

- 别名：淡菜、海虹、丝绸壳菜蛤。

- 识别特征：壳长约140mm。壳呈楔形，大而厚重，壳顶尖，壳背缘弯，具较明显背角，腹缘略直。壳面粗糙，具黑褐色或栗色壳皮，壳内面呈浅灰蓝色。铰合部具2个不发达小齿。足丝极发达。

- 习性：栖息于潮间带低潮区至潮下带，以足丝附着于礁石缝隙中。

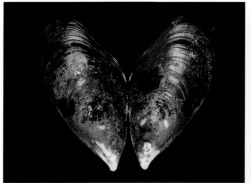

条纹隔贻贝

Mytilisepta virgata (Wiegmann, 1837)

- 软体动物门 / Mollusca
- 双壳纲 / Bivalvia
- 贻贝科 / Mytilidae

- 别名：紫孔雀壳菜蛤、条纹围贻贝。

- 识别特征：壳长约45mm。壳呈楔形。壳顶较尖，位于前端。壳面隆肋有高有低，密布放射状细刻纹。壳表呈紫褐色，顶部常呈淡紫和淡粉色，壳内面灰蓝色。闭壳肌痕明显，壳周缘具细缺刻，壳顶下方有1个三角形小隔板。铰合部窄，仅有1~3个粒状小突起。足丝孔略明显，足丝较发达。

- 习性：附着于潮间带中、低潮区的岩石或贝壳等物体上。

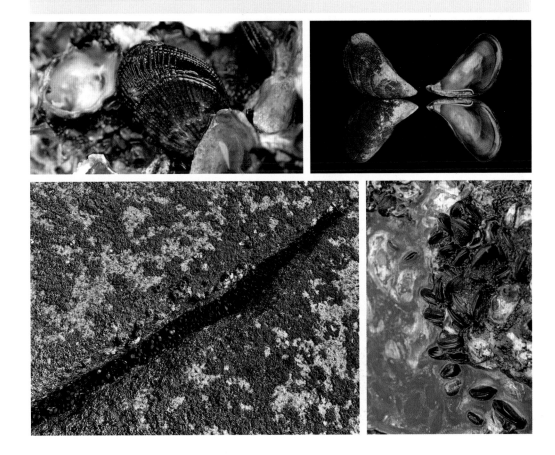

肯氏隔贻贝

Mytilisepta keenae (Nomura, 1936)

- 软体动物门 / Mollusca
- 双壳纲 / Bivalvia
- 贻贝科 / Mytilidae

- 别名：姬蛤、肯氏围贻贝。

- 识别特征：壳长约30mm。壳呈长三角形。壳质薄而坚实，前端尖细，后端宽圆。壳表呈黑褐色，壳内面灰白色或灰蓝色。壳表具放射肋，肋有分叉。壳顶下方具1个白色的三角形小隔板。

- 习性：栖息于潮间带低潮线附近，以足丝附着于礁石缝隙或其他物体上。

细尖石蛏

Leiosolenus mucronatus (Philippi, 1846)

- 软体动物门 / Mollusca
- 双壳纲 / Bivalvia
- 贻贝科 / Mytilidae

- 别名：细尖滑竹蛏。

- 识别特征：壳长约20mm。壳略呈短圆柱形，壳质薄，前端宽圆，后端尖细。壳表呈褐色或黄褐色，外被一层石灰质外膜，外膜在壳后端加厚而粗糙，且超出壳后缘。壳内面灰白色。

- 习性：栖息于潮间带低潮线附近至浅海，在坚硬的石灰岩或珊瑚体内凿洞穴居。

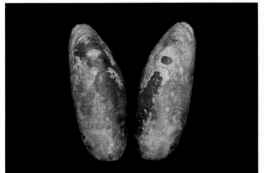
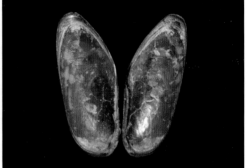

带偏顶蛤

Modiolus comptus (G. B. Sowerby III, 1915)

- 软体动物门 / Mollusca
- 双壳纲 / Bivalvia
- 贻贝科 / Mytilidae

- 别名：绒云雀蛤。

- 识别特征：壳长约40mm。壳略呈斜三角形，厚而坚固，前端窄圆，后端宽圆，壳面膨凸，壳顶几乎位于前端。壳表被紫色或红褐色角质壳皮，并具丛生的栉状壳毛，易脱落。壳内面灰蓝色或灰紫色。

- 习性：栖息于潮间带中、低潮区至浅海，以足丝附着于礁石等物体上。

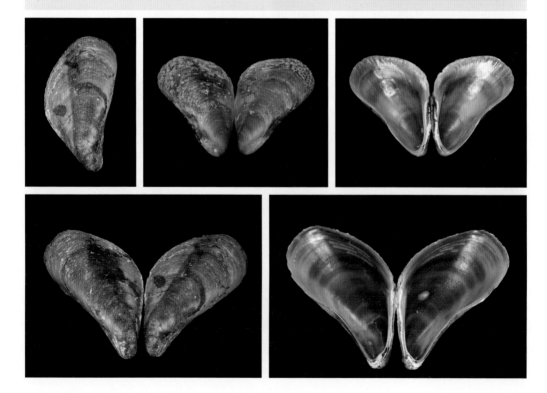

短翼珍珠贝

Pteria heteroptera (Lamarck, 1819)

- 软体动物门 / Mollusca
- 双壳纲 / Bivalvia
- 珍珠贝科 / Pteriidae

- 别名：朱红莺蛤、异莺蛤。

- 识别特征：壳长约100mm。壳质薄，两壳不等，背缘特长，腹缘稍圆，前耳小，后耳长。壳面呈黄色、褐色或紫褐色。壳表生长纹细密，放射线或有或无，腹缘具布纹状雕刻。壳内面银白色，具珍珠光泽，周缘多为褐色。

- 习性：栖息于潮间带低潮线附近至浅海，附着于柳珊瑚、珊瑚礁或岩石上。

覆瓦牡蛎

Hyotissa inermis (G. B. Sowerby II, 1871)

- 软体动物门 / Mollusca
- 双壳纲 / Bivalvia
- 缘曲牡蛎科 / Gryphaeidae

- 别名：屋瓦砗磲牡蛎。

- 识别特征：壳高约110mm。壳呈近四边形。壳面颜色变化较大，呈黄白色、紫色或红褐色等。壳质较薄，表面具10条放射褶，其上布有半管状棘和密集的同心片。

- 习性：栖息于潮间带低潮区至浅海，固着于岩石上生活。

棘刺牡蛎

Saccostrea echinata (Quoy & Gaimard, 1835)

- 软体动物门 / Mollusca
- 双壳纲 / Bivalvia
- 牡蛎科 / Ostreidae

- 别名：黑缘牡蛎、多刺牡蛎。

- 识别特征：壳高约55mm。壳多呈圆形，侧扁。右壳扁平，具鳞片，翘起的半管状棘分布于除壳顶区之外的整个壳面，无放射肋；左壳附着面较大。壳面呈灰白色或褐色。壳内面呈白色，嵌合体仅在前、后两侧出现。

- 习性：栖息于潮间带中、低潮区至潮下带，以左壳固着于岩石上生活。

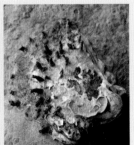

密鳞牡蛎

Ostrea denselamellosa Lischke, 1869

- 软体动物门 / Mollusca
- 双壳纲 / Bivalvia
- 牡蛎科 / Ostreidae

- 别名：拖鞋牡蛎。

- 识别特征：壳高约85mm。壳多呈近圆形，壳质厚重。两壳不等，左壳大而凸，右壳较平。壳表多呈青灰色，混杂紫色、褐色斑纹。左壳生长线粗而疏，呈鳞片状，放射肋粗大明显，右壳鳞片密集，覆瓦状排列。壳内面白色。

- 习性：栖息于潮间带低潮线附近至浅海，以左壳固着于礁石上。

豆荚钳蛤

Isognomon legumen (Gmelin, 1791)

- 软体动物门 / Mollusca
- 双壳纲 / Bivalvia
- 钳蛤科 / Isognomonidae

- 别名：白障泥蛤、豆荚腊蛤。

- 识别特征：壳长约18mm。壳形多变，有近方形、三角形、舌形或豆荚形。壳质薄，左壳稍凸厚，右壳较平薄，多扭曲。壳面呈乳白色或淡黄色，具明显的同心鳞片，放射肋细。壳内面银白色，富有光泽。

- 习性：栖息于潮间带低潮区至浅海，以足丝附着于石缝间。

新加坡掌扇贝

Volachlamys singaporina (G. B. Sowerby II, 1842)

- 软体动物门 / Mollusca
- 双壳纲 / Bivalvia
- 扇贝科 / Pectinidae

- 别名：花鹊栉孔扇贝、新加坡海扇蛤。

- 识别特征：壳长约45mm。壳多呈圆扇形，壳面呈淡黄色或土黄色，具褐色云状斑，并有约22条排列规则的放射肋。壳内面白色，有与壳表相应的放射肋。

- 习性：栖息于潮间带中、低潮区至浅海的沙质或泥沙质底，以足丝附着于岩石或其他物体上。

华贵类栉孔扇贝

Mimachlamys crassicostata (G. B. Sowerby II, 1842)

- 软体动物门 / Mollusca
- 双壳纲 / Bivalvia
- 扇贝科 / Pectinidae

- 别名：华贵栉孔扇贝、高贵金海扇、高贵海扇蛤。

- 识别特征：壳长约80mm。壳呈圆扇形，两壳不等，左壳较凸，右壳较平，两耳不等，前耳大，后耳小。壳面颜色多变，有红色、黄色、橙色和紫色等，具大而粗的放射肋约23条，肋上具翘起的小鳞片。壳内多呈淡黄褐色。

- 习性：栖息于潮间带低潮区至浅海，以足丝固着于岩石、碎石及沙质海底。

日本假鼬眼蛤

Pseudogaleomma japonica (A. Adams, 1862)

- 软体动物门 / Mollusca
- 双壳纲 / Bivalvia
- 鼬眼蛤科 / Galeommatidae

- 别名：日本拟鼬眼蛤。

- 识别特征：壳长约10mm。壳
呈长椭圆形。壳质稍坚硬，腹面
常开口。壳顶尖，前倾。壳表具
微小的粒状突起，生长纹粗糙。

- 习性：栖息于潮间带低潮区，
在岩石或珊瑚石块周围较常见。

尼科巴海菊蛤

Spondylus nicobaricus Schreibers, 1793

- 软体动物门 / Mollusca
- 双壳纲 / Bivalvia
- 海菊蛤科 / Spondylidae

- 别名：紫斑海菊蛤。

- 识别特征：壳长约50mm。壳呈近卵圆形，壳形有变化，左壳较平，右壳凹。右壳顶与铰合部间具1个三角形倾斜面。壳面呈黄白色，布有褐色或紫褐色斑点。壳面密布细的放射肋和条纹，肋上具细而短的小棘，右壳面具明显的棘和鳞片。壳内面白色，铰合齿2枚。

- 习性：栖息于潮间带低潮线附近至浅海，以右壳固着于岩石上。

多棘海菊蛤

Spondylus multimuricatus Reeve, 1856

- 软体动物门 / Mollusca
- 双壳纲 / Bivalvia
- 海菊蛤科 / Spondylidae

- 别名：多刺海菊蛤。

- 识别特征：壳长约45mm。壳多呈卵圆形或近圆形。左壳稍凸，壳表密布细的放射肋，肋上布有排列较规则的小棘。壳面多呈白色或橘黄色。壳内面白色。

- 习性：栖息于潮间带低潮区至浅海，以右壳固着于岩石或珊瑚礁上。

血色海菊蛤

Spondylus cruentus Lischke, 1868

- 软体动物门 / Mollusca
- 双壳纲 / Bivalvia
- 海菊蛤科 / Spondylidae

- 识别特征：壳长约45mm。壳呈近卵圆形。左壳小，稍平，壳表具细密放射肋，肋上生有短棘；右壳大膨圆。壳面多呈紫褐色或紫红色，壳内面白色，沿壳缘具紫红色环带。

- 习性：栖息于潮间带低潮区至浅海，以右壳顶部固着于礁石上。

厚壳海菊蛤

Spondylus squamosus Schreibers, 1793

- 软体动物门 / Mollusca
- 双壳纲 / Bivalvia
- 海菊蛤科 / Spondylidae

- 识别特征：壳长约100mm。壳多呈圆形或卵圆形，壳质坚厚。壳面呈深褐色，壳顶具紫褐色斑点。壳面具6~7条稍宽的放射主肋，肋上具强壮的片状白色棘，主肋间有数条细间肋。壳内面白色，壳缘具细缺刻和黄褐色环带。

- 习性：栖息于潮间带中、低潮区至浅海，以右壳固着于岩石上。

敦氏猿头蛤

Chama dunkeri Lischke, 1870

- 软体动物门 / Mollusca
- 双壳纲 / Bivalvia
- 猿头蛤科 / Chamidae

- 别名：敦氏猴头蛤。

- 识别特征：壳高约50mm。壳呈卵圆形，壳质坚厚。左壳大，后半部形成弓状弯曲，壳表棘较粗；右壳小，微凸，壳表布满较短的半管状棘。壳表呈黄褐色，生长线细密。壳内面白色。

- 习性：栖息于潮间带低潮区至浅海，以左壳固着于岩石上。

铗猿头蛤

Chama asperella Lamarck, 1819

- 软体动物门 / Mollusca
- 双壳纲 / Bivalvia
- 猿头蛤科 / Chamidae

- 识别特征：壳高约35mm。壳呈卵圆形，壳质坚厚。左壳深凹，右壳较平，右壳鳞片多由小棘组成，也有较大的半管状棘布于后背区。壳表呈灰白色。壳内面白色。

- 习性：栖息于潮间带低潮区至浅海，以左壳固着于岩石上。

襞蛤

Plicatula plicata (Linnaeus, 1764)

- 软体动物门 / Mollusca
- 双壳纲 / Bivalvia
- 襞蛤科 / Plicatulidae

- 别名：菲律宾襞蛤、覆瓦襞蛤。

- 识别特征：壳长约40mm。壳形不规则，略呈近卵圆形。壳质厚，两壳不等，较扁平。壳面呈灰白色或灰褐色，具约10条粗壮的放射肋。壳内面白色，壳缘褐色，具缺刻。

- 习性：栖息于潮间带低潮线附近至浅海，以右壳固着于岩石上。

歧脊加夫蛤

Gafrarium divaricatum (Gmelin, 1791)

- 软体动物门 / Mollusca
- 双壳纲 / Bivalvia
- 帘蛤科 / Veneridae

- 别名：歧纹帘蛤。

- 识别特征：壳长约40mm。壳呈三角卵圆形，侧扁。壳质坚实，壳顶扁平而尖。壳面呈黄褐色，具栗色色带或三角状白斑，生长线细密，放射肋细，两者交织呈粒状突起。壳内面白色，内缘具细齿。

- 习性：栖息于潮间带中、低潮区至潮下带礁石间的石砾沙质或沙质底。

温和翘鳞蛤

Irus mitis (Deshayes, 1854)

- 软体动物门 / Mollusca
- 双壳纲 / Bivalvia
- 帘蛤科 / Veneridae

- 别名：翘鳞蛤。

- 识别特征：壳长约25mm。
  壳形不规则，略呈长方形。
  壳表同心片状肋低而细密，
  在壳后部常高高翘起。

- 习性：栖息于潮间带中、
  低潮区至潮下带的石缝和珊
  瑚礁间。

强片翘鳞蛤

Irus macrophylla (Deshayes, 1853)

- 软体动物门 / Mollusca
- 双壳纲 / Bivalvia
- 帘蛤科 / Veneridae

- 识别特征：壳长约20mm。壳略呈长方形，背、腹缘近平行。壳表具翘起的片状生长肋，在壳后部特别高，放射纹细，排列紧密。

- 习性：栖息于潮间带低潮区至潮下带，在风化岩石、岩缝或珊瑚礁中穴居。

斜纹心蛤

Cardita leana Dunker, 1860

- 软体动物门 / Mollusca
- 双壳纲 / Bivalvia
- 心蛤科 / Carditidae

- 别名：灰算盘蛤。

- 识别特征：壳长约20mm。壳呈长方形，壳质厚。壳顶突出，前倾，位于近前端，腹缘凹陷并开口。壳表前部具10条放射肋，肋上具结节，后部具7条肋，其上具鳞片。肋间沟窄，沟内具同心线。

- 习性：栖息于潮间带低潮区，以足丝附着于岩石上。

秀异篮蛤

Corbula taitensis Lamarck, 1818

- 软体动物门 / Mollusca
- 双壳纲 / Bivalvia
- 篮蛤科 / Corbulidae

- 识别特征：壳长约14mm。壳略呈三角形。壳质较厚，壳顶较低，壳前端近圆形，后端尖。壳面呈黄褐色或黄白色，具较宽的同心肋，肋间沟狭窄。

- 习性：栖息于潮间带低潮区至潮下带礁石间的石砾沙质底。

四带拟海笋

Parapholas quadrizonata (Spengler, 1792)

- 软体动物门 / Mollusca
- 双壳纲 / Bivalvia
- 海笋科 / Pholadidae

- 别名：拟潜穴蛤。

- 识别特征：壳长约50mm。壳呈三角卵圆形。壳面分为明显的3个区，前区具细密的锯齿状同心纹，中区同心纹间距较大，后区由许多重叠的角质片构成。中板和后板各2片，中板卵圆形，后板和腹板长，无水管板。

- 习性：栖息于潮间带低潮线附近至潮下带，在礁石中凿洞穴居。

611

马特海笋

Martesia striata (Linnaeus, 1758)

- 软体动物门 / Mollusca
- 双壳纲 / Bivalvia
- 海笋科 / Pholadidae

- 别名：细纹鸥蛤。

- 识别特征：壳长约25mm。壳略呈楔形。前端膨大近球形，后端两侧极扁，成体腹面被胼胝所封闭，仅留极窄的缝和足孔。自壳顶至腹面有背腹沟将壳面分为2个部分，前部具粒状突起形成整齐的肋，后部平滑仅有生长线。壳内柱细长，原板大，近圆形，后板、腹板薄而细长。

- 习性：在木头中凿洞穴居。栖息于漂浮木、码头木质结构的固定装置等中。

吉村马特海笋

Aspidopholas yoshimurai Kuroda & Teramachi, 1930

- 软体动物门 / Mollusca
- 双壳纲 / Bivalvia
- 海笋科 / Pholadidae

- 别名：吉村盾海笋。

- 识别特征：壳长约25mm。壳呈长卵圆形。前端膨胀，后端渐消瘦，前端腹面开口。自壳顶至腹缘有1条背腹沟将壳面分为两部分，前部具细的锯齿状生长线，后部平滑仅具简单的生长线。原板大，呈鞍状且后缘两分叉，无中板，后板披针状，腹板梭子形。

- 习性：栖息于潮间带低潮区至潮下带，在石灰石或牡蛎壳中凿洞穴居。

脆壳全海笋

Barnea fragilis (G. B. Sowerby II, 1849)

- 软体动物门 / Mollusca
- 双壳纲 / Bivalvia
- 海笋科 / Pholadidae

- 识别特征：壳长约50mm。两壳展开呈鸟翼状，抱合略呈柱状。前端尖，后端尖圆，腹面开口很大。壳表具同心环状细肋和只分布在前部的放射肋，环形肋与放射肋相交呈波纹状。壳内面灰白色，前部有与壳面相应的肋纹。壳内柱细长，原板呈长卵形。

- 习性：栖息于潮间带低潮区至潮下带，在风化岩石中凿洞穴居。

中华蛸

Octopus sinensis d'Orbigny, 1834

- 软体动物门 / Mollusca
- 头足纲 / Cephalopoda
- 蛸科 / Octopodidae

- 别名：中华真蛸、章巨、石巨。

- 识别特征：体呈卵圆形。体表光滑，具极细的黄褐色色素斑点，背部有一些白点斑。腕短，有2列吸盘，腕间膜浅。雄性右侧第3腕茎化，端器锥形。胴长可达120mm。

- 习性：栖息于潮间带中、低潮区至浅海的岩礁或泥沙质底。

615

红蛸

Callistoctopus luteus (Sasaki, 1929)

- 软体动物门 / Mollusca
- 头足纲 / Cephalopoda
- 蛸科 / Octopodidae

- 别名：红章、霞红章鱼。

- 识别特征：体呈红棕色，背部颜色较深，外套背部、头部、腕、腕间膜夹杂不规则的白色斑点。体呈卵圆形，末端尖，外套背部有大量细波纹和不规则的疣突。腕长，长度约为胴长的5~6倍，第1腕最长。胴长可达160mm。

- 习性：栖息于潮间带低潮区至浅海的砾石或岩礁底。

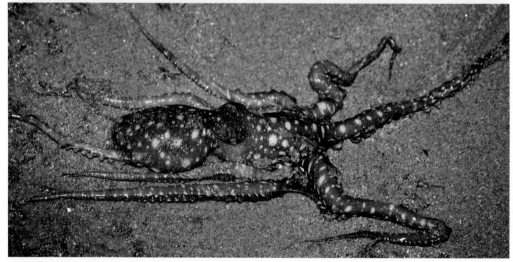

龟足

Capitulum mitella (Linnaeus, 1758)

- 节肢动物门 / Arthropoda
- 鞘甲纲 / Thecostraca
- 指茗荷科 / Pollicipedidae

- 别名：狗爪螺、石蜐、鸡冠贝、笔架、鸡脚、佛手贝、观音掌。

- 识别特征：头部侧扁，由楯板、背板、上侧板、峰板、吻板等8个大壳板形成壳室，基部有1排小侧壳板轮生。柄部略短于头部，完全被小鳞片有规则地覆盖，呈褐色或浅黄色，内部肌肉发达，可伸缩。外观像鸡爪、狗爪、龟足或笔架，因此有许多别名，是潮间带的"四不像"。

- 习性：生活在海浪强烈冲刷的高潮区礁石区，常依靠柄部成群固着在岩石缝隙中。

中华小藤壶

Chthamalus sinensis Ren, 1984

- 节肢动物门 / Arthropoda
- 鞘甲纲 / Thecostraca
- 小藤壶科 / Chthamalidae

- 识别特征：峰吻径约7mm，壳高约4mm。壳白色或淡灰色，圆锥形，表面光滑，基部多具肋，板缝清楚。壳口六角形。楯板三角形，光滑，背缘直，关节脊直，背板宽阔。

- 习性：固着于潮间带高潮区至低潮区的礁石或浮标等漂浮物上。

东方小藤壶

Chthamalus challengeri Hoek, 1883

- 节肢动物门 / Arthropoda
- 鞘甲纲 / Thecostraca
- 小藤壶科 / Chthamalidae

· 识别特征：峰吻径约9mm，壳高约6mm。壳灰白色或褐白色，圆锥形，拥挤时成筒状，表面光滑或具肋，板缝清楚。壳口菱形。盖板雕刻纹显著。楯板三角形，楯板内部具显著的闭壳肌脊，开闭缘显著隆起，背板窄长。

· 习性：固着于潮间带高潮区至潮上带礁石区，能耐受长时间的周期性干燥。

日本笠藤壶

Tetraclita japonica (Pilsbry, 1916)

- 节肢动物门 / Arthropoda
- 鞘甲纲 / Thecostraca
- 笠藤壶科 / Tetraclitidae

- 别名：触嘴、马牙。

- 识别特征：峰吻径约40mm，壳高约20mm。壳体呈圆锥形火山状，壳板4片。壳体厚，表面有许多隆起的梭形纵肋，较粗糙。壳呈鼠灰色或灰紫色。壳口大。盖板较宽阔。楯板内面蓝紫色到紫红色，背板顶端呈喙状，内面上紫下白。

- 习性：栖息于潮间带低潮区至潮下带，常附着于礁石、码头或浮标上，与鳞笠藤壶混栖。

鳞笠藤壶

Tetraclita squamosa (Bruguière, 1789)

- 节肢动物门 / Arthropoda
- 鞘甲纲 / Thecostraca
- 笠藤壶科 / Tetraclitidae

- 别名：触嘴、马牙。

- 识别特征：峰吻径约50mm，壳高约30mm。壳体呈圆锥形火山状，壳板4片。壳体厚，表面有许多隆起的纵肋，内部为中空管状，底部为膜质并有蜂窝状的细管，壳质较疏松。灰白或黑灰色。壳口小，楯板与咬合面之间有10个小齿。背板狭，顶部弯曲成尖嘴状，末端圆。

- 习性：栖息于潮间带低潮区至潮下带，常附着于礁石、码头或浮标上，与日本笠藤壶混栖。

蓝山口笠藤壶

Yamaguchiella coerulescens (Spengler, 1790)

- 节肢动物门 / Arthropoda
- 鞘甲纲 / Thecostraca
- 笠藤壶科 / Tetraclitidae

- 别名：蓝笠藤壶。

- 识别特征：峰吻径约28mm，壳高约11mm。壳体呈低圆锥形火山状，内部充满多列卵圆形的纵管，底部为膜质。壳表具细纵肋，上部蓝绿色，下部浅黄色。壳口呈菱形至五角形，壳板4片，楯板厚而宽阔，生长脊波状，背板较宽阔。

- 习性：栖息于潮间带中、低潮区至潮下带，附着于礁石或浮标上。

红巨藤壶

Megabalanus rosa Pilsbry, 1916

- 节肢动物门 / Arthropoda
- 鞘甲纲 / Thecostraca
- 藤壶科 / Balanidae

- 识别特征：峰吻径约30mm，壳高约30mm。壳体呈圆锥形到筒锥形，壳表光滑，有白色、粉红色、玫瑰色，有些个体具较暗的玫瑰色细纵条纹。幅部宽阔，呈深玫瑰紫色。壳口大，近三角形。楯板呈半透明的玫瑰红色，生长脊强而突出，呈弧形排列。背板矩短而稍宽。

- 习性：栖息于潮间带低潮线附近至潮下带，附着于礁石、浮标或船底。

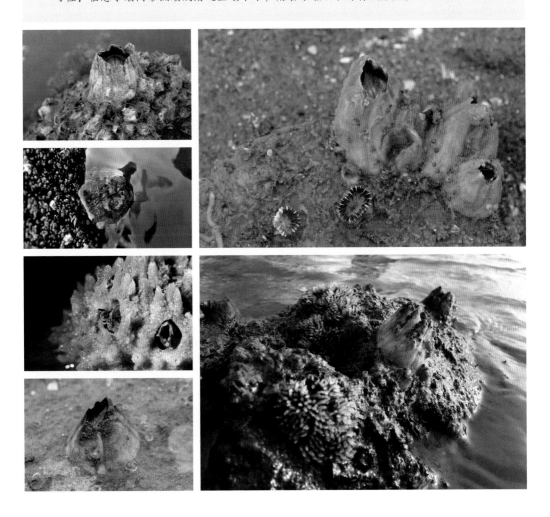

纵肋巨藤壶

Megabalanus zebra Darwin, 1854

- 节肢动物门 / Arthropoda
- 鞘甲纲 / Thecostraca
- 藤壶科 / Balanidae

- 识别特征：大型藤壶，峰吻径约50mm，壳高约35mm。壳体呈陡圆锥形或圆筒形，强壮，峰板最高，吻板最低。壳表紫红色或淡玫瑰紫色，具突出的白色纵肋，肋间色深。幅部较宽阔，顶缘常较斜，鞘内面淡褐紫色。楯板生长脊常抬高，背板顶端呈喙状。

- 习性：栖息于潮间带低潮区至潮下带，附着于礁石、珊瑚礁或浮标上。

钟巨藤壶

Megabalanus tintinnabulum (Linnaeus, 1758)

- 节肢动物门 / Arthropoda
- 鞘甲纲 / Thecostraca
- 藤壶科 / Balanidae

- 识别特征：大型藤壶，峰吻径约65mm，壳高约70mm。壳体呈圆锥形或圆筒形，壳表光滑无刺或具纵皱褶，粉红色或紫红色，有细的暗紫色纵条纹，幅部常为暗紫色。楯板宽阔，生长脊清楚，基背角圆，背板几乎为等边三角形。

- 习性：栖息于潮间带低潮线附近至潮下带，附着于礁石、珊瑚礁、浮标或船底，外表常被其他生物覆盖。

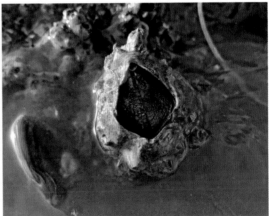

刺巨藤壶

Megabalanus volcano (Pilsbry, 1916)

- 节肢动物门 / Arthropoda
- 鞘甲纲 / Thecostraca
- 藤壶科 / Balanidae

· 识别特征：大型藤壶，峰吻径约45mm，壳高约45mm。壳体呈圆锥形，壳表粗糙，常具棘状刺，粉红色到紫红色，有细的暗紫色纵条纹，幅部常色淡。楯板宽阔，生长脊与细强放射肋相交成屋瓦状排列。背板外表平，顶端呈喙状。

· 习性：栖息于潮间带低潮区至潮下带，附着于礁石或浮标上。个体形态受栖所影响较大。

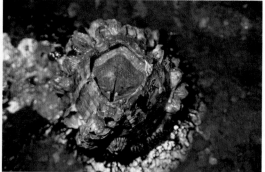

长刺真绵藤壶

Euacasta dofleini (Kruger, 1911)

- 节肢动物门 / Arthropoda
- 鞘甲纲 / Thecostraca
- 藤壶科 / Balanidae

- 识别特征：峰吻径约4.5mm，壳高约5.5mm。壳体呈圆锥形或圆筒形，白色，上部粉紫色，表面具长短不等的弯刺，基部可动，恰在壳板的穿孔上。峰侧板呈线状，幅部和翼部宽阔。鞘下有纵肋，穿孔在肋间。壳口大，呈齿状。

- 习性：栖息于潮间带低潮区至潮下带的海绵中。

马尔他钩虾科一种

Melitidae und.

- 节肢动物门 / Arthropoda
- 软甲纲 / Malacostraca
- 马尔他钩虾科 / Melitidae

- 识别特征：体长约8mm。体呈黑色或黄褐色，半透明。眼卵圆形，红褐色。触角2对，强壮。鳃足具性两态，雄性更强壮。口器突出，尾部具叶，分叉，顶端具缺刻。

- 习性：栖息于潮间带中、低潮区的沙质或泥沙质底。通常躲在砾石下，身体常弯曲，可在水中迅速游动。

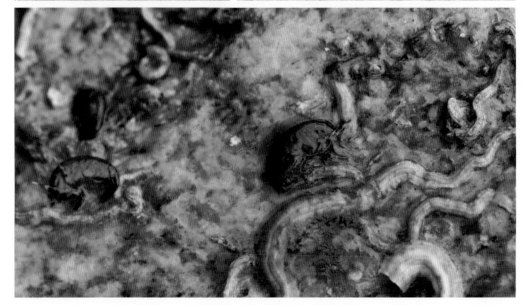

长颈麦秆虫

Caprella equilibra Say, 1818

- 节肢动物门 / Arthropoda
- 软甲纲 / Malacostraca
- 麦秆虫科 / Caprellidae

· 识别特征：体长约15mm。体形修长，呈半透明的浅黄色，具棕色斑点。头部前额略呈角状。胸节无背齿，第1、2胸节较长，第1胸节长于头部的2倍。触角2对，第1触角长。第2胸节腹侧第2鳃足间具1个明显突起，第2鳃足腕节腹面突出1个齿，掌节宽大。鳃卵圆形。第5~7胸节掌节具2对抓捕刺。

· 习性：栖息于潮间带中、低潮区至潮下带的泥沙质底。攀缘于水螅、海藻、海草、渔网等物体上。

瓦氏团水虱

Sphaeroma walkeri Stebbing, 1905

- 节肢动物门 / Arthropoda
- 软甲纲 / Malacostraca
- 团水虱科 / Sphaeromatidae

- 识别特征：体长约10mm。体呈卵圆形，常卷成球形。体背黄褐色或青褐色，中央具1条黄白色纵行宽色带。头部额角突起，眼卵圆形，黑色。第4～7胸节各具1排粒状突起。尾肢内、外两肢均超过腹尾节末端。

- 习性：栖息于潮间带中、低潮区的礁石或红树林区，在礁石、死珊瑚或红树植物根部钻洞生活。

多齿船形虾

Tozeuma lanceolatum Stimpson, 1860

- 节肢动物门 / Arthropoda
- 软甲纲 / Malacostraca
- 藻虾科 / Hippolytidae

· 识别特征：体长约35mm。体呈橙红色，半透明，布有橙色斑点。额角尖长，上缘无齿，下缘具细锐齿。头胸甲前侧角尖锐。背部具3个刺突，第1个略呈钩状。眼圆形，白色。足近透明。

· 习性：栖息于潮间带低潮区至潮下带的礁石底。常攀附于橙色柳珊瑚周围，依靠保护色"隐身"。

红条鞭腕虾

Lysmata vittata (Stimpson, 1860)

- 节肢动物门 / Arthropoda
- 软甲纲 / Malacostraca
- 鞭腕虾科 / Lysmatidae

- 别名：红纹鞭腕虾、薄荷虾。

- 识别特征：体长约30mm。体呈灰白色，半透明，具粗细相间的红褐色斑纹。额角短而突出，上缘7~8齿，下缘3~5齿。触须长，红色。第2步足特别细长，腕节如鞭状。

- 习性：栖息于潮间带低潮区至浅海的礁石或泥沙质底。

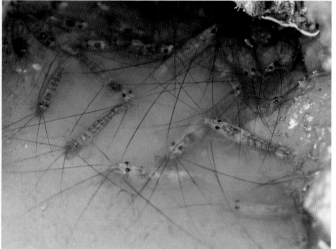

敖氏长臂虾

Palaemon ortmanni Rathbun, 1902

- 节肢动物门 / Arthropoda
- 软甲纲 / Malacostraca
- 长臂虾科 / Palaemonidae

- 识别特征：体长约30mm，体半透明，具白色斑点，头胸部具斜行的棕褐色细条纹，腹部具横行棕褐色细条纹，其中腹部第2、3节具3条横条纹。额角长而上扬，上缘具7～9齿，下缘具7～8齿。步足纤细。

- 习性：栖息于潮间带低潮线附近至潮下带的礁石或沙质底。

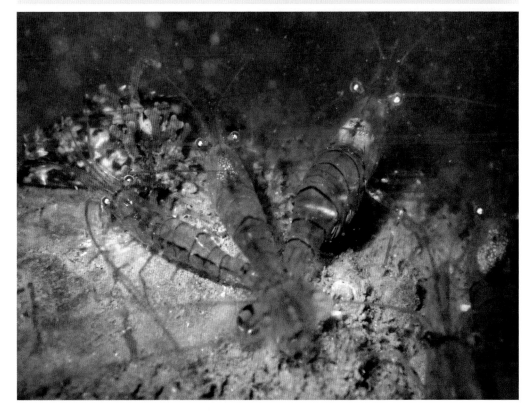

共栖冠岩虾
Cristimenes commensalis (Borradaile, 1915)

- 节肢动物门 / Arthropoda
- 软甲纲 / Malacostraca
- 长臂虾科 / Palaemonidae

- 别名：海百合虾、斑马虾。

- 识别特征：体长约5mm。体色和斑纹依共生的海百合的颜色和斑纹而变化，半透明，非常漂亮。

- 习性：栖息于潮间带低潮区至潮下带的礁石底，与海百合共生。

高背角鼓虾

Arete dorsalis Stimpson, 1860

- 节肢动物门 / Arthropoda
- 软甲纲 / Malacostraca
- 鼓虾科 / Alpheidae

- 别名：高背阿莱鼓虾、背岭枪虾。

- 识别特征：体长约8mm。体呈深紫色，光滑圆润，额角向下弯曲。螯足不对称，较小，步足短，末端透明。

- 习性：栖息于潮间带低潮区至潮下带的礁石底，与紫海胆共生。

双凹鼓虾

Alpheus bisincisus De Haan, 1849

- 节肢动物门 / Arthropoda
- 软甲纲 / Malacostraca
- 鼓虾科 / Alpheidae

- 别名：橘红枪虾、红枪虾。

- 识别特征：体长约40mm。体呈黄褐
  色或浅红褐色，具褐色或红褐色斑点，
  腹部背甲具多处白色纵形条纹，有些个
  体无条纹。额角尖锐，背面扁平，悬于
  侧沟上。螯足不对称。大螯掌部侧扁，
  两侧各具1个凹陷，外侧面凹陷较浅呈
  四边形，内侧面凹陷呈三角形。

- 习性：栖息于潮间带中、低潮区的礁
  石底。

短脊鼓虾

Alpheus brevicristatus De Haan, 1844

- 节肢动物门 / Arthropoda
- 软甲纲 / Malacostraca
- 鼓虾科 / Alpheidae

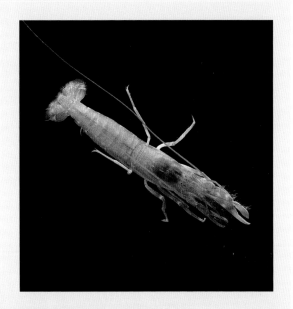

- 别名：鼓虾、枪虾。

- 识别特征：体长约40mm。体呈黄绿色或黄褐色。额角短。尾节较宽，背面中央具宽而明显的纵沟。螯足不对称。大螯强壮，宽短，长约为宽的3倍，掌部外缘近可动指处具1条横沟。小螯较细长。

- 习性：栖息于潮间带中、低潮区的礁石或泥沙质底。

光鼓虾

Alpheus splendidus Coutière, 1897

- 节肢动物门 / Arthropoda
- 软甲纲 / Malacostraca
- 鼓虾科 / Alpheidae

- 别名：光彩枪虾。

- 识别特征：体长约30mm。体呈淡紫褐色，背部中间具1条纵向亮黄色色带，两侧具对称的暗红褐色色带，3条色带从额角延伸至尾部。额角锐刺明显。螯足不对称，前端具稀疏的长软毛。步足和螯足呈淡紫色。尾扇前半部呈亮黄色，后半部呈暗红褐色。

- 习性：栖息于潮间带低潮区的礁石底。

三斑盔突蝉虾

Galearctus kitanoviriosus (Harada, 1962)

- 节肢动物门 / Arthropoda
- 软甲纲 / Malacostraca
- 蝉虾科 / Scyllaridae

- 别名：三斑蝉虾。

- 识别特征：体长约70mm。头胸甲中线具额角齿、胃齿和心齿，额齿锐利明显，颈沟浅，腹部背面中央脊极低。第2触角第6节前端具6个大齿，第4节前缘仅具1个大齿，无附加脊。只在第3步足前节和腕节背面具细毛。体呈暗褐色，杂有不规则斑纹。头胸甲中央具土黄色斑块，第1触角基部呈亮蓝色，第1腹节表面具3个深褐色斑点，中间斑点最大。步足呈黄色，具深蓝色环带。

- 习性：栖息于潮间带低潮区至浅海的礁石底。

黑斑活额虾

Rhynchocinetes conspiciocellus Okuno & Takeda, 1992

- 节肢动物门 / Arthropoda
- 软甲纲 / Malacostraca
- 活额虾科 / Rhynchocinetidae

- 别名：眼斑活额虾、假机械虾。

- 识别特征：体长约40mm。体呈粉黄色至青灰色，满布不规则的由深红色、黄色和白色条形斑纹组成的几何图形。腹部在第3节的位置向上突起，其上具1个黑色眼状斑纹。眼大。额角尖而上扬，具有关节与头胸甲相连，可上下摆动。雄性具较大螯足，步足细长。

- 习性：栖息于潮间带低潮区至潮下带的礁石底。

拉氏岩瓷蟹

Petrolisthes lamarckii (Leach, 1820)

- 节肢动物门 / Arthropoda
- 软甲纲 / Malacostraca
- 瓷蟹科 / Porcellanidae

- 识别特征：体呈红褐色、青褐色、褐色或黄褐色。头胸甲宽约12mm，近卵圆形，扁平，具细鳞片状突起。前额缘呈钝三角形突出。螯足粗壮，略不对称，腕节具3~4个齿。前3对步足扁平，具稀疏刚毛，第4对步足退化。

- 习性：栖息于潮间带中、低潮区的礁石底。

红褐岩瓷蟹

Petrolisthes coccineus (Owen, 1839)

- 节肢动物门 / Arthropoda
- 软甲纲 / Malacostraca
- 瓷蟹科 / Porcellanidae

- 别名：大红岩瓷蟹。

- 识别特征：体呈红褐色。头胸甲宽约13mm，近卵圆形，扁平，前、中部的中间区域具粗鳞片状突起，后缘具2块长方形浅突。前额缘呈三角形突出。螯足粗壮，略不对称，腕节瘦长，通常具4个锐齿。前3对步足扁平，具稀疏刚毛，第4对步足退化。螯足指节末端呈橙黄色。

- 习性：栖息于潮间带中、低潮区的礁石底。

鳞鸭岩瓷蟹

Petrolisthes boscii (Audouin, 1826)

- 节肢动物门 / Arthropoda
- 软甲纲 / Malacostraca
- 瓷蟹科 / Porcellanidae

· 别名：薄氏岩瓷蟹。

· 识别特征：体呈红褐色。头胸甲宽约12mm，近卵圆形，扁平，布满细密沟壑，形成鳞片状或水波状雕刻纹，有种"波光粼粼"的感觉，沟壑处具细密短毛。前额缘呈钝三角形突出。螯足粗壮，略不对称，腕节通常具4个齿。前3对步足扁平，具稀疏刚毛，第4对步足退化。

· 习性：栖息于潮间带中、低潮区的礁石底。

锯额豆瓷蟹

Pisidia serratifrons (Stimpson, 1858)

- 节肢动物门 / Arthropoda
- 软甲纲 / Malacostraca
- 瓷蟹科 / Porcellanidae

- 识别特征：头胸甲宽约8mm，近圆形，中部稍隆起。壳面颜色多变，常呈灰褐色，部分个体蓝灰色，具灰白色斑点或斑纹。前额缘具3齿，中间齿大，前缘呈锯齿状。螯足不对称，表面密布灰白色斑点，外侧具细小颗粒状雕刻纹。步足扁平，具稀疏刚毛。

- 习性：栖息于潮间带低潮区至浅海的礁石底或海藻丛中。

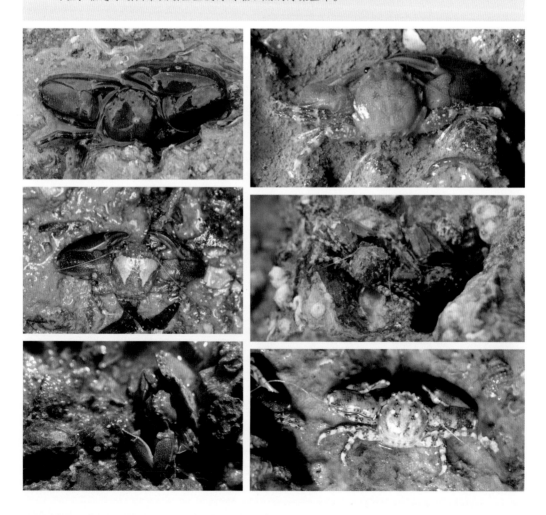

光辉圆扇蟹

Sphaerozius nitidus Stimpson, 1858

- 节肢动物门 / Arthropoda
- 软甲纲 / Malacostraca
- 哲扇蟹科 / Menippidae

- 识别特征：头胸甲宽约20mm，呈卵圆形，光滑而有光泽。体呈红褐色或灰绿色，具褐色的不规则斑纹和浅褐色的圆形斑纹。前额缘中央具1个"V"形缺刻。前侧缘含眼窝齿共5齿，第4齿较突出，第5齿尖锐。螯足粗壮，不对称，螯足与步足边缘具短毛。

- 习性：栖息于潮间带低潮区的礁石底。

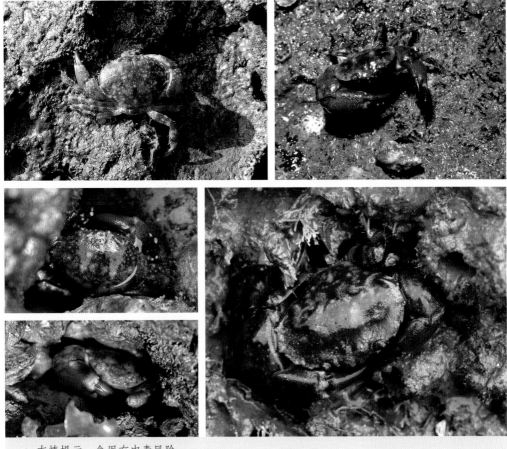

- 友情提示：食用有中毒风险。

中华新尖额蟹

Neorhynchoplax sinensis (Shen, 1932)

- 节肢动物门 / Arthropoda
- 软甲纲 / Malacostraca
- 膜壳蟹科 / Hymenosomatidae

- 识别特征：头胸甲宽约5mm，呈桃形，表面平滑，具稀疏刚毛，沿边缘隆起，胃区、心区之间具明显横沟。额分3叶，中叶窄长而锐突，略向上翘，边缘具刚毛，侧叶短小，呈锐齿状。眼窝后齿小而锐，颊区角突明显。前侧缘具2齿，前齿低而钝，后齿较突而锐。螯足稍瘦长，步足很细长。均具绒毛。

- 习性：栖息于潮间带低潮区的石块、海藻或海胆上。

中型矶蟹

Pugettia intermedia T. Sakai, 1938

- 节肢动物门 / Arthropoda
- 软甲纲 / Malacostraca
- 卧蜘蛛蟹科 / Epialtidae

- 识别特征：头胸甲宽约20mm，呈菱形，表面各区具不规则瘤状隆起，覆刚毛。额部具1对尖刺状突出，其上覆卷曲刚毛，常附着海绵等物体。前眼窝齿突出尖锐，肝区边缘向前、侧面各伸出1个齿，鳃区中部向两侧突出1个锐刺。螯足粗壮，掌部光滑。步足细长，覆刚毛。体呈黄褐色或红褐色。

- 习性：栖息于潮间带低潮线附近的礁石底。

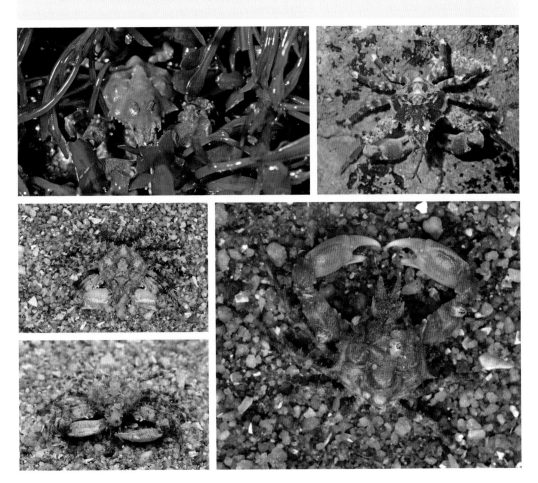

尖刺棱蛛蟹

Prismatopus aculeatus (H. Milne Edwards, 1834)

- 节肢动物门 / Arthropoda
- 软甲纲 / Malacostraca
- 蜘蛛蟹科 / Majidae

- 别名：尖刺绿蛛蟹。

- 识别特征：头胸甲宽约20mm，呈梨形，表面粗糙，具多处隆起和数枚锐刺，两侧边和后部中央均具长刺。前额缘具2个显著额角。螯足较纤细。步足细长，具锐刺。全身背面布满卷曲刚毛。体呈黄色或土黄色。常密集黏附苔藓虫、海鞘、雪花珊瑚等生物，难以观察全貌。

- 习性：栖息于潮间带低潮区至浅海的礁石底。

披发异毛蟹

Heteropilumnus ciliatus (Stimpson, 1858)

- 节肢动物门 / Arthropoda
- 软甲纲 / Malacostraca
- 毛刺蟹科 / Pilumnidae

- 识别特征：头胸甲宽约10mm，呈灰褐色，前侧缘具4个齿。额窄，前缘中部具1处浅缺刻。体表密布黄褐色长刚毛和绒毛。螯足较粗壮，两指末端呈咖啡色，像涂了咖啡色指甲油。

- 习性：栖息于潮间带低潮区的礁石底。

 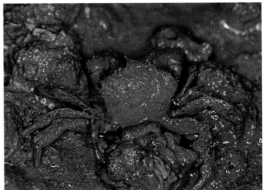

霍氏异毛蟹

Heteropilumnus hirsutior (Lanchester, 1900)

- 节肢动物门 / Arthropoda
- 软甲纲 / Malacostraca
- 毛刺蟹科 / Pilumnidae

- 识别特征：头胸甲宽约20mm，略呈扇形，前缘弧形，侧缘和后缘近平直。体呈土黄色，表面密布短绒毛。头胸甲前缘、螯足和步足边缘密被灰色或深褐色长刚毛。大螯指部光滑无毛，呈红褐色。

- 习性：栖息于潮间带低潮区的礁石底。

长角毛刺蟹

Pilumnus cf. *longicornis* Hilgendorf, 1879

- 节肢动物门 / Arthropoda
- 软甲纲 / Malacostraca
- 毛刺蟹科 / Pilumnidae

- 识别特征：头胸甲宽约25mm，呈近六边形，中部稍隆起。额分2宽叶，圆钝，边缘具颗粒和刚毛。前额缘稍突出，前侧缘（除外眼窝齿外）具4齿。体呈红褐色，布有密集短绒毛和较稀疏的长刚毛。螯足壮大，不对称，掌节内侧和指节光滑无毛，掌节具紫色斑块，指节呈黑色。

- 习性：栖息于潮间带低潮区至潮下带的礁石底。

台湾杨梅蟹

Actumnus taiwanensis HP Ho, HP Yu & PKL Ng, 2001

- 节肢动物门 / Arthropoda
- 软甲纲 / Malacostraca
- 毛刺蟹科 / Pilumnidae

- 识别特征：头胸甲宽约40mm，宽大于长，呈扇形。表面隆起，具细密颗粒，分区浅凹痕不明显。螯足强壮，略不对称。体呈红褐色，密布绒毛。螯足长节和掌节内侧末端具白色圆斑，指节黑褐色。步足长节末端具白色圆斑。

- 习性：栖息于潮间带低潮区的礁石底。

三叶角蟹

Ceratocarcinus trilobatus (Sakai, 1938)

- 节肢动物门 / Arthropoda
- 软甲纲 / Malacostraca
- 毛刺蟹科 / Pilumnidae

- 别名：三叶角菱蟹。

- 识别特征：体色为红褐色与黄白色相间。
  头胸甲宽约10mm，宽大于长，呈六角形。
  表面隆起，中部具光滑隆块，覆短毛。前额
  缘弯向腹面，具2个布有细颗粒的钝齿。前
  额后部壳面白色。内眼窝齿呈三角形，外眼
  窝角呈钝叶状，腹内眼窝齿十分突出，呈锐
  齿形。螯足较长，具颗粒，长节略呈棱柱
  形。步足粗壮，第1对最长。

- 习性：栖息于潮间带低潮区至潮下带的礁
  石底，与海百合共生。

钝齿蟳

Charybdis (*Charybdis*) *hellerii* (A. Milne-Edwards, 1867)

- 节肢动物门 / Arthropoda
- 软甲纲 / Malacostraca
- 梭子蟹科 / Portunidae

- **别名：**赫氏蟳。

- **识别特征：**体呈青褐色至红褐色，在头胸甲侧后部各有1个白色近圆形斑块。头胸甲宽约70mm，呈横卵圆形，表面光滑，具几对隆脊，前部具少量绒毛。前额缘具6个齿，中间2齿最钝。前侧缘具6个齿，其中第3~5齿稍大于前2齿，第6齿最尖锐。

- **习性：**栖息于潮间带中、低潮区的礁石底。

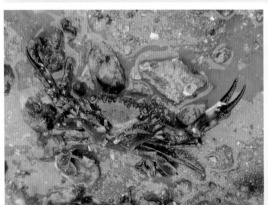

善泳蟳

Charybdis (*Charybdis*) *natator* (Herbst, 1794)

- 节肢动物门 / Arthropoda
- 软甲纲 / Malacostraca
- 梭子蟹科 / Portunidae

- 别名：石蟳、石头蟹。

- 识别特征：体呈红棕色。头胸甲
宽约100mm，呈横卵圆形，密布短绒
毛，前半部具粗糙颗粒，布有数条
由颗粒组成的间断横肋。前额缘具6
个钝齿，中间2个齿为平钝齿，前侧
缘含外眼窝齿共具6个齿。螯足和步
足密布短绒毛，并具颗粒状突起。

- 习性：栖息于潮间带低潮区至浅
海的泥沙质、礁石或砾石底。

锈斑蟳

Charybdis (*Charybdis*) *feriata* (Linnaeus, 1758)

- 节肢动物门 / Arthropoda
- 软甲纲 / Malacostraca
- 梭子蟹科 / Portunidae

- 别名：花蟹、花市仔、火烧公、十字蟹、花蠘仔。

- 识别特征：头胸甲宽约100mm，呈横卵圆形，表面光滑。前额缘具6个齿，大小相似。前侧缘含外眼窝齿共具6个齿。体呈橙黄色，布有左右对称的深褐色斑纹，并在中央形成橙黄色的"十"字斑纹。

- 习性：栖息于潮间带低潮区至潮下带的泥沙质底。

锐齿蟳

Charybdis (Charybdis) acuta (A. Milne-Edwards, 1869)

- 节肢动物门 / Arthropoda
- 软甲纲 / Malacostraca
- 梭子蟹科 / Portunidae

- 识别特征：头胸甲宽约55mm，呈横卵圆形，密布短绒毛，背面前半部具几对横行隆脊。前额缘具6个锐齿，前侧缘也具6个锐齿。螯足粗壮，不对称。体呈棕红色，

- 习性：栖息于潮间带低潮区至潮下带的礁石底。

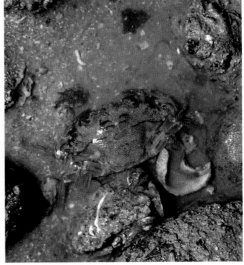

日本蟳

Charybdis (Charybdis) japonica (A. Milne-Edwards, 1861)

- 节肢动物门 / Arthropoda
- 软甲纲 / Malacostraca
- 梭子蟹科 / Portunidae

- 别名：石蟳。

- 识别特征：头胸甲宽约80mm，呈横卵圆形，密布短绒毛，在前、中部具数条横脊。前额缘具6个齿，中间2齿更大更突出。前侧缘共具6个齿，含外眼窝齿。体呈青褐色或黄褐色，在背部后缘两侧各有1个近圆形的白色斑块。螯足细壮，不对称，两指呈黑褐色。步足蓝紫色。

- 习性：栖息于潮间带中、低潮区至潮下带的泥质、碎壳或礁石底。

晶莹蟳

Charybdis (*Charybdis*) *lucifer* (Fabricius, 1798)

- 节肢动物门 / Arthropoda
- 软甲纲 / Malacostraca
- 梭子蟹科 / Portunidae

- 识别特征：头胸甲宽约80mm，呈横卵圆形，光滑无毛，具细微颗粒。前部具数条不明显的横脊。前额缘具6个齿，中间4个齿近等大。前侧缘具6个齿，第1～5齿逐渐增大，末齿最小，呈刺状。头胸甲呈紫褐色，在后部两侧各有一大一小的1对椭圆形的淡黄色斑块。螯足大而光滑，略不对称。步足呈紫褐色。

- 习性：栖息于潮间带低潮区的礁石底。

钝齿短桨蟹

Thalamita crenata Rüppell, 1830

- 节肢动物门 / Arthropoda
- 软甲纲 / Malacostraca
- 梭子蟹科 / Portunidae

- 别名：钝齿长桨蟹。

- 识别特征：头胸甲宽约60mm，光滑或具细毛，前部具几对横脊。头胸甲背面呈棕绿色。前额缘具6个钝齿，中间1对最宽，呈方形。前侧缘具5个齿。螯足强壮，不对称。螯足掌部外侧呈浅蓝色，指节尖端暗红色。

- 习性：栖息于潮间带中、低潮区至潮下带的礁石或珊瑚礁底。

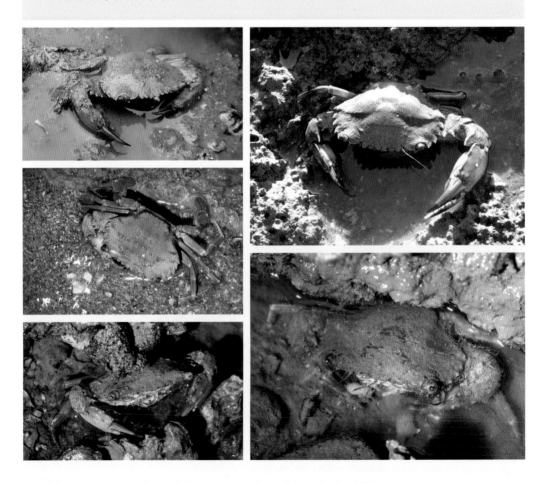

细纹爱洁蟹

Atergatis reticulatus (De Haan, 1835)

- 节肢动物门 / Arthropoda
- 软甲纲 / Malacostraca
- 扇蟹科 / Xanthidae

- 识别特征：头胸甲宽约80mm，呈横卵圆形，表面具粗糙的凹点和皱纹，边缘具1圈凹槽。前额缘分为2叶。前侧缘锋锐，具4叶。螯足粗壮，表面粗糙。体呈暗红褐色，螯足指节黑色。

- 习性：栖息于潮间带低潮区至潮下带的礁石底。

- 友情提示：食用有中毒风险。

花纹爱洁蟹

Atergatis floridus (Linnaeus, 1767)

- 节肢动物门 / Arthropoda
- 软甲纲 / Malacostraca
- 扇蟹科 / Xanthidae

- 识别特征：整体呈棕褐色，头胸甲间有黄白色斑纹。头胸甲宽约40mm，呈横卵圆形，表面光滑，具微细凹点。额部中央具1条浅缝，分为2个宽叶。前侧缘隆脊形。眼窝小，眼柄短而粗，常藏于眼窝内。螯足对称，步足扁平。

- 习性：栖息于潮间带低潮区至潮下带的岩石底或珊瑚礁浅水中。

- 友情提示：食用有中毒风险。

厦门仿爱洁蟹

Atergatopsis amoyensis De Man, 1879

- 节肢动物门 / Arthropoda
- 软甲纲 / Malacostraca
- 扇蟹科 / Xanthidae

- 别名：厦门近爱洁蟹。

- 识别特征：头胸甲宽约60mm，呈横卵圆形，表面粗糙，密布细小颗粒状突起，前半部具不明显的宽凹沟，常覆盖泥沙等杂质。前额缘分2叶。侧缘弧形，在两侧各具2个钝齿。螯足粗壮，对称，密布细小颗粒状突起。体呈橙红色至红褐色，螯足指节深褐色。

- 习性：栖息于潮间带低潮区至潮下带的礁石底。

- 友情提示：食用有中毒风险。

近缘皱蟹

Leptodius affinis (De Haan, 1835)

- 节肢动物门 / Arthropoda
- 软甲纲 / Malacostraca
- 扇蟹科 / Xanthidae

- 别名：黑斑皱蟹。

- 识别特征：体呈黄白色，具红褐色或紫灰色斑纹，有些个体胃区具1个黑斑。头胸甲宽约15mm，呈横卵圆形，表面粗糙，具细颗粒，分区明显，分区沟较浅。前额缘近平直，分2叶。前侧缘具4个齿。螯足粗壮，不对称，长节具绒毛。步足扁平，边缘具绒毛。

- 习性：栖息于潮间带中、低潮区至潮下带的礁石或珊瑚礁底。

- 友情提示：食用有中毒风险。

菜花银杏蟹

Actaea savignii (H. Milne Edwards, 1834)

- 节肢动物门 / Arthropoda
- 软甲纲 / Malacostraca
- 扇蟹科 / Xanthidae

- 识别特征：体呈浅褐色至黄褐色，布有少量褐色斑纹。头胸甲宽约25mm，呈横卵圆形，表面粗糙，具集群的颗粒状隆起，似菜花状。前额缘分2叶。前侧缘分4叶，各叶边缘均具颗粒。螯足粗壮且对称，螯足与步足表面均具菜花状隆起。螯足指节褐色。

- 习性：栖息于潮间带低潮区至浅海的礁石底。

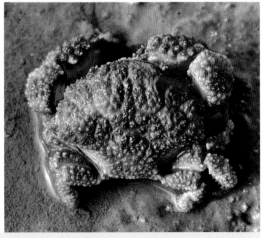

- 友情提示：食用有中毒风险。

雷氏鳞斑蟹

Demania reynaudii (H. Milne Edwards, 1834)

- 节肢动物门 / Arthropoda
- 软甲纲 / Malacostraca
- 扇蟹科 / Xanthidae

- 别名：雷诺氏鳞斑蟹、雷氏扇蟹。

- 识别特征：体呈红褐色至黄褐色，具褐色斑纹。头胸甲宽约50mm，呈扇形，表面粗糙，分区明显，各区又有细沟分为小区，各具鳞片状突起。前额缘分2叶。前侧缘具4齿，前2齿平钝，后2齿突出。螯足粗壮且对称，密布颗粒状突起。

- 习性：栖息于潮间带低潮区至潮下带的礁石或沙质底。

- 友情提示：食用有中毒风险。

颗粒仿权位蟹

Medaeops granulosus (Haswell, 1882)

- 节肢动物门 / Arthropoda
- 软甲纲 / Malacostraca
- 扇蟹科 / Xanthidae

- 识别特征：体呈土黄色或橙黄色，具不规则褐色斑块。头胸甲宽约30mm，呈横六边形，表面粗糙，前2/3部分隆起，具多条横行的颗粒隆线，并散布颗粒。前额缘分2叶。前侧缘除外眼窝角外，共具4个齿。螯足粗壮，不对称。螯足指节褐色至红褐色。

- 习性：栖息于潮间带低潮区至潮下带的礁石底。

- 友情提示：食用有中毒风险。

特异大权蟹

Macromedaeus distinguendus (De Haan, 1835)

- 节肢动物门 / Arthropoda
- 软甲纲 / Malacostraca
- 扇蟹科 / Xanthidae

- 识别特征：体呈黄褐色。头胸甲宽约20mm，呈横卵圆形，表面隆起，具颗粒和皱褶，但在后部平且较光滑。前额缘中部具1处缺刻，前侧缘具4个三角形钝齿。螯足粗壮，不对称。步足细短，具刚毛和短毛。

- 习性：栖息于潮间带低潮区的礁石底。

- 友情提示：食用有中毒风险。

东方精武蟹

Parapanope orientalis PKL Ng & Guinot, 2021

- 节肢动物门 / Arthropoda
- 软甲纲 / Malacostraca
- 静蟹科 / Galenidae

- 识别特征：体呈黄褐色。头胸甲宽约16mm，宽大于长，略呈六角形，表面较平滑，分区明显，各区均隆起，具集群颗粒。前额缘分2叶，每叶前缘稍内凹。前侧缘锋锐，具4个三角形齿，前3齿逐渐增大，第4齿指向两侧，各齿间具缺刻。螯足不对称。

- 习性：栖息于潮间带低潮区的礁石、沙质或碎壳底。

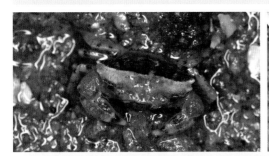
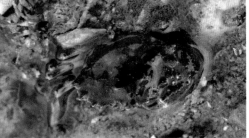

凶狠酋妇蟹

Eriphia ferox Koh & PKL Ng, 2008

- 节肢动物门 / Arthropoda
- 软甲纲 / Malacostraca
- 酋妇蟹科 / Eriphiidae

- 别名：司氏酋妇蟹、斯氏酋妇蟹。

- 识别特征：体呈紫褐色至红棕色，眼睛红褐色。头胸甲宽约50mm，呈横卵圆形，前半部表面粗糙，散布颗粒状突起，具2条对称的倒"八"字形凹沟，额区中部具1条纵沟，向后延伸呈"Y"形。后半部较平滑，胃、心区具"H"形凹痕。前额缘分2叶，其上各具6~7个小齿，前额缘（含外眼窝角）具6~7个刺。具一缺刻，前侧缘具颗粒状棘刺。螯足粗壮，不对称，腕节和掌节外侧面密布颗粒状突起，步足散布长刚毛。

- 习性：栖息于潮间带低潮区至潮下带的礁石或珊瑚礁底。

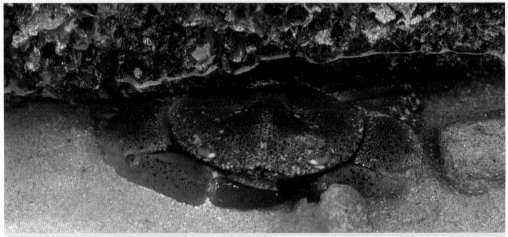

- 友情提示：食用有中毒风险。

肉球近方蟹

Hemigrapsus sanguineus (De Haan, 1835)

- 节肢动物门 / Arthropoda
- 软甲纲 / Malacostraca
- 弓蟹科 / Varunidae

- 识别特征：体呈红褐色，密布褐色斑点和斑纹。头胸甲宽约35mm，宽稍大于长，近四方形，平滑无毛，散布细颗粒，中部有近似"H"形的凹痕。前额缘平直，中部稍凹陷，前侧缘含外眼窝齿共具3个齿，末齿最小。螯足强壮，雄性螯足大于雌性，指节基部具1个球形囊泡。步足扁，光滑。

- 习性：栖息于潮间带中、高潮区的礁石或砾石底。

四齿大额蟹

Metopograpsus quadridentatus Stimpson, 1858

- 节肢动物门 / Arthropoda
- 软甲纲 / Malacostraca
- 方蟹科 / Grapsidae

- 识别特征：体呈灰绿色或黄褐色，具褐色或深褐色斑纹。头胸甲宽约30mm，呈近倒梯形，表面较光滑。前额缘较平，额后隆脊分为4叶，前侧缘具2个锐齿。螯足不对称，指节外侧多呈紫色，尖端白色。步足长节扁平光滑，其余3节具长短不一的刚毛。

- 习性：栖息于潮间带中、高潮区的礁石底，常躲避于礁石缝隙中或石块下。

粗腿厚纹蟹

Pachygrapsus crassipes Randall, 1840

- 节肢动物门 / Arthropoda
- 软甲纲 / Malacostraca
- 方蟹科 / Grapsidae

- 识别特征：头胸甲背面呈青褐色或紫褐色，具黄褐色的横向斑纹。头胸甲宽约35mm，呈方形，表面稍隆起，具横皱襞和隆线。前额缘较平直，中部略内凹。前侧缘含外眼窝角具2个锐齿，齿间呈"U"形缺刻。螯足对称。步足扁平光滑，掌节和指节边缘具稀疏的短刚毛。

- 习性：栖息于潮间带中、高潮区的礁石底或石缝中。

中华盾牌蟹

Percnon sinense Chen, 1977

- 节肢动物门 / Arthropoda
- 软甲纲 / Malacostraca
- 盾蟹科 / Percnidae

- 识别特征：体呈褐色，头胸甲背面中部具1条黄绿色竖直色带，前侧缘和眼柄呈黄色。头胸甲宽约25mm，长稍大于宽，略呈卵圆形，扁平。背面具一些对称隆脊，其上具细颗粒，其余区域密布短毛。前额缘具4个尖刺状锐齿。螯足掌节长略大于宽，背面具6~7枚短刺，周围布有短毛，长节和腕节边缘具短刺。步足长节边缘具数枚锐刺。

- 习性：栖息于潮间带的低潮区至潮下带的礁石或珊瑚礁底。

鳞突斜纹蟹

Plagusia squamosa (Herbst, 1790)

- 节肢动物门 / Arthropoda
- 软甲纲 / Malacostraca
- 斜纹蟹科 / Plagusiidae

- 别名：瘤突斜纹蟹。

- 识别特征：体呈青灰色，布有深褐色斑纹。头胸甲宽约40mm，宽稍大于长，近圆形，表面粗糙，密布鳞片状和颗粒状的突起，突起前缘密具短毛。额分2叶，前额缘具2个"U"形缺刻。前侧缘含外眼窝角具4个锐齿。螯足前部具细颗粒。步足掌节外缘密布长刚毛。

- 习性：栖息于潮间带低潮区至潮下带的礁石或珊瑚礁底。

辐射碟苔虫

Patinella radiata (Audouin, 1826)

- 苔藓动物门 / Bryozoa
- 狭唇纲 / Stenolaemata
- 碟苔虫科 / Lichenoporidae

- 识别特征：一种小型的呈圆形或椭圆形的结壳苔藓虫，通常呈灰白色至紫粉色。群体中央部分凹陷，周边具极薄且光滑的边缘层。个虫呈管状，直立并呈放射状朝中央延展排列，形成一个复合群，从外围到中心逐渐增大。排列形似一台管风琴，看上去优雅而美丽。

- 习性：分布于潮间带中、低潮区至浅海，常附着在水螅、海藻、贝壳和其他钙质苔藓虫群体上，也见于一些经济贝类（如皱纹盘鲍）的贝壳上。

大枝苔虫属一种

Nevianipora sp.

- 苔藓动物门 / Bryozoa
- 狭唇纲 / Stenolaemata
- 大枝苔虫科 / Diaperoeciidae

- 识别特征：群体像树枝一样直立生长，较宽扁，两侧呈齿状，淡黄色，分枝细密，无关节，基面较扁平，且不规则地分布大量假孔。个虫呈管状，分布于分枝两侧，室口呈圆形。

- 习性：栖息于潮间带中潮区礁石的背光面上。

细刺帐苔虫

Conopeum loki Almeida, Souza & Vieira, 2017

- 苔藓动物门 / Bryozoa
- 裸唇纲 / Gymnolaemata
- 琥珀苔虫科 / Electridae

- 识别特征：群体被覆，呈淡褐色、淡黄色或白色，在贝壳等基质上形成不规则的单层薄膜。个虫细长方形，相邻个虫以深沟间隔，界限清晰。墙缘厚而隆起，隆起缘表面呈锯齿状。前膜呈长椭圆形或长卵圆形，内缘隐壁分布细而短小的侧刺。在个虫始端肉眼可见短而粗的钙质刺。

- 习性：栖息于潮间带低潮区至潮下带，常附着在贝壳、养殖网箱及浮标上，是一种常见的污损苔虫。

大室别藻苔虫

Biflustra grandicella (Canu & Bassler, 1929)

- 苔藓动物门 / Bryozoa
- 裸唇纲 / Gymnolaemata
- 膜孔苔虫科 / Membraniporidae

- 识别特征：它们灿烂若牡丹，直立生长于礁石上，卷薄、半透明的淡黄色"花瓣"让它们的群体看上去又像饱满的木耳。个虫呈方形，相邻个虫以室间细沟间隔，界限清晰。隐壁内缘呈细锯齿状。

- 习性：栖息于潮间带低潮区的礁石上。

疣突吉膜苔虫

Jellyella tuberculate (Bosc,1802)

- 苔藓动物门 / Bryozoa
- 裸唇纲 / Gymnolaemata
- 膜孔苔虫科 / Membraniporidae

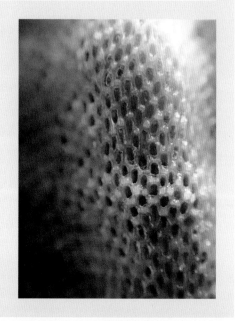

- 识别特征：群体被覆，在基质上形成单层的白色皮壳状薄膜，或是绕马尾藻等的分枝形成管形皮革状。个虫呈椭圆形、近长方形或六角形，呈放射状排列。相邻个虫以浅沟间隔，界限分明。室孔呈椭圆形，前膜大，口盖半圆，隐壁内缘锯齿状，无刺。个虫末端两隅各有1个球状疣突，有时2个疣突会愈合在一起，像蝴蝶结装饰。

- 习性：栖息于潮间带中、低潮区，通常附着在贝壳、石块、海藻（尤其是马尾藻）上。

双罩苔虫科一种

Pentapora cf. *fascialis* (Pallas, 1766)

- 苔藓动物门 / Bryozoa
- 裸唇纲 / Gymnolaemata
- 双罩苔虫科 / Bitectiporidae

- 识别特征：群体直立生长，附着于柳珊瑚上，可形成一个饱满的层状和叶状结构群落，分叉有点像鹿角的形状。群体呈乳白色，虫室呈矩形排列。

- 习性：栖息于潮间带低潮区有柳珊瑚分布的礁岩区。

香港马盾苔虫

Hippoporina indica Pillai, 1978

- 苔藓动物门 / Bryozoa
- 裸唇纲 / Gymnolaemata
- 双罩苔虫科 / Bitectiporidae

- 识别特征：群体像斑块一样被覆在基质上，呈灰白色、淡黄色或黄色。个虫卵圆形，呈放射状排列，界线清晰。室口圆形，周围略隆起，底边通常有1个弧形中央窦，窦末端两侧各具1个三角形的齿突。口上卵包像透明的红色小玻璃球，点缀于群体间。

- 习性：栖息于潮间带中、低潮区的礁石上，也常附着于养殖网箱船底、航标等水下设施和经济贝类的贝壳上。

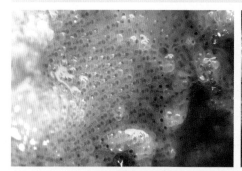

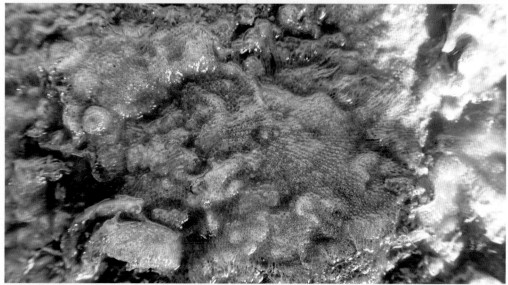

颈链血苔虫

Watersipora subtorquata (d'Orbigny, 1852)

- 苔藓动物门 / Bryozoa
- 裸唇纲 / Gymnolaemata
- 血苔虫科 / Watersiporidae

- 识别特征：被覆生长，通常呈圆形或裂片状。颜色多呈棕褐色、黑色或深紫色，外圈边缘常见1道红色鲜明的狭带。在相对平坦的基质上时，群体多是单层；在不规则的基质上时，群体会呈现多层，且伴有宽阔的橘色褶皱边缘。个虫呈长方形或类六角形，五点形排列，相邻个虫以室间细脊间隔，界限清晰。

- 习性：栖息于潮间带中、低潮区的礁石上。

厦门华藻苔虫

Sinoflustra cf. *amoyensis* (Robertson, 1921)

- 苔藓动物门 / Bryozoa
- 裸唇纲 / Gymnolaemata
- 华藻苔虫科 / Sinoflustridae

- 识别特征：群体被覆，单层，呈淡褐色或褐色，在基质上形成圆形斑块（年幼群体）或宽大的不规则皮壳。边缘部分常常脱离基质呈波纹状隆起。个虫长方形，放射状排列，界线分明，具有半圆形的口盖。前膜大，隐壁末端小，始端宽大，看上去呈倒梨形，末端两隅具带分叉的粗壮端刺，内缘有锯齿，并分布强壮的刺。

- 习性：主要栖息于潮间带中、低潮区的礁石上，也常附着于水下设施、养殖网箱以及一些经济贝类上，是一种常见的污损苔虫。

美髯松苔虫

Caberea lata Busk, 1852

- 苔藓动物门 / Bryozoa
- 裸唇纲 / Gymnolaemata
- 环管苔虫科 / Candidae

- 识别特征：群体呈树枝状或扇状，呈土黄色，高度可达50～60cm。个虫像麻花瓣一样排列。外刺长而强壮。

- 习性：栖息于潮间带低潮区的礁石上。常附着在贝壳、石块、珊瑚上，或者与水螅及其他枝状苔虫丛生在一起。

网藻苔虫属一种

Retiflustra sp.

- 苔藓动物门 / Bryozoa
- 裸唇纲 / Gymnolaemata
- 藻苔虫科 / Flustridae

- 识别特征：通常呈灰白色。被覆生长，由2～3层圆形薄片从小到大螺旋式叠加在一起，上面布满了近椭圆形的孔，孔的一端稍尖，整体看上去就像立体的剪纸花。虫室细长，呈矩形排列。

- 习性：栖息于潮间带低潮区的礁石上，常覆盖于各种海藻上。

俭孔苔虫科一种

Phidoloporidae und.

- 苔藓动物门 / Bryozoa
- 裸唇纲 / Gymnolaemata
- 俭孔苔虫科 / Phidoloporidae

· 识别特征：直立生长在礁石壁上，分枝接合呈网状，像蕾丝花边般随波轻摆。整个群落都有蕾丝般的穿孔，呈淡黄色至浅橙色。虫室长在褶皱的内侧，个虫呈卵圆形。

· 习性：栖息于潮间带低潮区的礁石上。

东方斑孔苔虫

Fenestrulina cf. *orientalis* Liu & Liu, 2001

- 苔藓动物门 / Bryozoa
- 裸唇纲 / Gymnolaemata
- 斑孔苔虫科 / Fenestrulinidae

· 识别特征：群体被覆，灰白色、黄白色或淡黄色，在基质上形成亚圆形的单层斑块或不规则的单层皮壳。个虫卵圆形或六角形，呈放射状排列，相邻个虫以室间细沟间隔，界限清晰。它们看上去就像一群可爱的表情包，D字型的室口上长着3~4根口刺，像表情包上竖起的"发丝"，形如小脸蛋的前壁表面光滑，室口下方像"小嘴"一样的是它们的调整囊孔，室口底边和调整囊孔之间有1~3行的星芒状小孔。

· 习性：栖息于潮间带中、低潮区至浅海，通常附着在石块、贝壳、海藻上，是栉孔扇贝、马氏珠母贝等一些养殖贝类上的污损苔虫。

日本裂孔苔虫

Schizoporella japonica Ortmann, 1890

- 苔藓动物门 / Bryozoa
- 裸唇纲 / Gymnolaemata
- 裂孔苔虫科 / Schizoporellidae

- 识别特征：结壳生长的苔藓虫群落。通常是单层，可以长到50mm宽，但有时候也会形成双层以及脱离基质的叶状裂片。通常呈橙黄色，但也会出现粉红色至深红色不等。个虫呈矩形或多边形，相邻个虫以室间深沟间隔，界限清晰。室口半圆形，具有1个"U"形中央窦。

- 习性：栖息于潮间带低潮区的礁石、死去的贝壳或藻类上。

独角裂孔苔虫

Schizoporella unicornis (Johnston in Wood, 1844)

- 苔藓动物门 / Bryozoa
- 裸唇纲 / Gymnolaemata
- 裂孔苔虫科 / Schizoporellidae

- 识别特征：群体被覆生长，颜色丰富、有灰白色、黄色、粉色、淡褐色和橘红色，通常在基质上形成亚圆形的单层斑块，或形成形状不规则的单层或多层皮壳。个虫长方形或类六角形，界限清晰。前壁凸，表面细颗粒状，分布着间距均匀的圆形小孔。

- 习性：栖息于潮间带低潮区的礁石上，是贝类（尤其是鲍鱼）养殖危害最大的污损生物之一。

仿迷误裂孔苔虫

Schizoporella erratoidea Liu, 2001

- 苔藓动物门 / Bryozoa
- 裸唇纲 / Gymnolaemata
- 裂孔苔虫科 / Schizoporellidae

- 识别特征：它们在坚硬的基质上结壳生长，群落呈褐色或紫褐色，生长边缘橙色，表面常直立生长着分叉的中空管状体。

- 习性：栖息于潮间带低潮区的礁石、珊瑚碎石或船底等人工设施上，是养殖贝类及其笼网最主要的污损生物之一。

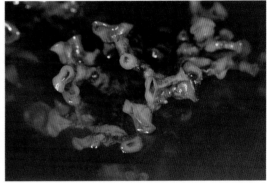

裂孔苔虫属一种

Schizoporella pungens Canu & Bassler, 1928

- 苔藓动物门 / Bryozoa
- 裸唇纲 / Gymnolaemata
- 裂孔苔虫科 / Schizoporellidae

- 识别特征：结壳生长的苔藓虫群落。通常被覆在坚硬底质上，形成单层或多层的扁平垫子。表面中心多呈深褐色，生长边缘呈橙黄色，有时候会形成上翻的皱褶。

- 习性：栖息于潮间带低潮区的礁石上。

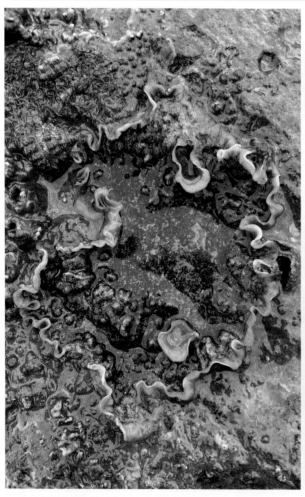

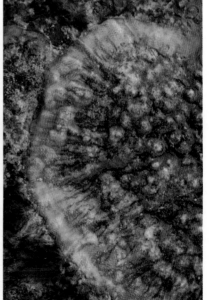

厦门厚缘苔虫

Crassimarginatella cf. *xiamenensis* (Liu, 1999)

- 苔藓动物门 / Bryozoa
- 裸唇纲 / Gymnolaemata
- 丽苔虫科 / Calloporidae

- **别名：**厦门琥珀苔虫。

- **识别特征：**群体被覆生长，呈黄白色，单层，在基质上形成不规则的薄膜。虫室呈长椭圆形，个虫界限清晰。虫室内缘具锯齿，边缘有6~12根刺。

- **习性：**栖息于潮间带低潮区，是养殖贝类上常见的污损生物，也附着于一些废弃物、浮标上。

小分胞苔虫属一种

Celleporella sp.

- 苔藓动物门 / Bryozoa
- 裸唇纲 / Gymnolaemata
- 敏胞苔虫科 / Hippothoidae

- 识别特征：在贝壳上形成堆积不规则的群落，看上去有点杂乱无章，个虫之间的界限有点模糊不清，但能清晰地看到类圆形的室口。在显微镜下观察，室口呈裂孔形，中央具1个小窦或缺口，两侧具2个很微小的齿突。个虫间还分布很多细孔。

- 习性：栖息于潮间带低潮区至浅海，常附着于皱纹盘鲍、栉孔扇贝、贻贝等养殖贝类以及一些水下设施、养殖网箱上，是常见的污损苔虫。

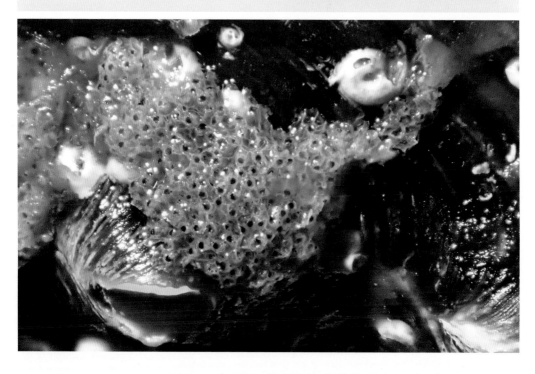

多室草苔虫

Bugula neritina (Linnaeus, 1758)

- 苔藓动物门 / Bryozoa
- 裸唇纲 / Gymnolaemata
- 草苔虫科 / Bugulidae

- 识别特征：群体直立生长。幼小群体呈红棕色，扇形；老年群体有红棕色、紫褐色或黑褐色，呈树枝状。分枝由2列个虫交互排列而成，虫室略呈长方形，始端比末端稍狭。前膜几乎占了个虫整个前区。

- 习性：栖息于潮间带中、低潮区的礁石上，也常大量附着在船底、航标等水下设施及经济贝类、藻类上，是世界上最主要的污损生物之一。

多辐毛细星

Capillaster multiradiatus (Linnaeus, 1758)

· 棘皮动物门 / Echinodermata
· 海百合纲 / Crinoidea
· 栉羽枝科 / Comatulidae

· 识别特征：体形膨大，羽枝浓密，末梢卷成了个大波浪。腕18～24条，长100～125mm，较粗壮，橘色腕板在红褐色的体色中很亮眼。

· 习性：栖息于潮间带低潮区至潮下带的礁岩底。

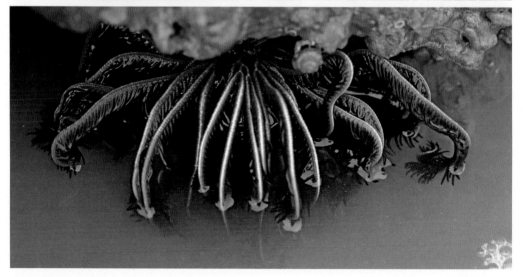

毛细星属一种

Capillaster sp.

- 棘皮动物门 / Echinodermata
- 海百合纲 / Crinoidea
- 栉羽枝科 / Comatulidae

- 识别特征：色彩鲜艳，羽枝卷曲，体色间杂红色、紫色和白色。腕约12条，18根卷枝像爪子一样。

- 习性：栖息于潮间带低潮区至潮下带的礁岩底。以卷枝紧紧抓附于礁石上。

日本卷海齿花

Anneissia japonica (Müller, 1841)

- 棘皮动物门 / Echinodermata
- 海百合纲 / Crinoidea
- 栉羽枝科 / Comatulidae

- 别名：日本海齿花。

- 识别特征：当它在水中"绽放"时，一副雍容华贵的样子，暗褐色的羽枝，浓密茂盛，错落有致，末端点缀着黄色，均匀地镶着边。40条长腕，长80~120mm。收缩时可见其亮眼的橘色腕板。

- 习性：栖息于潮间带低潮区至潮下带的礁岩底，常以卷枝抓附于礁石上。

小卷海齿花
Comanthus parvicirrus (Müller, 1841)

- 棘皮动物门 / Echinodermata
- 海百合纲 / Crinoidea
- 栉羽枝科 / Comatulidae

- 识别特征：羽枝略显稀疏，看似硬朗如针叶，尖端黄色点缀。全体褐色，标准腕数20条，最多不超过30条，长短粗细不一。羽枝和腕板上隐约可见白色斑点。

- 习性：栖息于潮间带低潮区至潮下带的礁岩底，以卷枝抓附于礁石上。

沃氏海齿花

Comanthus cf. *wahlbergii* (Müller, 1843)

- 棘皮动物门 / Echinodermata
- 海百合纲 / Crinoidea
- 栉羽枝科 / Comatulidae

- **识别特征**：羽枝略显稀疏，细长。腕约30条，生活状态时末端内卷。腕板紫褐色至灰褐色，羽枝背面紫褐色，腹面灰白色。

- **习性**：栖息于潮间带低潮区至潮下带的礁岩底，以卷枝抓附于礁石上。

海齿花属一种

Comanthus sp.

- 棘皮动物门 / Echinodermata
- 海百合纲 / Crinoidea
- 栉羽枝科 / Comatulidae

- 识别特征：羽枝略显稀疏，看似硬朗如针叶。腕约30条，生活状态时末端内卷。腕板颜色自基部向顶端由灰绿色到明黄绿色再到黄白色渐变，羽枝颜色则对应由黑褐色到明黄绿色再到黑褐色渐变，近末端的羽枝顶部具褐色。

- 习性：栖息于潮间带低潮区至潮下带的礁岩底，以卷枝抓附于礁石上。

锯羽寡羽枝

Oligometra serripinna (Carpenter, 1881)

- 棘皮动物门 / Echinodermata
- 海百合纲 / Crinoidea
- 短羽枝科 / Colobometridae

- **别名：**中华寡羽枝、小羽枝、中华海羊齿。

- **识别特征：**个体小，羽枝稀疏。腕7~10条，长30~50mm。体呈浅黄色，间杂朱红色斑纹。

- **习性：**栖息于潮间带低潮区至潮下带的礁岩底。

日本俏羽枝

Iconometra japonica (Hartlaub, 1890)

- 棘皮动物门 / Echinodermata
- 海百合纲 / Crinoidea
- 短羽枝科 / Colobometridae

- 识别特征：长相俏丽，浅黄色的羽枝上间杂有朱红色斑纹。腕10条，长40～70mm。性活泼，一旦身处水中，便会完全舒展开美丽的"羽毛"翩翩起舞。

- 习性：栖息于潮间带低潮区至潮下带的礁岩底，有时会用卷枝抓附于柳珊瑚上。

脊羽枝

Tropiometra afra (Hartlaub, 1890)

- 棘皮动物门 / Echinodermata
- 海百合纲 / Crinoidea
- 脊羽枝科 / Tropiometridae

- 识别特征：粗枝大叶型。通体呈黑色或黄色，只有10条腕，长约200mm，基部粗壮，过了1/3后骤然变细。羽枝横切面为菱形。

- 习性：栖息于潮间带低潮区至潮下带的礁岩底。

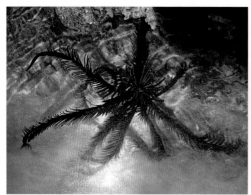

方柱翼手参

Colochirus quadrangularis Troschel, 1846

- 棘皮动物门 / Echinodermata
- 海参纲 / Holothuroidea
- 瓜参科 / Cucumariidae

- 识别特征：体长30～180mm，直径10～45mm。体壁坚实，体色呈鲜红色或橙色。触手枝状，深红色。体呈长方柱形，形似可疑尾翼手参，不同的是其沿着身体的4个棱角各有1列排列规则的锥形大疣足，像肉刺一般，而可疑尾翼手参是凸起，非肉刺。

- 习性：栖息于潮间带中潮区至潮下带的礁石和砾石底，以藻类和有机碎屑为食。

黑囊皮参

Stolus buccalis (Stimpson, 1855)

- 棘皮动物门 / Echinodermata
- 海参纲 / Holothuroidea
- 沙鸡子科 / Phyllophoridae

- 识别特征：体略呈纺锤形，并向背面弯曲。体长70~90mm，直径约25mm。体壁厚而粗涩，呈黄褐色或紫褐色。管足遍布全身，可黏附在岩石底，以及将碎片包裹在身上。触手枝状，呈黑色。

- 习性：栖息于潮间带中、低潮区的礁石底或石缝间，喜群居生活。

林氏北方海燕

Aquilonastra limboonkengi (Smith, 1927)

- 棘皮动物门 / Echinodermata
- 海星纲 / Asteroidea
- 海燕科 / Asterinidae

- 别名：林氏海燕。

- 识别特征：体色丰富，呈橙色至深褐色，间杂不规则的浅色斑块。体型短小。通常具5条腕，也有4腕或6腕，但较少见。腕短而宽。反口面骨板在腕上排列成纵行，盘中央骨板小，呈环形。体边缘的下缘板明显，呈圆形。

- 习性：栖息于潮间带中、低潮区的礁石下。

花冠北方海燕

Aquilonastra coronata (von Martens, 1866)

- 棘皮动物门 / Echinodermata
- 海星纲 / Asteroidea
- 海燕科 / Asterinidae

- 别名：花冠海燕、冠海燕。

- 识别特征：体型短小。通常具5条腕，腕足较短。反口面布满色彩鲜艳的碎花小棘，筛板明显，每条腕基部都有1个胭脂红的近圆形色斑，在体背形成花朵状斑纹。体色变异大。

- 习性：栖息于潮间带低潮区的礁石下。肉食性，有时会吃小个体的同类。

中华疣海星

Pentaceraster chinensis (Gray, 1840)

- 棘皮动物门 / Echinodermata
- 海星纲 / Asteroidea
- 瘤海星科 / Oreasteridae

- 识别特征：辐径175～200mm。体盘高大，腕短而宽，呈棱柱形，末端翻卷向上。反口面特别高，规则排列着发达的瘤。体呈鲜红色，瘤顶黄色或黑褐色。

- 习性：栖息于潮间带低潮线附近至浅海的礁石底或珊瑚礁区沙质底。

中华五角海星

Anthenea pentagonula (Lamarck, 1816)

- 棘皮动物门 / Echinodermata
- 海星纲 / Asteroidea
- 瘤海星科 / Oreasteridae

- 识别特征：辐径可达120mm。体盘大而厚实，硬而粗糙，呈五角星状。具5条腕，短而宽，末端微微翘起，腕长可达100mm。反口面密布许多细棘。口面布满许多大型瓣状叉棘，步带沟小。体背多呈暗褐色，间杂红色、黄色、紫色或黑绿色斑点。

- 习性：栖息于潮间带中、低潮区的礁岩或带有碎贝壳和石块的泥沙质底。

尖棘筛海盘车

Coscinasterias acutispina (Stimpson, 1862)

- 棘皮动物门 / Echinodermata
- 海星纲 / Asteroidea
- 海盘车科 / Asteriidae

· 识别特征：体色斑驳，背面为橄榄绿色，间杂黑色、褐色或青白色斑点。体盘区小，腕修长，通常为7～9条腕，长短不等。腕背部中央有1列直立的棘。步带沟宽大，管足修长，可帮助其快速移动。

· 习性：栖息于潮间带低潮区至潮下带的礁石底。遇刺激容易自割，并借由断裂的肢体进行无性繁殖。

紫海胆

Heliocidaris crassispina (A. Agassiz, 1864)

- 棘皮动物门 / Echinodermata
- 海胆纲 / Echinoidea
- 长海胆科 / Echinometridae

- 识别特征：壳直径60~80mm。壳呈半球形。体呈紫黑色。棘刺大多粗而长，末端尖锐，口面棘常带斑纹。

- 习性：栖息于潮间带低潮区至潮下带的礁石背光处或石缝间。常在栖息处钻洞，并藏于其中。

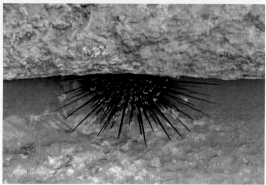

刺冠海胆

Diadema setosum (Leske, 1778)

- 棘皮动物门 / Echinodermata
- 海胆纲 / Echinoidea
- 冠海胆科 / Diadematidae

- **别名**：海针、魔鬼海胆。

- **识别特征**：壳直径可达80mm。壳薄，呈半球形。口面大棘为棒状，反口面大棘细长呈针状，长可达260mm。体呈黑色或暗紫色，间步带裸露区域有明显的白色或绿色斑纹，大棘上有黑白相间的横带。

- **习性**：栖息于潮间带低潮区至浅海的礁岩底。"著名"的毒海胆。

- **友情提示**：触摸有中毒风险。

马粪海胆

Hemicentrotus pulcherrimus (A. Agassiz, 1864)

- 棘皮动物门 / Echinodermata
- 海胆纲 / Echinoidea
- 球海胆科 / Strongylocentrotidae

- 识别特征：壳直径可达60mm。壳坚固，呈半球形。棘短而尖锐，密生于壳表面。棘的颜色变化大，通常呈暗绿色，也有紫色、灰红色、灰白色、褐色或赤褐色，甚至白色。

- 习性：栖息于潮间带低潮区至潮下带海藻丰茂的礁岩底。常躲在礁石下或石缝内，以藻类为食。

锦疣蛇尾

Ophiothela mirabilis Verrill, 1867

- 棘皮动物门 / Echinodermata
- 蛇尾纲 / Ophiuroidea
- 刺蛇尾科 / Ophiotrichidae

- 识别特征：体色变异大，有褐色、橘色、红色或紫色。体型很小，盘直径仅2.5mm。腕细长，长度约为盘直径的2.5倍。通常具5~6条腕，辐楯很大，呈三角形，几乎盖满盘背面，其上散布圆锥形颗粒疣突。口楯通常为球形。腕上具横斑。

- 习性：栖息于潮间带低潮区至潮下带有柳珊瑚分布的礁石或泥沙质底。缠绕于柳珊瑚上。

小刺蛇尾

Ophiothrix (*Ophiothrix*) *exigua* Lyman, 1874

- 棘皮动物门 / Echinodermata
- 蛇尾纲 / Ophiuroidea
- 刺蛇尾科 / Ophiotrichidae

- 识别特征：盘直径约5mm，腕长约20mm。圆形盘上密生小棒状棘。辐楯被小棘所掩盖，轮廓模糊。口楯近菱形，很宽。腕上具2条黑色纵条线，中间夹有1条白色纵线。

- 习性：栖息于潮间带低潮区的礁岩底。

刺蛇尾属一种

Ophiothrix sp.

- 棘皮动物门 / Echinodermata
- 蛇尾纲 / Ophiuroidea
- 刺蛇尾科 / Ophiotrichidae

- 识别特征：盘直径约 10mm，腕长约40mm。盘似花朵，呈红褐色。腕和棘橙黄色，腕上具红褐色横斑。

- 习性：栖息于潮间带低潮区的礁岩底。

条纹大刺蛇尾

Macrophiothrix striolata (Grube, 1868)

- 棘皮动物门 / Echinodermata
- 蛇尾纲 / Ophiuroidea
- 刺蛇尾科 / Ophiotrichidae

- 识别特征：盘直径10~13mm，腕长70~80mm。盘圆，辐楯大，呈三角形。口楯菱形，宽大于长。腕边缘棘相对长而浓密。体色鲜艳，辐楯上点缀着深蓝色斑点，腕背面具蓝色横带，以及由长短蓝色斑点相间排列所构成的2个纵条纹。腕腹面也有蓝色横带。5个口楯均呈蓝色。

- 习性：栖息于潮间带低潮区的礁岩底。

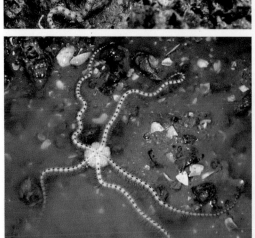

棕板蛇尾

Ophiomaza cacaotica Lyman, 1871

- 棘皮动物门 / Echinodermata
- 蛇尾纲 / Ophiuroidea
- 刺蛇尾科 / Ophiotrichidae

- 识别特征：盘直径约10mm，腕长约30mm。盘圆，无棘和颗粒，辐楯大，呈三角形。口楯小，呈五角形。腕圆而粗壮。通体常呈黑褐色或紫褐色，有些个体盘上夹有白色条纹，腕背中央具白色纵线。

- 习性：栖息于潮间带低潮区至潮下带有海百合分布的礁岩底。附着于大型海百合盘部，与其共生。

板蛇尾属一种

Ophiomaza sp.

- 棘皮动物门 / Echinodermata
- 蛇尾纲 / Ophiuroidea
- 刺蛇尾科 / Ophiotrichidae

- 识别特征：通体呈黑褐色。盘圆而光滑，盘上有黄色或白色条纹，腕上也分布着黄色或白色横纹。

- 习性：栖息于潮间带低潮区至潮下带有海百合分布的礁岩底。附着于大型海百合上，与其共生。

辐蛇尾

Ophiactis savignyi (Müller & Troschel, 1842)

- 棘皮动物门 / Echinodermata
- 蛇尾纲 / Ophiuroidea
- 辐蛇尾科 / Ophiactidae

- 别名：沙氏辐蛇尾。

- 识别特征：盘直径3~8mm，腕长10~35mm。辐楯大，近半圆形，中间被3~4个小棘分开。背面呈灰绿色，腕上具深色横带。幼体具6条腕，成体变为5条腕。

- 习性：栖息于潮间带低潮区的礁岩底。常隐藏在海绵孔隙内，既能受到海绵的保护，也能更有效地滤食有机碎屑。

厦门蜓蛇尾

Ophionereis dubia amoyensis A.M.Clark, 1953

- 棘皮动物门 / Echinodermata
- 蛇尾纲 / Ophiuroidea
- 蜓蛇尾科 / Ophionereididae

- 识别特征：盘直径6~7mm，腕长为盘直径的7~8倍。盘呈五角形，背面密生覆瓦状排列的细微鳞片，分布深色网纹状图案。辐楯狭小，呈锐三角形，口楯菱形。细长的腕上分布深浅不一的横带。

- 习性：栖息于潮间带低潮区的礁岩底。

日本片蛇尾

Ophioplocus japonicus H.L. Clark, 1911

- 棘皮动物门 / Echinodermata
- 蛇尾纲 / Ophiuroidea
- 半蔓蛇尾科 / Hemieuryalidae

- 识别特征：盘呈圆五角形，直径约20mm，背覆鳞片。体背呈灰褐色，分布深色斑纹。腕长约80mm，边缘棘短小。腕粗圆，具黑褐色横带。

- 习性：栖息于潮间带低潮区至潮下带的礁岩底。

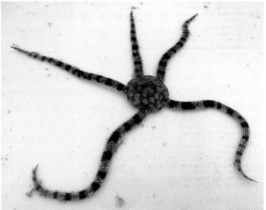

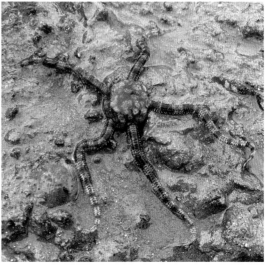

筐蛇尾属一种

Gorgonocephalus sp.

- 棘皮动物门 / Echinodermata
- 蛇尾纲 / Ophiuroidea
- 筐蛇尾科 / Gorgonocephalidae

- 识别特征：盘直径 70~90mm。具复杂精细、多分枝且卷曲的腕，看上去就像希腊神话中蛇发女妖美杜莎。

- 习性：栖息于潮间带低潮线附近至浅海的礁岩底。

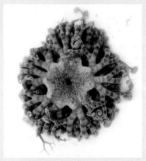
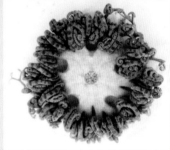

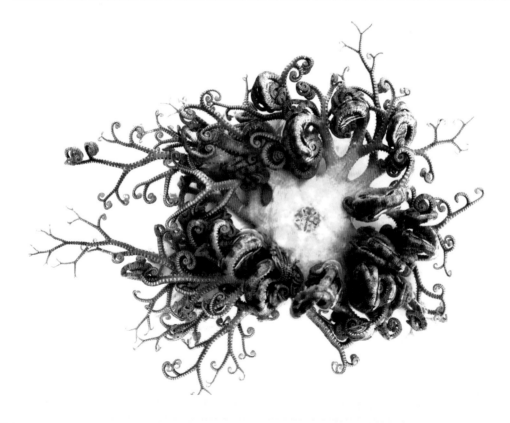

玻璃海鞘

Ciona intestinalis (Linnaeus, 1767)

- 脊索动物门 / Chordata
- 海鞘纲 / Ascidiacea
- 玻璃海鞘科 / Cionidae

- 别名：玻珴海鞘。

- 识别特征：一种单体海鞘，身体透明，高38～60mm，像极了黄色的果冻，实则是弹性透明的胶质被囊，可明显看到体内的纵肌和消化道。身体上有一高一低2个花瓣状的孔：入水管居高，边缘具有8个叶瓣；出水管低位，有6个叶瓣。水孔边缘有黄色镶边。

- 习性：栖息于潮间带中、低潮区的礁石上。营固着生活，通常以体部后端固着在石头上；在风浪较大的地方，则以体部的左边固着，这样固着面积大，不易被风浪卷走。

瘤柄海鞘

Styela canopus (Savigny, 1816)

- 脊索动物门 / Chordata
- 海鞘纲 / Ascidiacea
- 柄海鞘科 / Styelidae

- 识别特征：个体小，高约9mm，宽约8mm。体呈深褐色。被囊革质，不透明且较薄。出、入水管短小，各具4个叶瓣，水管口排列着深色条纹。

- 习性：栖息于潮间带中、高潮区的礁石及网笼、绳索、码头等人工设施上，是一种污损生物。

褶柄海鞘

Styela plicata (Lesueur, 1823)

- 脊索动物门 / Chordata
- 海鞘纲 / Ascidiacea
- 柄海鞘科 / Styelidae

- 识别特征：体长40~90mm。体呈黄白色，被囊厚实，全身布满圆形皮褶，出、入水管边缘分布红色或紫色的条纹。位置高、开口大的是入水管，位置低、开口小的出水管，均具4个叶瓣。水管闭合时呈"十"字形。

- 习性：栖息于潮间带中、高潮区的礁石及网笼、绳索、码头等人工设施上，是一种污损生物。

柄海鞘

Styela clava Herdman, 1881

- 脊索动物门 / Chordata
- 海鞘纲 / Ascidiacea
- 柄海鞘科 / Styelidae

- 识别特征：整体颜色呈棕色至红棕色。身体细长呈棒状，全长约100mm，被囊革质不透明，乍看跟褶柄海鞘有点像，不同的是，它明显分为躯干与柄两部分，柄短于或等于躯干长度。体表粗糙，凹凸不平。水管较短，周缘分布结节和褶皱。

- 习性：栖息于潮间带中、高潮区，以柄部附着于基质。

菊海鞘属多种

Botryllus spp.

- 脊索动物门 / Chordata
- 海鞘纲 / Ascidiacea
- 柄海鞘科 / Styelidae

- 识别特征：群体海鞘，个体长约1mm，呈小水滴状，通常以7~12个为一组，围绕一个中心点，在共同的被囊上，组成了花朵状或星形的图案，或是椭圆形排列。它们的被囊软而半透明，有的呈冻胶状。每个个体上都有一个入水管，像花蕊一样的中心是它们共同的出水管。这种组合方式是菊海鞘属的一个共同特点。它们的颜色很丰富，从橙色、橘色、灰色、褐色到紫色都可见，像一簇簇小花点缀着礁石。

- 习性：栖息于潮间带中、低潮区的礁石上，也常附着于海藻、绳筏、网箱以及一些经济贝类的外壳上。作为污损生物，对养殖业具有一定的危害。史氏菊海鞘是该属最常见的物种之一。

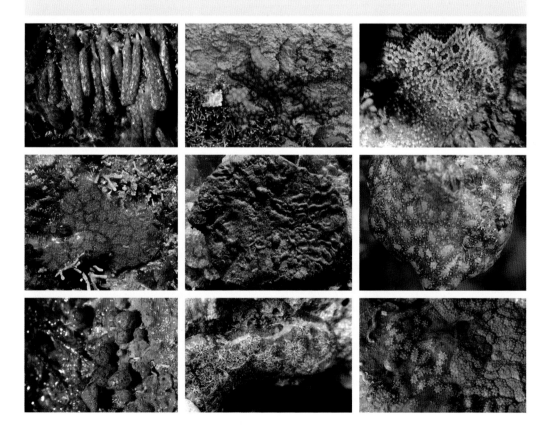

拟菊海鞘属多种

Botrylloides spp.

- 脊索动物门 / Chordata
- 海鞘纲 / Ascidiacea
- 柄海鞘科 / Styelidae

- 识别特征：群体海鞘，个体长1~2mm，生长于共同的被囊。它们看上去跟菊海鞘属的物种有些相像，但与菊海鞘属的星形排列不同，该属个体则是排成细长而蜿蜒的矩阵链条或双排，又或是松散的圆圈或椭圆，相比之下有着更大的群落。个体看起来更加圆润，并且入水管边缘通常具白色、黄色、橙色或绿色的环，与它们的整体体色形成鲜明对比，有时候还能明显地看到触指。颜色也很丰富，通常呈明亮的橙色、黄色、红色或棕褐色。

- 习性：通常栖息于潮间带中、低潮区的礁石上。作为污损生物，对水产养殖业具有一定的危害。

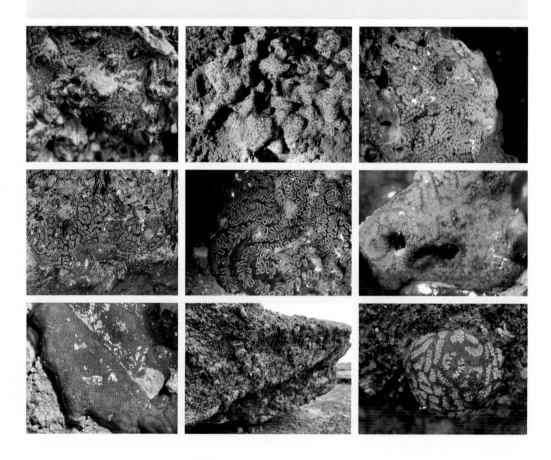

红色躺海鞘

Symplegma rubra Monniot C., 1972

- 脊索动物门 / Chordata
- 海鞘纲 / Ascidiacea
- 柄海鞘科 / Styelidae

- 识别特征：一种群体海鞘，个体长约3mm，生长在共同的被囊上，被囊透明呈块状，长可达300mm，厚20~30mm。每个个体都具单独的出、入水管，群落通常呈鲜红色到酒红色，也有黄色、橙色或粉红色。

- 习性：栖息于潮间带中、低潮区的礁石上，常附着于扁平的双壳贝类上。

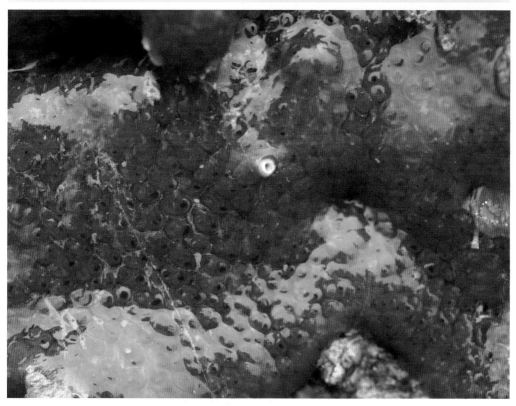

匍匐躺海鞘

Symplegma reptans (Oka, 1927)

- 脊索动物门 / Chordata
- 海鞘纲 / Ascidiacea
- 柄海鞘科 / Styelidae

- 识别特征：一种群体海鞘，椭圆形的群落生长在非常薄而且几乎透明的被囊上，排列随机。在其口腔周围分布着明显的三角形白色斑块。每个个体都具单独的出、入水管，水管短小，且开口有褶边。颜色从粉色、粉紫色到浅灰色不等。

- 习性：栖息于潮间带低潮区的礁石上，也常附着于牡蛎、江珧等贝类的外壳上。作为一种污损生物，对水产养殖具有一定的危害。

躺海鞘属一种

Symplegma sp.

- 脊索动物门 / Chordata
- 海鞘纲 / Ascidiacea
- 柄海鞘科 / Styelidae

· 识别特征：一种群体海鞘，体呈白色，被囊透明胶质呈片状，能明显看到每个个体上的出、入水管，并且有一条圆形的线条连接，俨然一群微笑的表情包。

· 习性：栖息于潮间带中、低潮区的礁石上。

星骨海鞘属一种

Didemnum sp.

- 脊索动物门 / Chordata
- 海鞘纲 / Ascidiacea
- 星骨海鞘科 / Didemnidae

- 识别特征：一种群体海鞘，看上去很皮实，像橘色锃亮的皮革包裹着礁石，或者在礁石上摊开呈扁平状。被囊上分布密密麻麻的星形小孔，凑近看，很像一片毛孔张开的猪皮。群体上明显可见几个圆而大的出水孔，橘色镶边，颜色比体色深。

- 习性：栖息于潮间带低潮区的礁石上。

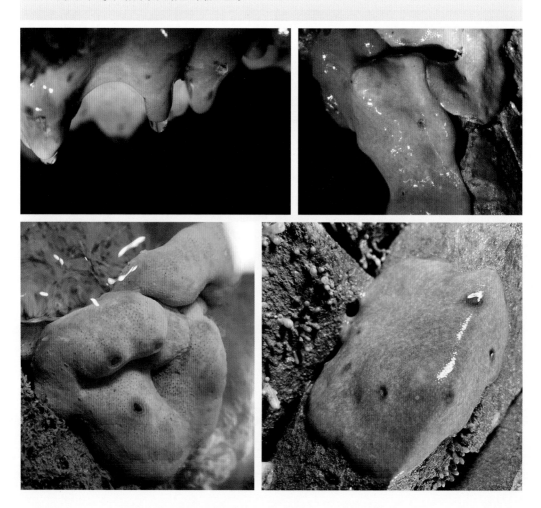

硬突小海鞘

Microcosmus exasperatus Heller, 1878

- 脊索动物门 / Chordata
- 海鞘纲 / Ascidiacea
- 芋海鞘科 / Pyuridae

- 识别特征：身体竖立，出、入水管呈90度角，革质被囊呈紫红色或褐红色，厚而结实，不透明，表面粗糙且有皱褶，分布裂片状的皱瓣，并有微小突粒。

- 习性：栖息于潮间带低潮区的礁石上。

小海鞘属一种

Microcosmus cf. *nudistigma* Monniot C., 1962

- 脊索动物门 / Chordata
- 海鞘纲 / Ascidiacea
- 芋海鞘科 / Pyuridae

- 识别特征：身体较宽而短，被囊淡红色，布满皱褶。出、入水管彼此相对，颜色比体色鲜艳，2个水管之间隐约可见1条背脊。

- 习性：栖息于潮间带低潮区的礁岩上，通过其腹侧（偏水管位置一侧）附着于基质上。

莫墨赫海鞘

Herdmania momus (Savigny, 1816)

- 脊索动物门 / Chordata
- 海鞘纲 / Ascidiacea
- 芋海鞘科 / Pyuridae

- 识别特征：个体小，像一个膨胀的球体，被囊胶质光滑略透明，分布细小的红色斑点。出、入水管短小，呈红色，通常比体色略深。

- 习性：栖息于潮间带低潮区的礁石或绳筏等物体上。

二长棘鲷

Evynnis cardinalis (Lacepède, 1802)

- 脊索动物门 / Chordata
- 辐鳍鱼纲 / Actinopterygii
- 鲷科 / Sparidae

- 别名：二长棘犁齿鲷、板鱼、盘鱼、立花、长鳍。

- 识别特征：体长约350mm。体呈长卵圆形，侧扁，左、右额骨分离，口小，端位。背鳍第1、2鳍棘短小，第3、4鳍棘呈丝状延长。体背侧呈红色，腹侧呈粉红色。主鳃盖骨后缘和背鳍延长的鳍棘呈深红色，体侧具数纵行青绿色点线。

- 习性：栖息于潮间带低潮区至浅海的沙泥质、沙砾质或岩礁底。

云斑海猪鱼

Halichoeres nigrescens (Bloch & Schneider, 1801)

- 脊索动物门 / Chordata
- 辐鳍鱼纲 / Actinopterygii
- 隆头鱼科 / Labridae

- 别名：黑带海猪鱼、杜氏海猪鱼、黑海猪鱼。

- 识别特征：体长约150mm。体呈长椭圆形，侧扁。吻短尖，口小。体背具中等大圆鳞，头部无鳞。体呈绿色，体侧具4~6条不规则的云状暗斑。背鳍鳍棘区域有眼状斑，背鳍缘和腹鳍红色，尾鳍绿色，上、下角黄色。

- 习性：栖息于潮间带低潮区至浅海的岩礁或珊瑚礁区。

日本鬼鲉

Inimicus japonicus (Cuvier, 1829)

- 脊索动物门 / Chordata
- 辐鳍鱼纲 / Actinopterygii
- 毒鲉科 / Synanceiidae

- 别名：老虎鱼、石头鱼。

- 识别特征：体长约200mm。体较长，稍侧扁，头中等大，头侧与下颌下方具发达皮须。吻较短钝。前鳃盖骨具4～5枚棘，第1棘最长，主鳃盖骨具1棱，后具1棘。背鳍起始于鳃盖骨棘前上方，前3鳍棘后各棘膜深裂。体呈黑褐色，散布斑纹和斑点。幼鱼吻端、头顶和尾鳍呈淡紫色，胸鳍内侧黄色。

- 习性：栖息于潮间带至浅海的泥沙质底。

- 友情提示：触碰有中毒风险。

褐菖鲉

Sebastiscus marmoratus (Cuvier, 1829)

- 脊索动物门 / Chordata
- 辐鳍鱼纲 / Actinopterygii
- 菖鲉科 / Sebastidae

- 别名：石狗公、石九公。

- 识别特征：体长约200mm。体呈长椭圆形，侧扁，头大，眼上侧位。头背具棘棱，眼间隔有深凹，眶前骨下缘具1枚钝棘。胸鳍鳍条通常18枚。体呈茶褐色或暗红色，布有许多浅色斑，胸鳍基底中部具大暗斑。

- 习性：栖息于潮间带低潮区至浅海的礁石区。硬棘基部具毒腺。

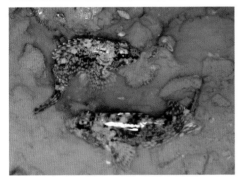
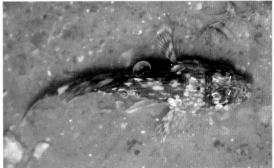

- 友情提示：触碰有中毒风险。

红鳍拟鳞鲉

Paracentropogon rubripinnis (Temminck & Schlegel, 1843)

- 脊索动物门 / Chordata
- 辐鳍鱼纲 / Actinopterygii
- 真裸皮鲉科 / Tetrarogidae

- 别名：红鳍赤鲉、叶鲭、叶虎鱼。

- 识别特征：体长约90mm。体呈长椭圆形，侧扁，头中等大，吻短钝圆，眼小且侧位。体被埋入状小圆鳞或退化。头、体有皮瓣，近前鼻孔具1个小皮瓣。眶前骨棘尖强。背鳍起始于眼上方，鳍棘间鳍膜有凹刻。胸鳍短，不达臀鳍起点。体呈黄褐色，头、体密布短小云状斑纹。背鳍、胸鳍、尾鳍密布块状斑纹。

- 习性：栖息于潮间带至浅海的岩礁区。背鳍具毒刺。

- 友情提示：触碰有中毒风险。

长棘拟鳞鲉

Paracentropogon longispinis (Cuvier, 1829)

- 脊索动物门 / Chordata
- 辐鳍鱼纲 / Actinopterygii
- 真裸皮鲉科 / Tetrarogidae

- 别名：长鳍赤鲉、印度拟棘须鲉。

- 识别特征：体长可达130mm。体延长，侧扁，头中等大，吻短钝圆，眼小。背鳍起始于眼上方，鳍棘间鳍膜有凹刻。胸鳍大，可伸越臀鳍起点。体呈红褐色，头部密布短小云状斑纹。背鳍、胸鳍、臀鳍、尾鳍密布块状斑纹。

- 习性：栖息于潮间带至浅海的岩礁或泥沙质底。背鳍具毒刺。

- 友情提示：触碰有中毒风险。

带纹躄鱼

Antennarius striatus (Shaw, 1794)

- 脊索动物门 / Chordata
- 辐鳍鱼纲 / Actinopterygii
- 躄鱼科 / Antennariidae

- 别名：条纹躄鱼、五角虎。

- 识别特征：体长可达400mm。体呈卵圆形，体稍高，稍侧扁。体色和斑纹随环境而有变化，多呈淡褐色，散布不规则的深褐色斑纹，眼周围具放射状排列的条纹。体被小棘，吻触手基底在上颌缝合处向前伸长，其末端皮瓣呈细长指状，有3~4个分支。

- 习性：栖息于潮间带低潮区至浅海的岩礁区或泥沙质底，常在礁石间静止不动，拟态成石块。

头部顶端自带"鱼竿"和"鱼饵"

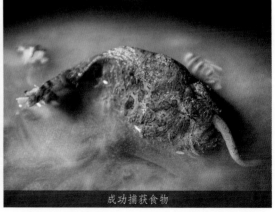

成功捕获食物

四线天竺鲷

Ostorhinchus fasciatus (White, 1790)

- 脊索动物门 / Chordata
- 辐鳍鱼纲 / Actinopterygii
- 天竺鲷科 / Apogonidae

- 别名：宽带天竺鲷。

- 识别特征：体长约80mm。体呈长椭圆形，侧扁。吻短而钝尖，口大，上颌骨伸达眼后缘下方。体呈黄褐色，具3条暗纵带，中轴纵带达尾鳍后缘。腹侧有众多横带，背部纵带止于第2背鳍末端下方。

- 习性：栖息于潮间带低潮区至浅海的岩礁、珊瑚礁或泥沙质底。

赖氏犁齿鳚

Entomacrodus lighti (Herre, 1938)

- 脊索动物门 / Chordata
- 辐鳍鱼纲 / Actinopterygii
- 鳚科 / Blenniidae

- 别名：莱特犁齿鳚。

- 识别特征：体长约50mm。体延长，侧扁。鼻须掌状，分支，眼须和颈须单一，不分支。上唇中央边缘具波状突起，下唇平滑。体呈黑褐色，间杂大量不规则白斑。

- 习性：栖息于浪大的潮间带低潮区至潮下带的礁石区。

日本海马

Hippocampus mohnikei Bleeker, 1853

- 脊索动物门 / Chordata
- 辐鳍鱼纲 / Actinopterygii
- 海龙科 / Syngnathidae

- 识别特征：体长约80mm。体侧扁，腹部突出，尾部细长，呈四棱形，头部弯曲，与躯干部几乎呈直角。具躯干环11节，吻短，头冠甚低，无棘，各体环棘刺低而钝。

- 习性：栖息于潮间带低潮区至浅海，常以尾部缠绕大型藻类或柳珊瑚等。国家重点保护野生动物。

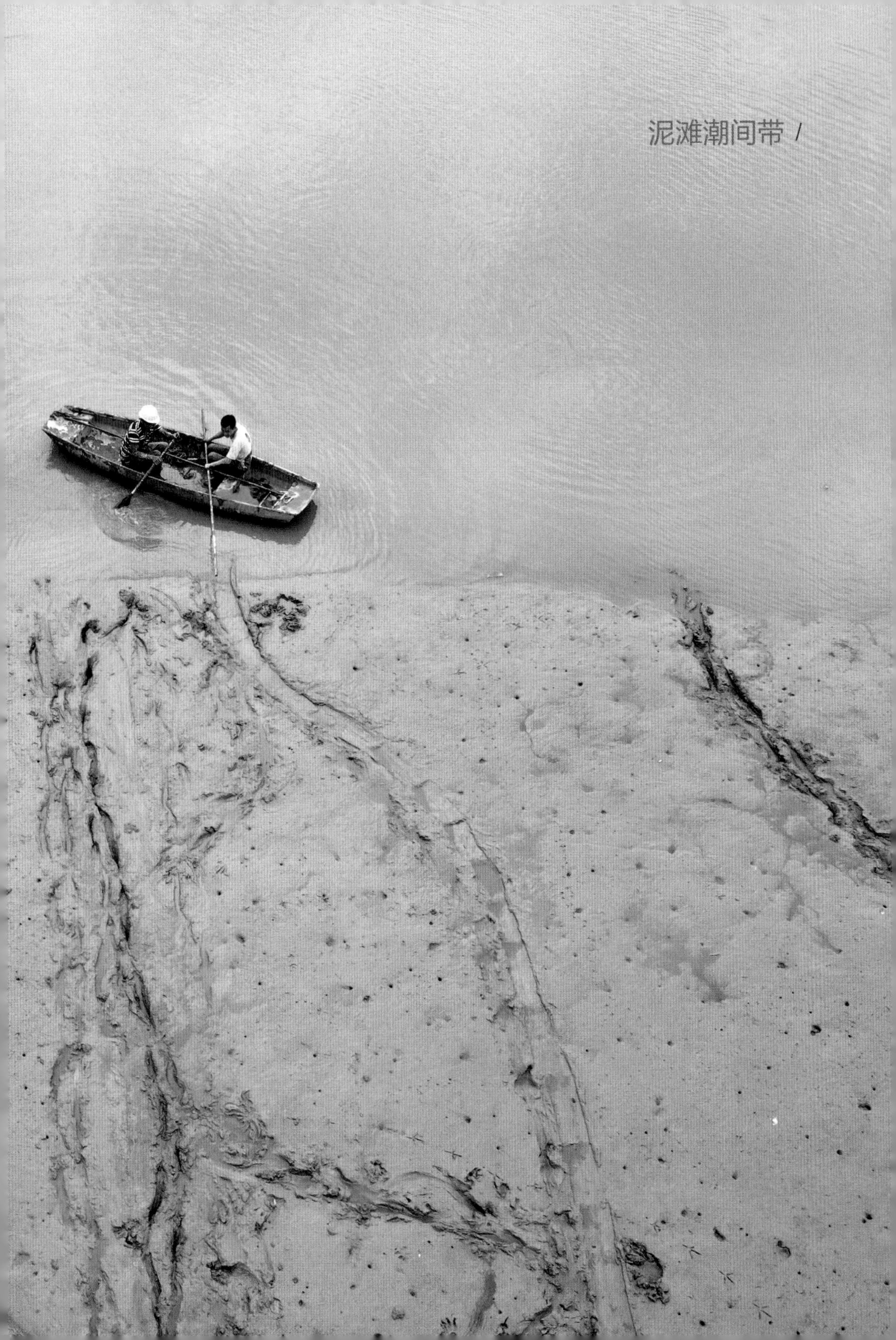

泥滩潮间带 /

泥滩也受潮汐涨落的影响，但与沙滩和潮池也不同的是，它受波浪的影响比较小。在海滩上，泥沙颗粒是松散地堆积在一块的，所以水很容易从中排出去，但在淤泥里就不一样了，这里的泥浆颗粒很小且紧密地堆积在一起，水要想从中流走可不是件容易的事。同时，如果水占据了泥浆颗粒的空隙，氧气在这里就没有立足之地。所以，泥滩是一个缺氧的环境，只有在少氧的条件下能够存活的生物才能在这里生存。

弹涂鱼，像是泥鳅和青蛙的合体。对于其形貌，古人述之甚确："怒目如蛙，侈口如鳢，背翅如旗，腹翅如棹，褐色而翠斑。"它们是少数几种基本适应两栖环境的鱼类，具有显著的陆生习性。每次"含一口水"就能在陆地上待一段时间，这时它们通过皮肤辅助呼吸，且用强壮有力的鳍爬行甚至跳跃。为了保持湿润，它们在滩涂上活动一段时间后，就要去积水的泥滩里打滚，这也是有效的防晒措施，一举两得。

各种各样的招潮蟹，是泥滩上的主要居民。弧边管招潮喜欢地势较高的环境，而清白澳招潮则多出现在沙粒成分较多的环境。它们都长着一对火柴般突出的眼睛，喜欢挥舞着螯。雄蟹的螯一大一小，雌蟹的两个螯都很小。

招潮蟹们营穴居生活，并常有专一的洞穴。它们都是泥滩上的建筑高手，垒起造型奇异的洞穴，以吸引雌蟹。比如弧边管招潮常常会在洞口用泥巴筑起烟囱，远看像火山口一般，而清白澳招潮会用泥土堆成弧塔，进出洞穴的那一面不堆高，形似一个只盖住一半的烟囱。

招潮蟹的活动随潮水的涨落有一定的规律，高潮时停于洞底，退潮后到海滩上活动、取食、修补洞穴，最后占领洞穴。它们靠视觉和听觉接受联络、警告的信号，实现社会性聚集行为。它们以沉积物为食，能吞食泥沙，摄取其中的有机物，将不可食的部分吐出，形成拟粪。

在泥滩上，我们还常常能看到行动缓慢，边爬边拉屎的石磺。它们和一些海蛞蝓一样，都属于贝壳退化的贝类。每一只石磺都披着一层由黏液构成的被膜，以保持身体的湿润。它们的体色看上去跟泥巴的颜色很像，靠着这种保护色，掩人耳目。

聂璜曾在《海错图》中这样描述石磺："背微突，体圆长而绿色，黑点略如荷钱，前有两须，口在其下。"两须指的就是它头部的触角，具有发达的触觉，受到惊扰时，能迅速缩回外套膜内。

触角顶端有一个极小的黑点，那是它的柄眼。柄眼视觉十分发达，对物体反应灵敏。背部疙疙瘩瘩的都是它的眼睛。背部中央有一个发达的黑色背眼，平静时突出体表，在光线剧烈变化时能较迅速地收缩。周围的数个瘤眼也可感受光线变化。

瘤背石磺为杂食性动物，大量取食底栖硅藻。而底栖硅藻又大量消耗营养盐，因此瘤背石磺的摄食活动在一定程度上减少了营养盐的入海通量，延缓或避免了近海海域的富营养化。

浅缝骨螺往往会直立地插在泥里。它们有着华丽的外壳，上面长着一些刺和旋转的骨针。它们用这些结构来撬开双壳类猎物，然后把齿舌插进被打开的贝壳里，一扫而空。它们喜欢在泥滩上产卵，春夏季，我们常常能看到它们那像玉米棒子一样的卵囊群斜立在泥滩里。

海豆芽是一种古老的海洋动物，可追溯到寒武纪时期，比恐龙出现的时间还早。它们体型奇特，身体上部椭圆形、像放大的豆子，下部是可以伸缩的半透明肉茎、形似豆芽，故名。它们看上去有两片壳，却不是贝类，而属于古老的腕足动物门。它们的肉茎具有强大的掘洞能力，可以将自己深深地扎入泥滩深处，只留出入水孔于泥沙表面。

还有海仙人掌，呈棍棒状，上端为轴部，圆滑膨大，布满水螅体，下端则为柄部，多埋于松软的泥沙中。这是一种群体生活的动物，我们所见的海仙人掌是由成千上万的水螅体组成，就像无数的珊瑚虫构成我们见到的珊瑚一样。当它浸没在海水中时，膨大直立，水螅体也完全展开；当退潮露出水面时，整体萎缩，仅顶端露出沙面。如同仙人掌一般，故俗称"海仙人掌"。它是海洋中一种著名的发光动物，当遇到刺激时，会发出绿色的荧光。

潮间带就像个魔法小屋，有着说不完的故事，剪不断的奇想。每种生物都由许多脉络同它的世界关联在一起，并由此编织成错综复杂的生态网络。它们顽强也脆弱，渺小也伟大，刹那也永恒。在漫长岁月里栖息，不妨试着与它们相爱，与自然共生，去发现和守护我们身边的这份美好。

角海葵属一种

Cerianthus sp.

- 刺胞动物门 / Cnidaria
- 珊瑚虫纲 / Anthozoa
- 角海葵科 / Cerianthidae

- 识别特征：体型较小的管状角海葵。柱体细长，多呈红棕色。定居在自己分泌的像羊皮纸般柔软的栖管中，栖管外侧常包裹着沙粒、泥浆或是贝壳碎片。外环触手纤细飘逸，从半透明的淡黄色到红褐色不等。内环触手短，环绕在口盘周围。触手无法缩回柱体，但遇到干扰，全体可迅速缩回栖管内。

- 简介：栖息于潮间带中、低潮区的泥质底，生活在栖管中，周围常围绕着澳洲帚虫。以触手可及的浮游动物和小型甲壳动物为食。

哈氏仙人掌海鳃

Cavernularia habereri Moroff, 1902

- 刺胞动物门 / Cnidaria
- 珊瑚虫纲 / Anthozoa
- 棒海鳃科 / Veretillidae

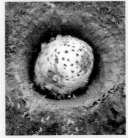

- 别名：海仙人掌、海黄瓜

- 识别特征：形似仙人掌，也被叫作"海仙人掌"。是由成千上万的水螅体组成的群体，就像由无数的珊瑚虫构成的珊瑚一样。群体呈棍棒状，上端为轴部，圆滑粗壮，布满水螅体。当浸没在海水中时，膨大直立，水螅体也完全展开；当露出水面时，群体萎缩。

- 简介：栖息于潮间带中潮区至潮下带的泥质底。受到刺激时，会发出蓝绿色荧光。

东方翼海鳃

Pteroeides bankanense Bleeker, 1859

- 刺胞动物门 / Cnidaria
- 珊瑚虫纲 / Anthozoa
- 海鳃科 / Pennatulidae

- **别名：** 海扫把、喇叭花。

- **识别特征：** 体呈白色，高100~200mm，像一把倒立的扫帚。体内有根中轴骨支撑着整个躯体。短而粗的柄部钻入泥沙底，遇干扰可收缩。肥大的躯干两侧各具20~30个羽状排列的叶片，上面布满水螅体，且每个叶片上具15~22条扇形排列的放射状骨针。

- **简介：** 栖息于潮间带中潮区至潮下带的泥质底。常有三叶小瓷蟹与之共生。

短拟沼螺
Optediceros breviculum (L. Pfeiffer, 1855)

- 软体动物门 / Mollusca
- 腹足纲 / Gastropoda
- 拟沼螺科 / Assimineidae

- 别名：短山椒蜗牛。

- 识别特征：壳长约5mm。壳呈近卵形，螺旋部低，缝合线明显，缝合线下方有1道横向浅沟。壳面光滑，呈黄褐色或褐色，壳口近水滴形，厣角质。

- 简介：成群栖息于潮间带中、高潮区的泥质底，常分布于红树林区。

纵带滩栖螺

Batillaria zonalis (Bruguière, 1792)

- 软体动物门 / Mollusca
- 腹足纲 / Gastropoda
- 滩栖螺科 / Batillariidae

- 别名：纵带拔梯螺、烧酒海蜷。

- 识别特征：壳长约40mm。壳呈长圆锥形。壳面粗糙，具不规则纵向突起肋，横向肋紧密而不均匀。壳多呈黑褐色，在缝合线下方有1道较宽的白色色带。壳口近卵圆形，无脐孔。唇角质，圆形。

- 简介：栖息于潮间带中、高潮区的泥质或泥沙质底。

亚洲塔蟹守螺

Pirenella asiatica Ozawa & D. Reid, 2016

- 软体动物门 / Mollusca
- 腹足纲 / Gastropoda
- 汇螺科 / Potamididae

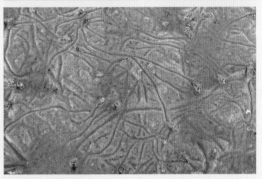

- 别名：栓海蜷、珠带拟蟹守螺。

- 识别特征：壳长约30mm。壳呈长圆锥形。壳面粗糙，除体螺层外，各螺层有3道横向肋，肋上均匀排列规则的珠状雕刻，而在体螺层上只有最上方有1排珠状雕刻，其余部分为光滑横肋。壳呈黄褐色至黑褐色，壳口近半圆形，外唇扩张，无脐孔。厣角质，圆形。

- 简介：栖息于潮间带中、高潮区的泥质或泥沙质底。

浅缝骨螺

Murex trapa Röding, 1798

- 软体动物门 / Mollusca
- 腹足纲 / Gastropoda
- 骨螺科 / Muricidae

- 别名：宝岛骨螺。

- 识别特征：壳长约 85mm。壳呈锤状。表面粗糙，横向肋与纵向肋交错，有3条纵向粗肋，上有强壮棘刺。壳面灰白色至土黄色，壳口近卵圆形，外唇内侧有1个齿状突起。水管沟长，无脐孔。厣角质，深褐色。

- 简介：栖息于潮间带中潮区至浅海的泥质或泥沙质底。

泥东风螺

Babylonia lutosa (Lamarck, 1816)

- 软体动物门 / Mollusca
- 腹足纲 / Gastropoda
- 东风螺科 / Babyloniidae

- 别名：雾花风螺。

- 识别特征：壳长约40mm。壳呈长卵圆形，螺旋部高，缝合线明显。壳面平滑，呈白色，具许多不规则的模糊的淡红褐色斑块，体螺层中间有1道明显的白色横向色带，被黄褐色壳皮。壳口长卵圆形，脐孔大而深，在螺轴外侧脐孔延伸处有1条纵向暗红色色带，厣角质。

- 简介：栖息于潮间带低潮区的泥质或泥沙质底。

泥螺

Bullacta caurina (W. H. Benson, 1842)

- 软体动物门 / Mollusca
- 腹足纲 / Gastropoda
- 长葡萄螺科 / Haminoeidae

- 别名：吐铁、麦螺、梅螺。

- 识别特征：壳长约15mm。壳呈近卵形，质地薄脆，螺旋部完全包覆于贝壳中。壳白色，半透明，表面光滑，有极细密的横向环形雕刻。壳口大而狭长，无厣。软体部分灰色，无法完全缩入壳中。

- 简介：栖息于潮间带中、低潮区的泥质、泥沙质底或红树林区。

泥螺的卵囊群

双角腹翼螺

Enotepteron rubropunctatum Hamatani, 2013

- 软体动物门 / Mollusca
- 腹足纲 / Gastropoda
- 腹翼螺科 / Gastropteridae

- 别名：红点腹翼海蛞蝓。

- 识别特征：体长约15mm。体呈
  卵形。体色黑，密布圆形或不规则
  形状的橘色和白色斑纹，非常漂
  亮。头盾方形，顶部具1条开放式
  卷管状突起。体背具长筒形皮鳃，
  包裹内脏。体侧腹翼发达，包裹皮
  鳃囊，后端各具1枚圆形大黑斑。

- 简介：栖息于潮间带低潮区的泥
  质、泥沙质底或细沙质底。

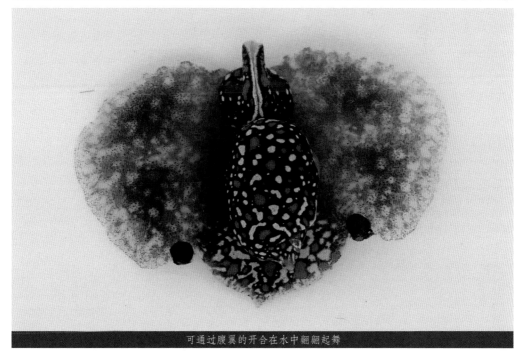

可通过腹翼的开合在水中翩翩起舞

泷岩两栖螺

Lactiforis takii (Kuroda, 1928)

- 软体动物门 / Mollusca
- 腹足纲 / Gastropoda
- 两栖螺科 / Amphibolidae

- 别名：桑切氏两栖螺。

- 识别特征：壳长约8mm。壳呈近球形，壳质薄，螺旋部低，缝合线明显。壳面黄褐色或灰褐色，常有横向褐色色带，表面较光滑，具细密的纵向生长线。壳口大，近半圆形，脐孔大而深，唇角质。

- 简介：栖息于潮间带中、高潮区的泥质、泥沙质底，常分布于红树林区。

婆罗囊螺

Semiretusa borneensis (A. Adams, 1850)

- 软体动物门 / Mollusca
- 腹足纲 / Gastropoda
- 三叉螺科 / Cylichnidae

- 别名：婆罗半囊螺。

- 识别特征：壳长约10mm。壳呈近圆柱形，螺旋部极低。壳面光滑，具极细的纵向弧形生长纹。壳呈淡黄色，半透明，具黄褐色壳皮。壳口狭长，近水滴形，外唇薄，无脐孔，无厣。

- 简介：栖息于潮间带中、低潮区的泥质底。

里氏石磺

Onchidium reevesii (Gray, 1850)

- 软体动物门 / Mollusca
- 腹足纲 / Gastropoda
- 石磺科 / Onchidiidae

- 别名：瘤背石磺、瘤背石磺螺、海癞子、泥龟、土鲍鱼、土海参、土鸡。

- 识别特征：体长约40mm。体呈长椭圆形。石磺是贝壳退化的贝类。头部具触角1对，触角顶端有1个极小的黑点，那是它的柄眼。柄眼视觉十分发达，对物体反应灵敏。背部疙疙瘩瘩的都是它的眼睛。背部中央具1个发达的黑色背眼，平静时突出体表，在光线剧烈变化时能较迅速地收缩，周围的数个瘤眼也可感受光线变化。体背呈灰色，外套膜腹面灰白色，具黑色斑点或斑纹，腹足浅黄色。

- 简介：栖息于潮间带高潮区至潮上带的泥质底。

肿胀似石磺

Paromoionchis tumidus (C. Semper, 1880)

- 软体动物门 / Mollusca
- 腹足纲 / Gastropoda
- 石磺科 / Onchidiidae

- 别名：海癞子、泥龟、土鲍鱼、土海参、香港石磺。

- 识别特征：体长约40mm。体呈长椭圆形。背部布满疙瘩，像只癞蛤蟆。头部具触角1对，顶端为柄眼。背部具1个明显的背眼和多个瘤眼。体背呈暗黄褐色，外套膜腹面橘色至黄色，腹足橘色。

- 简介：栖息于潮间带中、高潮区的泥质底及石缝下。

泥蚶

Tegillarca granosa (Linnaeus, 1758)

- 软体动物门 / Mollusca
- 双壳纲 / Bivalvia
- 蚶科 / Arcidae

- 别名：血蚶、粒蚶。

- 识别特征：壳长约35mm。壳呈卵圆形。壳极坚厚，两壳相等，极膨胀，尖端向内卷曲。韧带面宽，角质，具排列整齐的纵纹。壳面放射肋发达，肋上具颗粒状结节。壳表和内面呈灰白色。铰合部具细密的片状小齿。

- 简介：喜埋栖于有淡水注入的内湾及河口附近的软泥滩涂上，在潮间带中、低潮区的交界处数量最多。

毛蚶

Anadara kagoshimensis (Tokunaga, 1906)

- 软体动物门 / Mollusca
- 双壳纲 / Bivalvia
- 蚶科 / Arcidae

- 别名：毛蛤、麻蛤、麻蚶、瓦楞子。

- 识别特征：壳长约55mm。壳呈长卵形。两壳不等，较膨胀。壳顶突出。壳前缘短圆，后端长，近斜截形。壳面具放射肋31～34条，肋间沟具生长刻纹，右壳肋平，左壳肋上具明显结节。壳面呈白色，被棕色毛状壳皮。壳内面灰白色。

- 简介：栖息于潮间带中潮区至潮下带的软泥质或泥沙质底。

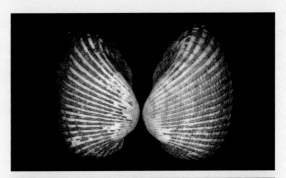

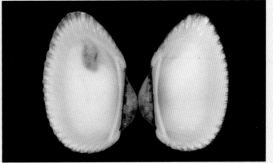

联球蚶

Anadara consociata (E. A. Smith, 1885)

- 软体动物门 / Mollusca
- 双壳纲 / Bivalvia
- 蚶科 / Arcidae

- 别名：联珠蚶。

- 识别特征：壳长约30mm。壳呈椭圆形。壳顶突出，向内向前卷曲。壳面具放射肋约25条，肋上具生长线痕迹，肋间沟与肋宽相等。壳面呈灰白色，被棕色壳皮。壳内面黄白色。

- 简介：栖息于浅海的泥沙质底。

寻氏弧蛤

Arcuatula senhousia (Benson, 1842)

- 软体动物门 / Mollusca
- 双壳纲 / Bivalvia
- 贻贝科 / Mytilidae

- 别名：寻氏肌蛤、凸壳肌蛤、寻氏短齿蛤、土鬼仔、薄壳、海瓜子。

- 识别特征：壳长约20mm。壳呈长卵形，形似瓜子。壳质薄脆，前端圆，后端背缘斜向后腹方呈截形。壳面呈草绿色或绿褐色，具红褐色或褐色波状花纹，光滑，生长纹细密，无放射肋。铰合部具1列锯齿状的细小缺刻。

- 简介：栖息于潮间带中潮区至潮下带，多分布于潮汐频繁的泥滩中，以足丝附着，常粘连成片。

皱纹绿螂

Glauconome straminea Reeve, 1844

- 软体动物门 / Mollusca
- 双壳纲 / Bivalvia
- 绿螂科 / Glauconomidae

- 识别特征：壳长约24mm。壳呈近椭圆形，前缘圆，后缘斜截形，壳顶低。壳面被绿色壳皮，在壳顶处常脱落而呈灰白色。自壳顶至后腹角的放射脊较明显。壳面生长线粗糙，在放射脊后常呈皱褶状。壳内面浅蓝色。

- 简介：栖息于潮间带中、高潮区的泥沙质底。

宽壳全海笋

Barnea dilatata (Souleyet, 1843)

- 软体动物门 / Mollusca
- 双壳纲 / Bivalvia
- 海笋科 / Pholadidae

- 别名：海茸、海茸贝。

- 识别特征：壳长约85mm。壳略呈斜长方形，前端尖，后端截形。壳顶低平，原板前端尖，后端截形。壳面呈灰白色，被褐色壳皮，易脱落，前部具放射肋和粗的同心肋，两者相交形成三角形刺，后部仅有粗糙的生长刻纹。壳内面灰白色，具肋纹。

- 简介：栖息于潮间带低潮区至潮下带的泥质或泥沙质底。

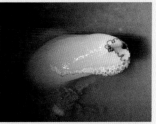

多粒开腹蛤

Eufistulana grandis (Deshayes, 1855)

- 软体动物门 / Mollusca
- 双壳纲 / Bivalvia
- 开腹蛤科 / Gastrochaenidae

- 别名：多粒管开腹蛤、大开腹蛤。

- 识别特征：壳长约20mm。壳呈细长方形，壳质薄脆。壳顶位于近前端，自壳顶到前腹缘具1条脊。壳面呈灰白色，具生长线。壳内面灰白色。整个贝体外被棍棒状石灰质的副壳。

- 简介：栖息于潮间带低潮区至潮下带的泥质或泥沙质底。生活在泥沙胶结的棍棒状管子中，管子直立插入底质中，其末端开口，用以交换海水。

三叶小瓷蟹

Porcellanella triloba White, 1851

- 节肢动物门 / Arthropoda
- 软甲纲 / Malacostraca
- 瓷蟹科 / Porcellanidae

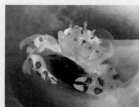

- 识别特征：头胸甲宽约10mm，长大于宽，呈椭圆形，扁平，表面光滑。前额缘具2个大而深的缺刻，形成3枚齿，呈"山"字形，中央齿大而突出，呈正三角形。整体呈黄白色，头胸甲前部边缘和螯足上具浅褐色带深褐色描边的椭圆形斑纹。螯足1对，步足3对，第4对步足退化并藏入甲壳内。

- 简介：栖息于潮间带中、低潮区至潮下带的泥质或泥沙质底，与海鳃共生。依靠特化的羽状口器滤食浮游生物和有机碎屑。遇到危险时躲进海鳃间隙中，紧急情况下，会快速拍打延长的腹甲逃生。

果拳蟹

Philyra malefactrix (Kemp, 1915)

- 节肢动物门 / Arthropoda
- 软甲纲 / Malacostraca
- 玉蟹科 / Leucosiidae

- 别名：果坚壳蟹、小拳蟹。

- 识别特征：头胸甲宽约9mm，呈多角形。背面粗糙，具许多颗粒脊，其中额缘侧角向后具2条中央纵行珠粒脊，在近中部又向两侧各分出1条斜行脊，隆起明显，似"小"字形。整体呈黄褐色，腹部粉红色。

- 简介：栖息于潮间带中潮区的泥质或泥沙质底。

拟穴青蟹

Scylla paramamosain Estampador, 1950

- 节肢动物门 / Arthropoda
- 软甲纲 / Malacostraca
- 梭子蟹科 / Portunidae

- **别名**：青蟹、蝤、膏蟹、拟曼赛因青蟹。

- **识别特征**：头胸甲宽约120mm，呈横卵圆形，背面隆起，光滑。前缘具4个突出的三角形齿。前侧缘有9齿。整体呈青绿色。螯足光滑，前3对步足指节的前、后缘具刷状短毛，第4对的前节与指节扁平，呈桨状。

- **简介**：栖息于江河入海口、红树林等盐度稍低的潮间带中潮区至潮下带的泥质、泥沙质底或礁石间。

弧边管招潮
Tubuca arcuata (De Haan, 1835)

- 节肢动物门 / Arthropoda
- 软甲纲 / Malacostraca
- 沙蟹科 / Ocypodidae

- 别名：弧边招潮、网纹招潮、大螯仙、大脚仙。

- 识别特征：头胸甲宽约30mm，呈菱角状，表面光滑，后侧面具锋利的隆脊。额窄，外眼窝齿向前突出。眼柄细长。头胸甲颜色变化大，呈红褐色至黑色或两色混合，常具白色网纹，足呈红褐色。雄性两螯一大一小，大螯掌部外侧面密具疣突。雌性两螯小且对称。

- 简介：栖息于潮间带中、高潮区的泥质或泥沙质底。雄性的弧边招潮也是螃蟹家族的建筑专家，为求偶，常在洞口用泥巴筑起烟囱，远看像火山口一般，用来吸引雌蟹。

拟屠氏管招潮

Tubuca paradussumieri (Bott, 1973)

- 节肢动物门 / Arthropoda
- 软甲纲 / Malacostraca
- 沙蟹科 / Ocypodidae

- 别名：拟屠氏招潮。

- 识别特征：头胸甲宽约30mm，呈菱角状，表面光滑。额窄，外眼窝齿突出。眼柄细长，浅墨绿色，眼球黑色。头胸甲和步足呈墨绿色。雄性两螯一大一小，其大螯为招潮蟹家族"螯足最大者"，呈橙黄色，掌部外侧面密具疣突。雌性两螯小且对称。幼蟹常呈漂亮的天蓝色。

- 简介：栖息于潮间带中、高潮区的泥质或泥沙质底。

清白南方招潮

Austruca lactea (De Haan, 1835)

- 节肢动物门 / Arthropoda
- 软甲纲 / Malacostraca
- 沙蟹科 / Ocypodidae

- **别名**：清白澳招潮、乳白南方招潮。

- **识别特征**：头胸甲宽约15mm，呈横圆柱形，背部隆起。额宽，额区具1处短纵沟。外眼窝角指向前外方，眼柄细长。雄性两螯大小悬殊，大螯掌部外侧面光滑；雌性螯小且对称。头胸甲多呈灰白色，但颜色会随环境及个体年龄而变化，有些甚至会变成灰黑色。螯足为白色或灰白色，颜色稳定。

- **简介**：栖息于潮间带高潮区的泥质或泥沙质底。为吸引异性，会用泥土堆成弧塔，进出洞穴的那一面不堆高，形似一个只盖住一半的烟囱。

锯眼泥蟹

Ilyoplax serrata Shen, 1931

- 节肢动物门 / Arthropoda
- 软甲纲 / Malacostraca
- 毛带蟹科 / Dotillidae

- 识别特征：头胸甲宽约10mm，呈长方形，表面分布许多颗粒状突起。眼窝深，眼柄粗短，这种蟹最大的特点就是下眼窝缘下方有锯齿状颗粒隆脊。整体呈亮白色。螯足对称。

- 简介：栖息于潮间带中、高潮区的泥质或泥沙质底。喜挥螯，挥螯时双螯同时上下快速舞动。

高野近方蟹

Hemigrapsus takanoi Asakura & Watanabe, 2005

- 节肢动物门 / Arthropoda
- 软甲纲 / Malacostraca
- 弓蟹科 / Varunidae

- 别名：竹野近方蟹。

- 识别特征：头胸甲宽约25mm，呈近方形，后部较前额窄，表面平滑，具细小颗粒，中部有近"H"形的凹痕。额宽约为头胸甲宽的1/2，前额缘平直，中部稍凹陷，前侧缘（含外眼窝齿）具3齿，后侧缘平直，形成斜面。整体呈黄褐色或深褐色。雄性螯足大于雌性，雄性成体螯足具1丛大绒毛（幼体及雌性无）。

- 简介：栖息于潮间带中、高潮区的泥沙质底或礁石间。

长足长方蟹

Metaplax longipes Stimpson, 1858

- 节肢动物门 / Arthropoda
- 软甲纲 / Malacostraca
- 弓蟹科 / Varunidae

- 识别特征：头胸甲宽约18mm，呈横长方形，两侧缘平行，侧缘具5齿，最后2齿隐约可见。眼窝下缘为几个较宽大的齿状隆脊。整体呈黄褐色。螯足近等大，长节的背缘及腹内缘均具锯齿。步足瘦长。

- 简介：栖息于潮间带中潮区的泥质或泥沙质底，常分布于红树林区。

绒毛大眼蟹

Macrophthalmus (*Mareotis*) *tomentosus* Eydoux & Souleyet, 1842

- 节肢动物门 / Arthropoda
- 软甲纲 / Malacostraca
- 大眼蟹科 / Macrophthalmidae

- 识别特征：头胸甲宽约30mm，呈横长方形，表面除额区、中胃区和心区外均具粗糙颗粒。额窄，表面中部具1处浅纵沟。眼柄细长，外眼窝齿近直角形，其下的前侧缘具2枚齿。步足密具绒毛。

- 简介：栖息于潮间带中、高潮区的泥质或泥沙质底。

亚氏海豆芽

Lingula adamsi Dall, 1873

- 腕足动物门 / Brachiopoda
- 海豆芽纲 / Lingulata
- 海豆芽科 / Lingulidae

- 识别特征：体长60～100mm，生活时壳表呈灰红色或淡红色。个体由背壳和腹壳包着的躯体部和细长的肉茎组成。外壳呈宽长方形，背腹扁平，腹壳稍长于背壳，壳质脆薄。周缘的外套膜上具刚毛，同心生长线清晰均匀。下部是可伸缩的半透明肉茎，肉茎表面有环纹，形似豆芽，故名。

- 简介：栖息于潮间带中、低潮区的泥质或泥沙质底，掘穴生活。虽然看上去有两片壳，但它不是贝类，而是古老的腕足动物。它的肉茎具有强大的掘洞能力，可以将自己深深地扎入泥滩深处，只露出、入水孔于泥表。

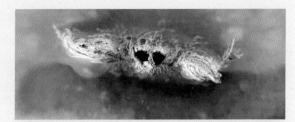

海地瓜

Acaudina molpadioides (Semper, 1867)

- 棘皮动物门 / Echinodermata
- 海参纲 / Holothuroidea
- 尻参科 / Caudinidae

- 识别特征：体长100～200mm。体粗壮，略呈纺锤形，末端逐渐变细，呈短尾状，似地瓜。体壁光滑，稍透明。体色变化大，小个体为白色，半透明；中等个体呈赭色，具细小的赭色斑点；老年个体，体色为暗紫色。没有管足，触手为指形。

- 简介：穴居于潮间带中、低潮区的泥质底。以碎屑和其他分解物质为食。

弹涂鱼

Periophthalmus modestus Cantor, 1842

- 脊索动物门 / Chordata
- 辐鳍鱼纲 / Actinopterygii
- 虾虎鱼科 / Gobiidae

- 别名：跳跳鱼、泥猴。

- 识别特征：体长约150mm。体呈圆柱形，被小圆鳞。头大，眼小而突出，吻短而钝圆。第1背鳍鳍棘不延长，第2背鳍不抵尾鳍基部。体呈灰褐色，布满深色斑纹。

- 简介：栖息于潮间带高潮区至低潮区的泥质滩涂，穴居。善弹跳行走和爬树，故称"跳跳鱼"。它不仅可以用鳃呼吸，还可以通过湿润的皮肤和鳃室中的水分维持呼吸。是水鸟的食物之一。

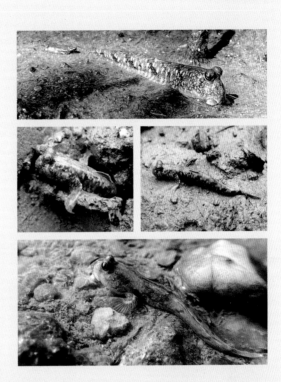

银线弹涂鱼

Periophthalmus argentilineatus Valenciennes, 1837

- 脊索动物门 / Chordata
- 辐鳍鱼纲 / Actinopterygii
- 虾虎鱼科 / Gobiidae

- 别名：银身弹涂鱼、普弹涂鱼。

- 识别特征：体长可达100mm。体延长，呈亚圆柱形，侧扁，头中等大。第1背鳍颇高，前部尖突。腹鳍小，不形成吸盘。体呈灰褐色，体侧具5~6个不规则斑块，头侧具许多细点。

- 简介：栖息于河口和潮间带中、高潮区的泥质底，穴居。

青弹涂鱼

Scartelaos histophorus (Valenciennes, 1837)

- 脊索动物门 / Chordata
- 辐鳍鱼纲 / Actinopterygii
- 虾虎鱼科 / Gobiidae

- 别名：长腰海狗。

- 识别特征：体长可达180mm。体延长，前部近圆柱形，头大而细长。吻圆钝，下颌腹面两侧各有1行短须。眼小，背侧位，具眼窝，眼睑发达。第1背鳍鳍棘延长成丝状，以第3鳍棘最长。体呈蓝灰色，体侧常具5~7条黑色横带，头、体上部具黑色小点。

- 简介：多栖息于河口潮间带高潮区至潮下带的泥沙质底，穴居。